数字化建设

——工业设计理论与方法研究

刘　刚◎著

中国纺织出版社

内容提要

本书先阐述工业设计的内涵及工业设计中的数字化理念，再对工业设计的方法与表现展开论述，最后探讨新时期涌现的计算机辅助工业设计、虚拟现实，论述他们作为设计工具是如何参与工业设计的，并对他们在工业设计中所涵盖的内容、技术，以及国内外虚拟现实技术发展情况展开讨论。

图书在版编目(CIP)数据

数字化建设：工业设计理论与方法研究 / 刘刚著. -- 北京 ：中国纺织出版社，2018.1（2022.1 重印）

ISBN 978-7-5180-3990-6

Ⅰ. ①数… Ⅱ. ①刘… Ⅲ. ①工业设计－计算机辅助设计－研究 Ⅳ. ①TB47－39

中国版本图书馆 CIP 数据核字(2017)第 214567 号

责任编辑：姚　君　　　　责任印制：储志伟

中国纺织出版社出版发行

地址：北京市朝阳区百子湾东里 A407 号楼　邮政编码：100124

销售电话：010－67004422　传真：010－87155801

http://www.c-textilep.com

E-mail:faxing@e-textilep.com

中国纺织出版社天猫旗舰店

官方微博 http://www.weibo.com/2119887771

北京虎彩文化传播有限公司　　各地新华书店经销

2018 年 1 月第 1 版　　2022 年 1 月第 10 次印刷

开本：710×1000　1/16　印张：18.75

字数：241 千字　定价：72.50 元

前　言

21世纪的今天，随着计算机技术、互联网技术、信息技术的进步和相关数字艺术设计的软件开发，数字艺术设计已经渗透到更广泛的领域，这标志着我们已步入到数字艺术时代；同时，随着我国经济的腾飞，工业设计的重要地位将日益显现，所具有的社会效益和经济效益正日益受到政府及国民经济各行业的高度关注。为此，我们应该紧跟21世纪时代发展的步伐，依据一定的科学方法、先进的科技手段来开展工业设计，去引领新的生活方式。

数字艺术设计是以信息为对象，以计算机技术为基础，涉及文化、艺术设计、计算机和信息技术等领域的知识的新兴的综合性交叉学科，兼具艺术设计与计算机技术两大领域的知识体系。所以，本书的结构框架也依据这两大知识体系构建，第一章至第三章为工业设计开展应明确的前提、原则以及表现手法论述；第四章至第六章论述计算机辅助工业设计及虚拟现实技术在工业设计中的应用。

本书在撰写时重点突出以下特色。

学术性。工业设计活动中，相当重要的问题是掌握工业设计的科学方法、表现手法及先进的科技手段。本书系统归纳了工业设计的科学方法和工业设计表现技法，并对计算机辅助设计、虚拟现实等新型工业设计工具的内容及技术进行分析，使工业设计从草图、模型到投产全程实现数字化，也为工业产品的开发和评价带来了方便。另外，本书还分析了国内科技巨头在虚拟现实领域的投资与布局，以及它们在发展过程中呈现出来的技术业态。

丰富性。本书在论述工业设计原理、方法，以及计算机辅助工业设计、虚拟现实技术时，均佐以一些优秀的设计作品，以丰富和启发我们的设计活动。但是，我们也不能让他人的作品变成自己创新的绊脚石，重点是掌握其中的技术性原理，学会其中的设计方法。

实践性。本著作着眼于设计师能够运用图、模型，以及计算机辅助设计、虚拟现实来进行设计活动，以此来增强他们的实践和创新能力。

当然，工业设计的数字化问题不是一本著作就能囊括的，单从数字化程序讲就有诸如计算机辅助创新（CAI）、电子设计自动化（EDA）、计算机辅助软件工程（CASE）、快速成型（RP）、逆向工程（RE）等，本著作是为抛砖引玉，期待有更多、更丰富的数字化工业设计著作诞生。

本书的撰写参考并引用了部分相关资料，尽管引用内容均采用脚注的形式标注，但难免有遗漏之处，对于原作者的辛劳，作者在此特致诚挚谢意。

由于作者的理论水平有限，加之时间仓促，书中难免出现一些疏漏不足之处，希望老师及同仁斧正。

作　者

2017 年 3 月

目　录

第一章

工业设计内涵与数字化理念

2015 年 10 月 14 日，李克强总理在国务院常务会议上强调："在消费领域，中国'互联网＋'创新已经走在世界前列。今后在工业和制造业领域，也要把'中国制造 2025'与'互联网＋'和'双创'紧密结合起来。这将会催生一场'新工业革命'。"可见，随着现代化进程的推进，我国正在逐步走向一个从根本上改变生产方式和生活方式的科技信息时代，工业设计的作用正越来越重要。本章我们着重论述工业设计的内涵和数字化理念，更深层、更全面地认识工业设计。

第一节　工业设计的概念及特征

一、工业设计的基本概念

工业设计是指以工业产品为对象的造型设计，它有别于手工业产品或工艺美术品的设计。也可以说工业设计是将工业化(Industrialization)赋与可能的、综合而有建设性的设计活动。不言而喻，工业是最本质、最直接的对象：在讨论工业设计时，首先要展开对工业化的研究，在计划某一对象物转变为工业化产品时，要考虑到产品对人类社会、对人们的生活结构和文化价值观念会带来怎样的变化；反之，工业化进程的本身又有可能促使社会结构的变化，人们生活水准的提高，随之而来的是按照工业化的原则扩大市场销售、原有传统产业和产品的改造、新产品开发和近代工业经营等问题。

工业设计不同于工程技术设计，它包含着美的因素，是以机械技术为手段的造型活动。但是工业设计又不能单纯理解为只是产品的美观设计，尽管设计是一种以视觉感受为基础的工业产品的造型活动，是一种形态的生成、变换和表达。然而在造型活动中，要求对生产、对人体科学、对社会科学，以及设计方法论等都要有一定的研究。在进行工业产品设计时，要考虑到产品对人类生活的存在价值、产品与社会环境的关系，设计的产品对人的动作行为是否合理而有效率，以及生产技术的可能性、经济的合理性，同时要求产品在形式与功能上均能符合各种要求，既能满足使用者生理上、心理上的要求，又能合理进行生产，以客观分析的结果为依据来进行设计工作，才能提高产品开发的成功率和市场占有率。

如今“工业设计”已成为国际上的通用语，其涉及的内容和范围愈来愈广泛，包括整个人类的需求和欲望。其中大部分物品都能由工业化的生产方式得到，或以工业产品的形式来满足。例如，英国的工业设计包括染织、服装、陶瓷、玻璃器皿等设计；家具和家庭用品设计；室内陈列和装饰设计，以及机械产品设计等。法国、日本将商业广告宣传的视觉传达设计、室内环境设计、城市规划设计等列入了工业设计的范围。美国工业设计协会为了避免与室内设计、商业广告设计和一般的产品设计重复，将工业产品中的纤维工业、陶瓷工业、家具工业、餐具用金属制品工业、纸加工工业（壁纸制造）的设计除外，使工业设计的范围局限在机械器具、塑料制品等产品，以及用新材料、新技术开发新产品的工业。以上说明工业设计大体上包括产品设计、视觉设计和环境设计三个领域。然而有些国家将以立体的工业产品为主要对象的设计称为工业设计，即所谓狭义的工业设计。狭义的工业设计主要是指器具、机械和设备等工业产品的设计。

二、关于工业设计的几个定义

“工业设计”一词是工业化发展的产物。随着世界工业突飞猛进，社会、经济、科学技术不断发展，它的内容也在不断地更新、充实，其领域不断扩大。因此，世界各国对工业设计的理解不尽相同。设计活动的兴起首先必须建立完整的设计理念，才能正确地引导整个设计界的发展方向。这里介绍几个有代表性的关于工业设计的定义。

（一）国际工业设计协会理事会（International Council of Societies of Industrial Design ICSID）的定义

1957年，在世界上60多个国家参加的国际工业设计协会联合会（ICSID）成立。由于各国的国情不同，对于工业设计的认识也不同，因此曾多次给工业设计下过定义。在1980年举行的第11次年会上公布的最新修订的工业设计的定义是："就批量生产的产品而言，凭借训练、技术知识、经验及视觉感受而赋予材料、结构、形态、色彩、表面加工以及装饰以新的品质和资格，叫作工业设计。根据当时的具体情况，工业设计师应在上述工业产品的全部侧面或其中几个方面进行工作，而且，当需要工业设计师对包装、宣传、展示、市场开发等问题的解决付出自己的技术知识和经验以及视觉评价能力时也属于工业设计的范畴。"

（二）美国工业设计师协会（Industrial Designers Society of America，IDSA）的定义

工业设计是一项专门的服务性工作，为使用者和生产者双方的利益而对产品和产品系列的外形、功能和使用价值进行优选。

这种服务性工作是在经常与开发组织的其他成员协作下进行的。典型的开发组织包括经营管理、销售、技术工程、制造等专业机构。工业设计师特别注重人的特征、需求和兴趣，而这些又需要对视觉、触觉、安全、使用标准等各方面有详细的了解。工业设计师就是把对这些方面的考虑与生产过程中的技术要求，包括销售机遇、流动和维修等有机地结合起来。

工业设计师是在保护公众的安全和利益、尊重现实环境和遵

守职业道德的前提下进行工作的。

(三)加拿大魁北克工业设计师协会(The Association of Quebec Industrial Designers)的定义

工业设计包括提出问题和解决问题两个过程。既然设计就是为了给特定的功能寻求最佳形式,这个形式又受功能条件的制约,那么形式和使用功能相互作用的辩证关系就是工业设计。

工业设计并不需要导致个人的艺术作品和产生天才,也不受时间、空间和人的目的控制,它只是为了满足包括设计师本人和他们所属社会的人们某种物质上和精神上的需要而进行的人类活动。这种活动是在特定的时间、特定的社会环境中进行的。因此,它必然会受到生存环境内起作用的各种物质力量的冲击,受到各种有形的和无形的影响和压力。工业设计采取的形式要影响到心理和精神、物质和自然环境。

比较上述三个定义可知,国际工业设计协会理事会主要指出工业设计的性质;美国工业设计师协会除此之外还谈到了工业设计与其他专业的联系,以及进行工业设计所必须考虑的问题;加拿大魁北克工业设计师协会则指出了工业设计中产品外形与使用功能的辩证关系,强调工业设计并不需要导致个人的艺术作品和产生天才,而是为了满足人们需要所进行的人类活动。

三、工业设计的特征

(一)工业设计的艺术特征

从设计产生的背景来看,设计与艺术始终是相互影响、相互渗透、相互作用的关系。但是从艺术和设计的表现宗旨来看,艺术是十分个性的自我表达行为,强调的是艺术作品的个性化和与众不同;而设计立足于解决人与物之间的关系问题,强调的是设计作品的利他性。

从设计的发展轨迹来看,生产的发展和社会的分工,导致了设计与艺术的分离，逐渐走向互有区别的两个独立体系。但无论从设计或艺术的表现方式来看，它们都是物质之上的精神产品，服务的都是人们的精神需要。若要分解二者关系需要从历史不同时期的艺术作品进行研究。

1.工业革命之前的手工艺

工业革命之前没有真正意义的设计，更多的是来自生活需要的手工制品，而且人们的审美受当时加工手段的限制，手工制品更多是它的功能性在生活中的应用。艺术和技术的结合将人上升到艺术家的层次是在文艺复兴以后，人们思想解放的同时带来的是观念上的变革。虽然，手工艺的技术方法和生产加工状况还是延续传统模式，但是在一些作坊里已经开始出现艺术和工艺分离的情况，一部分有才华的手艺人从为生活制作日用品和为建筑进行装饰开始转化到独立的艺术品创作，身份发生了质的转变，成为早期的艺术家。纵观历史，这个时期的艺术家都带有这种匠人身份的特点，都掌握着各种工艺的加工方法，多才多艺是当时这类艺术家的标志。

2.现代设计之前的艺术设计

工业革命之后，机器加工代替了传统的手工艺加工方法，生产水平和效率迅速增长，这使规模化的产品加工成为可能，可是产品的形态设计并没有提高到一定的层次上，以水晶宫的设计展为例，在集中展示工业化生产能力的同时，产品给人的丑陋感也深入人心，以至于很多人都认为是机器加工毁了产品应该具有的美感，带有手工艺加工的艺术化表现手段再次出现在这个阶段的商品销售领域，产品表面的符号装饰化设计很长一段时间里成为一种潮流。新古典主义、浪漫主义、折中主义都是这类设计风格的典型代表。直到设计运动的启蒙运动——工艺美术运动提出工艺与艺术结合，才为产品的美化提供了明确的研究方向。虽然在具体的实践过程中，工艺美术运动也没能解决产品设计美观的问题，手工业加工手段也一直被应用其中，但这些在之后的“新艺术”设计运动中，为两种设计方向的探索提供了土壤，才使得抽象化的自然线条和几何化的直线条成为后来现代设计和后现代设计的发展基础，产品形态的美感逐步进入了人们的视野。

从此以后，产品设计开始走向正规的渠道，统一化、标准化、批量化的生产方式开始出现。艺术与现代化加工手段逐渐建立了一种契合的新美学，这为现代工业设计发展铺平了道路。

3.现代设计以来的艺术化设计

工业革命初期，工业设计与艺术创作被人为地分割成独立的个体。之后，经历了种种尝试，在这个过程中，现代设计提出“功能第一”的口号，“少即多”一度成为衡量现在设计的一个标准，而后艺术与设计的结合，上升成为后现代设计自我表达的需求，都使得设计的功能与形式的关系不断地发生着变化，融合—分离—再融合促成了艺术与设计完美的结合。

就目前产品设计而言，艺术与设计的关系不能仅仅固化为一种必定的联系，它会因产品的类型进行区分而产生关系上的变化。偏技术型的产品要以工程性为基础，要求设计必须考虑各类设计元素之间的关联性，设计要受到诸多的限制，这样的产品强调的重点更多的在于产品的工程性。因此表达出来的产品具备的不是通常意义的非常艺术化的形象，更多的是技术性、工程化的美感，这样的产品中现代主义的设计表达更占主导。而其他类型的产品是一些技术相对成熟的产品，这类型产品设计的关键不在于技术，而更多取决于产品外观的吸引力。那些体现在产品外在形式上的艺术化的美感，激发消费者对美的体验，促使购买行为的产生，因此这类产品强调的重点就区别于前一类产品对技术性的要求，更趋向于产品的美感和艺术化的展现。

设计与艺术的关系是互相渗透、互相补充及互相启发与促进。设计创造中充满了艺术的创造力和表现力，而艺术创造同样地受到工业设计发展的制约与影响，特别是技术条件的影响。所以，任何一件产品设计都脱离不开设计的艺术化表达，艺术和设计已经成为一个共同体。

（二）工业设计的科技特征

所有的产品都是在技术平台上开发出来的设计作品，因此设计都含有技术的成果。科学技术要想服务于社会，必须通过设计进行转化形成日常生活使用的商品，科技得以在设计的推动下转化为生产力。当然，设计也不可能脱离技术而存在，没有科技进行支撑的设计作品是不存在的，技术是设计的根本，因此设计与技术就是开发和使用的关系。具体分析有以下几个层次。

1.设计转化技术与结果

科学技术是第一生产力，它是社会发展的巨大推动力。技术要想服务社会，必须经过有形成果的转化，也就是通过设计，把知识转化为物质形态，进而形成有形的技术成果，服务于人们不断增长的物质和精神方面的需求。设计是科技的转化手段。

2.设计连接技术与生活

设计在本质上就是设计人们的生活方式，改变人们的行为方式，因此，它一方面接近人们所需，了解或者设计了消费市场；另一方面它又能把需求反映给技术上的创新，使设计能贴近需要并且转化为产品满足需要。设计参与为技术找到了同社会生活结合的契合点，真正地推动了科学技术的作用。

3.设计创造企业与消费者

从设计的产生及发展来看，它是企业与市场、生产与消费之间的桥梁，是促进经济增长的工具。每一次设计变革都会产生剧烈的市场反应，消费者的理解与接受形成巨大的需求市场，进而为生产企业的生存与发展开拓了空间，并形成新一轮的消费竞争。纵观设计的发展历史就可以发现，设计创造力的存在，使美国的汽车产业与航空业得以形成与发展，成为设计史上的典型案例。设计是产品企业发展的核心，是企业获得市场的保障。

(三)工业设计的文化特征

1.文化的定义直接揭示工业设计的文化本质

讨论设计本质的文化性,首先得了解文化的概念。文化的定义与概念有上百种之多,它们都从不同的角度来界定文化的含义,但又有着很大的差异性。这说明,文化所包含的内容具有丰富性与复杂性。

中国学者梁漱溟认为"文化是生活的样法"、"文化,就是人生活所依靠的一切";克林柏格把文化界定为"由社会环境所决定的生活方式的整体";美国人类学家C.威斯勒认为,文化是一定民族生活的样式。由此可见,许多学者把文化界定为一个民族的生活方式。

工业设计的本质是"创造更合理的生存方式,提升人的生存质量"。这在前面我们已作了较多的讨论。因而,"设计本质是一种文化创造"的结论是必然的了。

2.工业设计涉及文化领域,其目的涵盖人文性

设计的文化性,意指工业设计作为人类的一种创造活动,具有文化的性质。也可以说,设计是一种文化形式。从工业设计涉及的知识领域进行分析,工业设计涉及文化结构中的大部分领域。

工业设计涉及科学技术、社会科学与人文学科三大领域的知识。科学技术是工业设计首先涉及的领域。设计的结果——产品的生产,必须严格地符合科学技术的客观尺度。任何违背这种客观尺度的设计构想,都是无法实现的,因而也是毫无意义的。在科学技术中,工业设计涉及物理学、数学、材料学、力学、机械学、电子学、化学、工艺学等。

设计产品的应用不是一个人的行为,而是社会群体甚至整个社会的行为,因此,工业设计还涉及社会科学。必须通过对社会中的社会结构、社会文化、社会群体、家庭、社会分层、社会生活方

式及其发展、社会保障等问题的分析与研究，将分析与研究的结果应用于产品设计，才能使设计的产品为特定群体所接受。针对设计的产品的审美问题，还必须研究社会系统中的审美文化、审美的社会控制、审美社会中的个人、审美文化的冲突与适应、审美的社会传播、审美时尚等与工业设计密切相关的专题。

工业设计还广泛涉及人文科学领域。哲学、人类学、文化学、民族学、艺术学、语言学、心理学、宗教学、历史学等人文学科都在不同程度上与工业设计相关。它们向工业设计的渗透，正在产生着诸如设计文化学、设计哲学、设计社会学、设计心理学、设计符号学、行为心理学、生态伦理学、技术伦理学等学科。其中设计哲学与设计文化学站在设计的最高点，从探讨作为人的工具的产品与产品的使用者——人之间的基本关系入手，揭示出产品设计的实质，从而正确地把握设计的方向，使人类的设计行为与设计结果避免走上异化的道路。从设计哲学的视野看来，工业设计的实质是设计人自身的生存与发展方式，而不仅仅是设计物。一个好的设计应是通过物的设计体现出人的力量、人的本质、人的生存方式。

其次，考察工业设计在处理人与产品关系上的指导思想，可以发现，工业设计的哲学思想完全呼应着人类的文化内涵。

工业设计的目的，是通过物的创造满足人类自身对物的各种需要，这与文化的目的不谋而合："文化就是人类为了以一定的方式来满足自身需要而进行的创造性活动。"❶尽管两者在满足"需要"的范围上不能等同，但工业设计思想在指导物的创造、满足人类自身对物的各种需要上，都深刻地反映了文化的目的。

工业设计的对象是物，不管这"物"对人起到何种作用，在本质上它们都是人类的工具。在哲学上，工具具有双重的属性："工具的人化"与"工具的物化"。在工业设计的视野中，"工具的人化"是指工具适合人的需求的人性化；"工具的物化"是指工具存在的客体化。

---

❶ 陈筠泉，刘奔.哲学与文化[M].北京：中国社会科学出版社，1996

“工具的物化”在浅近的层面上，就是如何实现人的工具构想。因此，“工具的物化”，主要涉及工具作为“物”的制造技术与工艺。此时，工具独立于人之外而成为人的客体。工具在“物化”过程中，人们关注的是“物化”的方法、途径。因此，在“物化”过程中，人们是把物化的对象——工具作为目的来追求，亦即把科学技术的应用、使工具的构想成为现实作为目标。

“工具的人化”的本质是在工具上必须体现出人的特性，使工具这一客体成为人这一主体向外延伸的对象。工业设计认为，“工具的人化”，就是在工具上必须体现出人的特征与需求，使工具真正成为人的肢体与器官的延伸。即工具必须反映出人的这些特征：人的生存方式的特征、人的行为方式的特征、物质功能需求的特征及审美需求的特征等。只有这样，工具才能成为与人这一主体高度统一和谐的一部分。

“工具的人化”表明了工具从自然物向人性化的发展，从而使工具成为人的一部分。人类通过“人化”了的“工具”来完成向目的的过渡。这样，工具对于人来说，它既是手段也是目的；它既是人的工具，也是人的“组成的一部分”。通过这样的认识，工业设计才能建立这样的设计思想：任何物的设计都是人的“构成”的一部分的设计，都是人这一生命体的生命外化的设计。

应该说，在产品的设计过程中，“工具的人化”与“工具的物化”应该成为设计工作中同等重要的问题。但是在过去很长的时间里，“工具的物化”成为我们目光的唯一关注点，甚至直到今天，“工具的人化”这一重要问题在工业设计中一直没有得到很好的研究。因此，这就使得我们的许多产品只能作为一个冷冰冰的、与人的各种需求距离相差甚远的“物”而存在，却不能成为“人的生命的外化”。因而，它们充其量是完成了“物化”过程的机械制成品，而不是“人化”了的、与人和谐统一的用品，更不是人的“组成部分”。

3.产品设计实现了文化整合

所谓产品文化，即以产品为载体，反映企业物质及精神追求的各种文化要素的总和。随着知识经济时代的到来，文化与企业、文化与经济的互动关系日益密切，文化的力量愈加突出，在设计过程中，我们看到了产品设计文化整合的作用是多种要素相互综合并通过设计师的主体创造性来实现。

设计以人内在价值观念的形成外在的产品物化表现，通过对设计风格的演变分析，我们知道了设计的过程实质上就是文化整合的过程，是不同文化之间相互吸收、融化、调和而趋于一体化的过程，它以社会的需要为依据，使各种文化在内容与形式、功能和价值目标的调整中重新组合起来。

通过对产品设计过程所涉及的相关内容，我们看到了产品设计文化整合的作用，是多种要素相互综合并通过设计师的主体创造性来实现。

工业设计作为一项系统工程，在不同文化背景的国家亦有不同，因为它们整合的是不同文化作用的结果。在美国商业色彩浓厚，在欧洲功能主义盛行，在日本人机工程发达，各个国家依靠自己独特的优势奠定了其产品设计领域中的地位。我国的工业设计起步晚，要向世界一流水平学习，必须注意到我们生长在不同的文化土壤上，在兼收国外优秀设计理念、方式、原则的基础上，一定要做出有中国特色的设计，实现设计的本土化。

第二节　工业设计的作用及地位

一、工业设计的作用

工业设计是一种推动社会、经济发展的创新活动，尤其在开展集成创新和引进消化型创新活动中具有不可替代的作用。通过它可以把核心技术转化为有竞争力的产品，通过它可以充分发掘、放大和延伸核心技术的价值，同时还可以反过来促进原始创新和核心技术的升级。工业设计的社会作用可以归结为以下四个方面。

（一）工业设计力就是竞争力

重视工业设计是各国的共识。无论是发达国家还是后起的新兴工业化国家和地区，都把工业设计作为国家创新战略的重要组成部分，一些国家甚至将其上升到国策的高度来认识。分析日本和韩国的工业振兴历程，人们不难发现工业设计在其中所发挥的巨大贡献，可以说，正是对工业设计技术的高度重视和推广普及，为日本和韩国的工业产品赢得了广泛的声誉，促使他们的产品在世界市场上取得巨大成功。

在我国，工业设计的发展正面临重要的机遇。在不久前公布的国家“十一五”发展规划中，已经把创新提到前所未有的战略地位，明确提出要建设创新型社会，通过创新为我国争取经济发展主动权，实现社会协调发展。党和国家领导人也对于工业设计的发展给予了高度的重视。2002 年 4 月，时任国务院副总理的吴邦国同志针对中国工业设计的发展问题做了重要批示：“工业设计是将产品技术与外观设计结合起来，不仅确保产品的技术功能，而且要给人以美的享受。这方面我国与国外先进企业差距很大，应予重视，否则会影响我国产品竞争力。”2007 年 2 月 13 日，温家宝总理在中国工业设计协会朱焘理事长呈送的《关于我国应大力发展工业设计的建议》上批示：“要高度重视工业设计。”2015 年 10 月 14 日，李克强总理在国务院常务会议上强调：“在消费领域，中国‘互联网＋’创新已经走在世界前列。今后在工业和制造业领域，也要把‘中国制造 2025’与‘互联网＋’和‘双创’紧密结合起来。这将会催生一场‘新工业革命’。”在谈及当前经济下行压力加大、特别是工业增长严重乏力时，李克强强调，各部门和地方必须高度重视，同时要积极转变发展思路，拓展技术改造和产品创新新途径。

所有这一切都表明，工业设计在经济发展中的重要性已经在我国得到广泛的认同，工业设计将成为制造业竞争力的源泉和核心动力之一，在推动社会进步、经济发展上起到更重要的作用。

（二）工业设计是科研与市场的桥梁和纽带

任何先进技术和科研成果，要转化为生产力，必须通过设计。只有把科研成果物化为消费者乐意接受的商品，才能进入市场，并依靠销售获得经济效益，最大程度地实现科技成果的价值。发达国家的工业设计发展史表明，当人均 GDP 达到 1000 美元时，设计在经济运行中的价值就开始被关注，当人均 GDP 达到 2000 美元以上时，设计将成为经济发展的重要主导因素之一。当进入以创新领导实现价值增值的经济发展阶段时，工业设计就会成为先导产业。因此，工业设计水平将极大地影响高新技术产业的发展水平。

（三）工业设计是提高产品附加值、增加经济效益的重要途径

商品价值可以划分为“硬”价值和“软”价值。“硬”价值包括材料、人工费用、设备折旧和运输费等；“软”价值包括技术的新颖性、实用性、产品整体的优良设计、售后服务和产品文化等。一般而言，软价值是通过工业设计来实现的。发达国家的经验告诉我们，工业设计是提高产品附加值的行之有效的手段之一。2004 年下半年，美国研究机构 Bancorp Piper Jaffray 针对青少年的一份最新调查表明，在计划购买数字媒体播放器的青少年中，75%希望能够得到苹果公司的 iPod 播放器。该机构 2004 年年末的年终报表显示，美国苹果公司在全球范围内已经售出了 1000 万台 iPod，在整个 MP3 市场上的份额超过 60%，位居第一。同属苹果公司、为 iPod 提供下载的 iTunes 音乐收费网站也已经售出 12.5 亿首歌，在同类市场上以 70%的占有量同样位居第一。在一年时间内，苹果公司的总资产从 60 亿美元攀升到了 80 多亿美元，产业也从电子产品延伸到了动画、音乐、图片等数码领域。

（四）工业设计是创造企业品牌和提升企业形象的重要手段

品牌的形成首先是产品个性化的结果，而设计则是创造这种

个性化的先决条件。设计是企业品牌的重要因素，如果不注重提升工业设计能力，将难以成就一流企业。韩国三星公司是利用设计创造名牌、增加利润的典型。2004 年，三星赢得了全球工业设计评比 5 项大奖，销售业绩从 2003 年的 398 亿美元上升到 2004 年的 500 多亿美元，利润由 2003 年的 52 亿美元上升到 100 多亿美元。美国《商业周刊》评论说，三星已经由“仿造猫”变成了一只“太极虎”。在国内，诸如海尔、联想、华为等一批具有前瞻眼光的企业已经意识到了工业设计在提升企业形象中的重要作用，这些企业通过开发自身的品牌而逐步成长壮大为国际性的大企业。但是，从总体而言，国内企业对于工业设计在创建品牌和增强企业实力方面的重要作用的认识还普遍不足，这就需要进一步在全社会范围内推动、宣传、普及工业设计知识，不断地将工业设计中的新理念、新观点广泛推广，使工业设计与企业的生产实践密切结合，只有这样才能从整体上提高全社会对工业设计重要性的认识。

二、工业设计的地位

我们生活在一个被工业产品包围的世界，随着现代科学技术的发展，几乎所有的商品都为人造产品所替代。人们在接触到卓越的产品时，就会情不自禁地受到感动，被其独特的魅力所吸引，而创造这种具有魅力的产品的过程称为造型设计，即通常所说的“设计”。故工业设计是一门涉及科学和美学、技术和艺术的以产品为主要对象的新兴学科，它生长在自然科学和社会科学、工程技术和文化艺术的交叉点上，是整个工业设计领域中的一门重要学科。

工业设计是产品质量、品种、效益的根本。世界上工业设计推广得好的国家的经验说明了这个道理。二次大战结束后的日本，大量仿制欧美产品，甚至用买来的模具生产。在学习、接受和消化西方先进的工业设计思想的同时，采用了第一年引进（进口、分析、模仿），第二年仿制（改进制造），第三年出口（继承与创新）

的策略，如今，日本早已靠工业设计跻身世界工业强国之列。来华讲学的日本设计专家宫崎清先生讲了个笑话："在东京街上随便扔一块石头，十有八九要砸在工业设计师头上。"可见，日本的工业设计师之多。现在人口为美国二分之一的日本有着3倍于美国的工业设计师，这么多的工业设计师绝不是可有可无的，正是因为有了他们，才使日本的产品得以遍布于世界的各个角落。其索尼、日立、东芝、丰田、三菱、尼康、佳能、乐声等品牌已成为优质产品的代名词。精良的日本石英手表风靡世界，使以手表王国闻名于世界的瑞士的大量表厂因此而倒闭；日本的汽车在国际市场上成为抢手货，甚至把以汽车大国自居的美国也压得喘不过气来。可以说，重视和发展工业设计正是日本企业成功的秘诀之一。

工业设计是科学技术发展水平的标志，是社会经济发展的推动力，工业设计的巨大魔力使许多国家把工业设计当作促进经济发展的国策。英国的设计有着上百年历史，1982年1月，当时的英国首相撒切尔夫人亲自在首相官邸主持举办了"产品设计与市场成功"高级研讨会，这位"铁娘子"在会上动情地说："不管是过去还是未来，工业设计的重要性要超过我的政府工作。"会后，英国产品中的20%打入了国际市场，6年的总获利为5亿英镑，远远超过了政府对此两千多万英镑的投资。由于英国政府在工业设计方面做出了巨大的努力，使英国工业在经历若干年停滞后，开始重新增长，成为世界上水平一流的工业设计国家。无独有偶，美国也启用了工业设计这一法宝，1992年12月美国总统克林顿邀请设计界组成智囊团，在克林顿的家乡阿肯色州的利特罗洛克市举行了"克林顿政权的设计战略"讨论会，会议决定设立"美国设计委会员"谋求通过政府的积极支持来强化工业产品的竞争力，并制定了具体措施。

英国皇家科学院院士李约瑟先生和著名华裔科学家诺贝尔奖获得者杨振宁先生，在精心研究了人类文明发展史后，不约而同地得出一个相同的结论："21世纪将是工业设计的世纪。"一个国家工业设计的水平，通过与大众生活密切联系的各类产品，可以反映出一个社会的技术及经济发展及物质文明水平。将原料通过技术设备的加工，转化为工业产品的生产过程，必须经过从无形到有形的关键性和决定性的工业设计这个创造性环节。

正在走向世界经济大舞台的中国，应尽早使我国的工业设计水平与国际接轨，大力发展和推广普及设计教育势在必行。不仅应对高校理工科学生开设“工业设计”类的课程，还应面向社会，在各大企业集团、大公司中开展设计教育，以提高工程技术人员的设计水平，增强创新设计意识，以便在设计活动中，构思出既符合科学原理和制造工艺，又具有艺术意境和时代美感造型的工业产品，这无疑是一种行之有效的方法和必要措施。只要坚持不懈地努力，把推广、普及设计教育付诸行动，相信总有一天会使工业设计这门新兴学科在我国深入人心，使设计思想更普及化，使设计品质更高质化，使设计产品更国际化，在不远的将来在我国掀起工业设计热的浪潮。

第三节　工业设计的形态

一、关于形态

我们生活在一个被各种形态包围的世界中，大到宏观层面的宇宙万物，小到微观层面的分子结构，无一不由形态构成。除了那些千变万化，既富美感又符合自然规律生成的自然形态之外，还有各式各样的人工形态。它们诞生于人类为了生存、为了生活，而不断地设计、制造一切所需要的工具和物品的过程中（图1-1）。人类的这种设计、制造的行为，通常被称为造型活动，形态正是造型活动的核心。正因为形态的无所不在，所以“形态”一词被广泛应用于各个领域，并被赋予了不同含义。例如，唐代张彦远在《历代名凰记·唐朝上》中便写道："冯绍正……尤善鹰鹘鸡雉，尽其形态，觜眼脚爪毛彩俱妙。"这是对画作的描述，"形态"表达的是画家对事物形状和神态准确而生动的捕捉。"形态"在文学小说研究中也可以指事物的形状结构。"形态"还是语言学概论中重要的概念，被用来表示用词造句时，为了表达不同的语义，变换词的句法位置而发生的不同变化。甚至还有将"形态"用来指称某种抽象的表现形式，如思想形态、社会形态等。

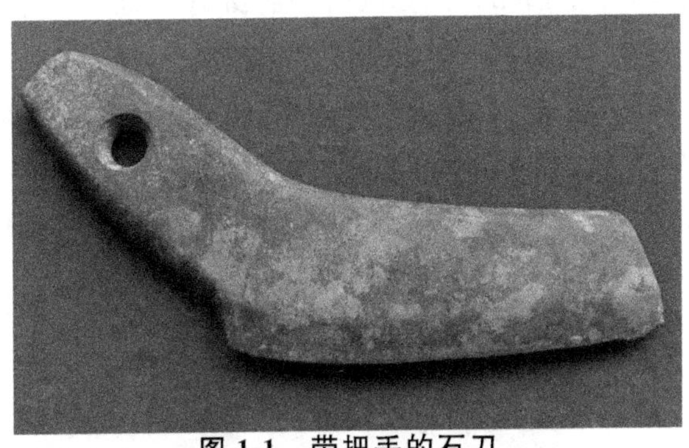

图 1-1　带把手的石刀

在造型活动中我们通常所讨论的"形态"，多强调的是与人工物外在可视化特征，如形状、大小、材质等构成的综合形状。但在实际的形态创造中所需要考虑的却不只是单纯的视觉美感问题，还涉及许多其他因素。以产品设计专业为例，从低年级作为基础设计课程的三大构成（包括平面构成、色彩构成和立体构成，主要针对纯粹形态创造进行训练），到随后的产品基础形态设计课程（主要涉及与产品制作相关的结构、材料、人工物的功能目的），再到高年级的专业产品设计课程（主要在以上课程的基础上，综合考虑产品使用环境、市场和成本等因素），可以看到这些课程都是围绕产品形态创造而展开的，是一个循序渐进、环环相扣的过程。在这个过程中，要完成最后面向市场的产品形态，形式创造的自由度受着各种因素的影响会逐渐减小，而设计的功能目的性将逐渐明确。

设计师进行的人工物形态设计需要满足来自各方面的需求：

形态作为人工事物的基本属性，需要让人们能以此为依据对不同事物加以区别；需要以一种令人愉悦的形式呈现出来，并使人体验到美；需要满足材料、结构、加工工艺等方面的客观要求；还需要通过形态向使用者传达一定的信息，既包括人工物使用功能方面的信息，也有人工物的象征意义方面的信息，例如，如何使用该产品，通过该产品使用户的身份、地位等得到彰显等(图 1-2)。这样一来，形态成了连接设计师、产品以及使用者之间的媒介和纽带，并起到了举足轻重的作用：设计师创造形态，借助形态传达产品的功能与象征意义；使用者通过形态来选择产品，获得产品的使用功能与象征意义。因此，对设计与形态关系进行系统的考察，弄清楚人工形态的成因与创造的规律，找到形态与各影响因素之间的联系，其重要性和必要性都是不言而喻的。

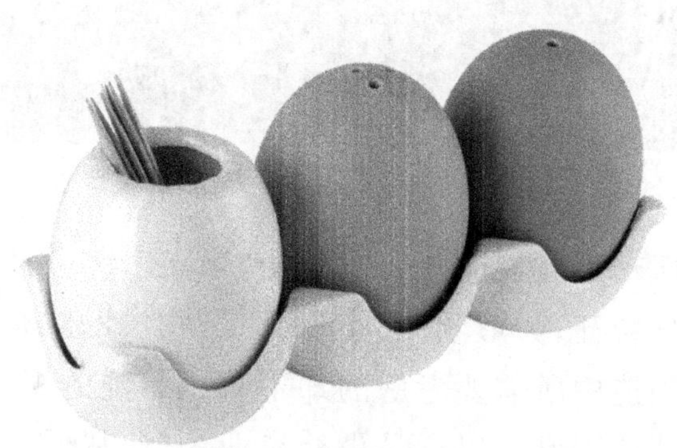

图 1-2　趣味牙签盒

二、工业设计的形态构成要素

(一)点

点在空间表示位置所在，起到视觉集中作用。

“点”是造型艺术中最重要的一环，康丁斯基曾经说过：一个点放对了位置，令人感到兴奋愉快，若放错了位置，则令人感到不安。在造型中，点的出现往往起到画龙点睛的作用，就像万绿丛中的一点红，会特别引人注目。因此，造型上的点虽小，却具有更强的美学表现力。

1.点的概念

点、线、面是一切造型设计的基本要素，众所周知，在几何学上的点是只有位置而没有形态和大小的，它存在于两线相交处。如：线的两端、相交处等。因它没有形态和大小，故无法透行视觉的表现。面在造型设计中的点必须让人看得见，故造型学的点的概念为：没有一定的尺度和固定的形状，是指与整体相比起来相对细小的造型单元。在产品造型时，把看起来感觉很“小”的形象叫作“点”。通常指形体或画面上的细小形象，如：渺茫夜空中的星星，浩瀚无垠的大海中的一艘军舰，辽阔草原上的一匹骏马，蔚蓝天空中的一架飞机即可视为点。飞机在蓝天中我们才感觉到它是“点”，而当我们走到它面前，把它与自己相比，就不会再感到它是“点”了，这种感觉是无法用具体尺寸数字去测量的，只能通过与其周围的其他造型要素相比较才能产生。

点作为物体形状的视觉单位，它是最小的，但这个“小”是有条件的，是相对的。它是否是点，要在与其背景的对比中来确定，超过一定的限度，它就失去了点的性质而成为面。同一“点”与背景形象相比感觉甚小的形象即为点，如图 1-3(a)所示，而图 1-3(b)中的圆形已不再是点，而应视为面了。

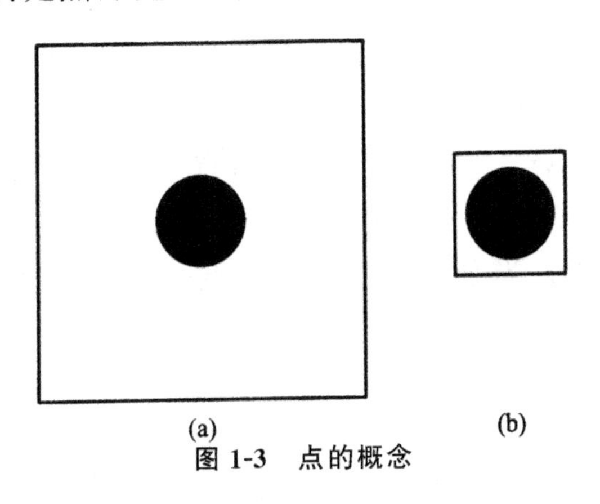

图 1-3　点的概念

2.点的形状

点可以是简单、集中、无方向、无规则的任意形状,如:圆点、扁点、星形点、十字点、米字点、心形点、叶形点、三角形、正方形、菱形等任意形,也可以是具体物象,如图 1-4(a)。如工业产品上的指示灯、开关、螺钉、旋钮、按键、商标、文字等等,它们与仪器及面板相比而言都可以认为是点,其形状可以各式各样,千变万化。总之,点的形态是多种多样的,甚至亦可以是虚形的,即:当在四周的实形包围中留下空白时,即为虚点,如图 1-4(b)。

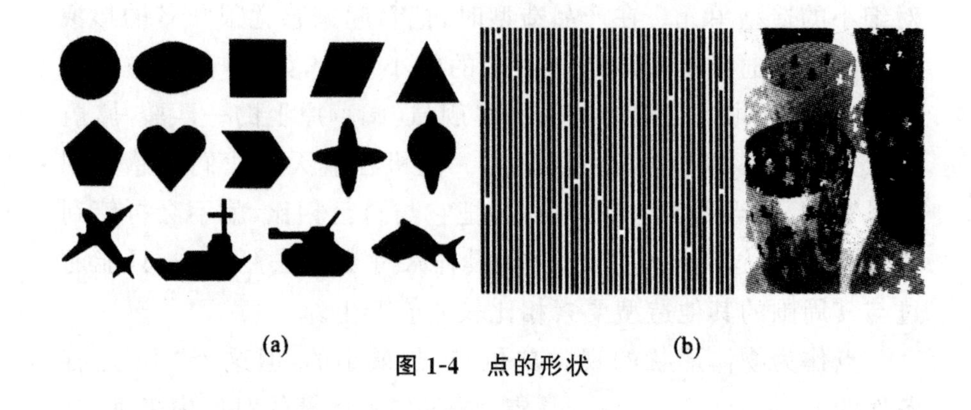

(a) (b)

图 1-4 点的形状

3.点的视觉效果

点具有高度集中的感觉,造型中利用在面中突出某一小点的对比效果,极易起到引导视线集中于此点的强调重点之作用。合理地利用点,会使原本不起眼的点,起到不可估量的作用。

(1)一点的视觉效果

一点亦叫单点,有单纯、集中等特点,给人以富有积聚性的视觉心理作用。单独的点,本身没有上、下、左、右的连接性和指向性,而有求心性。当画面中只有一个点时,人的视线就会不自觉地集中在这一点上,这就是点的求心性的特点。其视觉效果如下(图 1-5)。

①一点在画面上会引人注目,尤其是在中心地带的点,使它周围的空间绝对均衡,所以会使人在视觉上形成集中点,此时点

的表情是安定、严肃、停滞的，没有任何运动的趋势，虽然受注目程度很高，但仍无法突破单调感。

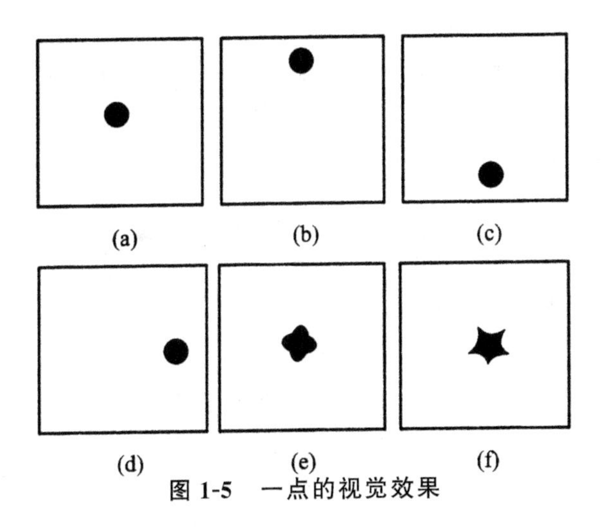

图 1-5　一点的视觉效果

②一点在上方，使力量提升，有动感，但易给人以不稳定的头重脚轻之感。

③一点在下方，因重心下降，则有稳重感，有着脚踏实地，步步高升的气概。

④一点若在画面的某一边，则因点周围的空间失去了平衡而使画面有倾向一边之感。

⑤当点的形状呈凸形时，则有向外扩张的感觉。凸形愈凸，其向外的膨胀力也愈大。

⑥当点的形状呈凹形时，有外力向凹部压紧感，因而，凹入愈大则产生压迫感亦会愈大。

(2)多点的视觉效果

两个点，叫双点。平行的双点在造型上可以产生对称、均衡的艺术效果。两点以上的点，叫多点或群点(5 个以上的点)，多点集中排列，能产生面的效应；多点大小不同、错落相间，可产生运动感和空间感。其视觉效果如下(图 1-6)。

①在同一空间中两个点的大小相同且相距一定距离时，则两点之间会产生相互的作用力。人的视线反复于两点之间游动，产

生在两点之间仿佛有一条无形的连线之感，如图 1-6(a)。

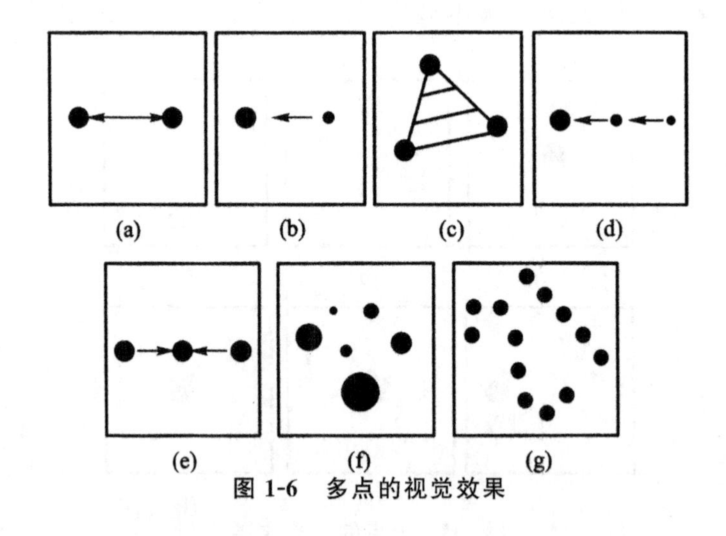

图 1-6　多点的视觉效果

②当大小不等的两个点共存于一个画面中时，视线首先会集中在大点上，然后再移向小点，从而使人产生由大到小，由近到远的空间感。此时会使人觉得小点被大点所吸引似的，好像小点有向大点移动的趋势和动感，如图 1-6(b)。

③三点若不在同一直线上，则因各点之间的视觉作用而使人感觉有相互牵拉的力，从而被消极的线所暗示，由此可联想出三角形的面，即称为“虚形”的面，如图 1-6(c)。

④三点以大、中、小秩序排为一线时，会产生由大到小或方向相反的动感。此时人的视线由一点到另一点，最终停在最大点上，并在此形成视觉停歇点，如图 1-6(d)。

⑤三个同样大小的点排成一线时，视线在往复移动后，最终仍然回到中间的点上，形成视觉停歇点，如图 1-6(e)。此时的形态具有较好的稳定感，所以在设计时以奇数点为宜，但应注意点的数目不宜太多，因为点太多，使视觉在短时间里难以捕捉到视觉中心，会有繁杂、不稳定之感。故一般最多 9 点，如音响设备上的指示灯一般为 7 个。

⑥大小不同的点杂排时，则有较强的远近感，使人产生动感和不同深度的空间感，如图 1-6(f)。

⑦同样大小的点以等距连续排列时，则产生一条消极的线之感觉，如图 1-6(g)。

(3)多点组合的视觉效果

多点按某种规律的排列、组合构图，可产生极为丰富多彩的效果，给人以深刻的印象，在造型中常见的有以下几种(图 1-7)。

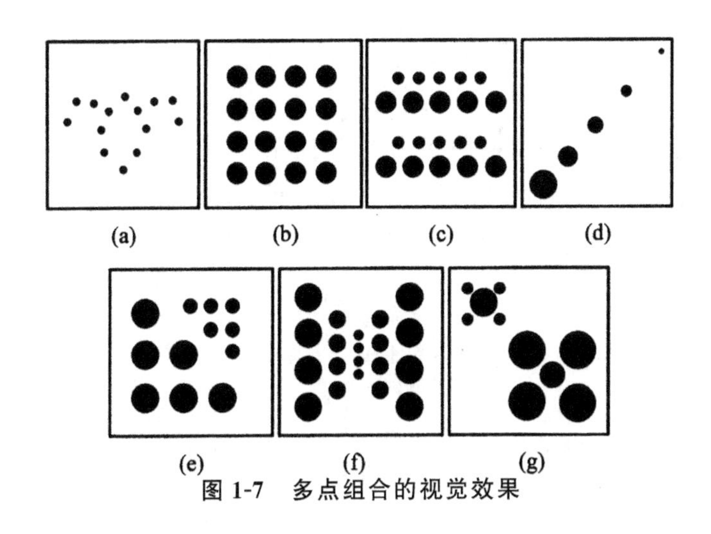

图 1-7　多点组合的视觉效果

①活泼印象：多点积聚可构成优美活泼的图形，如图 1-7(a)。

②静止印象：多点等距等大积聚可构成严肃、静态的图形，如图 1-7(b)。

③层次印象：多点大小不同时可构成有前后层次的图形，如图 1-7(c)。

④远近印象：多点疏密不同时可构成强弱渐变的图形，如图 1-7(d)。

⑤纹理印象：点大而疏时，图形粗豪。点小而密时，图形细腻，如图 1-7(e)。

⑥韵律印象：点阵的大小或间距有规律地变化产生强烈的韵律动感图形，如图 1-7(f)。

⑦错视印象：同样大小的点被较大的图形包围则显得小，反之则显得大，如图 1-7(g)。

总之，点的不同排列、组合，在人的视觉上会产生不同的感受与心理反应，传达不同的视觉信息，产生不同的审美效果，如和谐、比例、对称、均衡、运动等，故被广泛地应用于造型中。

（二）线

1.线的概念

在几何学中，线是点运动的轨迹，它没有宽度。在造型设计中，线有形状，有粗细，有时还有面积和范围。

造型设计中的线一般可分为几何形态线和构成效果线两类。几何形态线一般指直线、曲线、复线三种；构成效果线一般指结构线、风格线、装饰线三种。如图1-8所示。

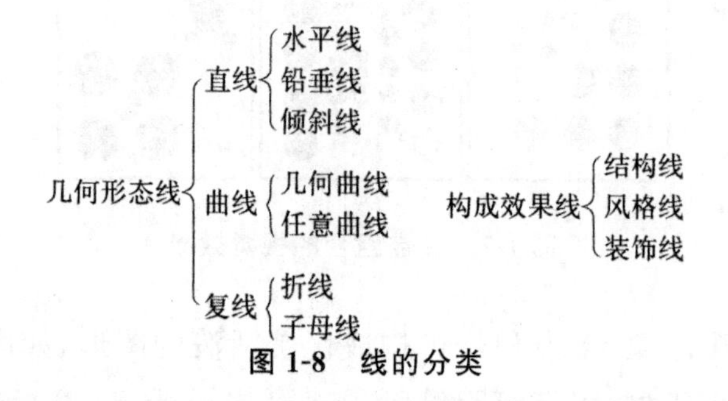

图1-8　线的分类

2.线的感知心理

水平线给人以平稳、开阔、寂静的感觉，并有把人的视线导致横向、产生宽阔的视觉效果，但也有平淡之感。

（1）铅垂线。给人以高耸、挺拔、雄伟、刚强、崇高的感觉，并有把人的视线向上、向下引申的视觉效果，但也有高傲、孤独之感。

（2）倾斜线。给人以散射、活泼、惊险、突破、动的感觉，并有把人的视线向发散扩张方向引申或集中方向收缩的视觉效果，但也有不安定感。

（3）折线。给人以起伏、循环、重复、锋利、运动的感觉。折线富于变化，在造型中适当地运用折线，可取得生动、活泼的艺术效果。有规则的弯折具有节律感，而无规则的弯折虽变化活泼，但也有跳动和混乱的感觉。

(4)子母线。即在粗线两侧或某一侧附加细线或曲线而形成的复线,如图 1-9 所示。子母线具有直线和曲线的共同特征,刚直而富有柔和感,是装饰线中广泛采用的基本线型。

图 1-9　子母线

(5)几何曲线。具有渐变、连贯、流畅的特点,且按照一定规律变化与发展。在造型设计中,抛物线、双曲线以及椭圆曲线的应用较多。

(6)任意曲线。具有一种自由、奔放的特点。波纹线则具有起伏、轻快、活泼、律动的感觉,它是造型设计中应用较多的一种任意曲线。

(7)风格线。是指造型物区别于其他产品的整体线型格调的外观视觉轮廓,如图 1-10 所示。

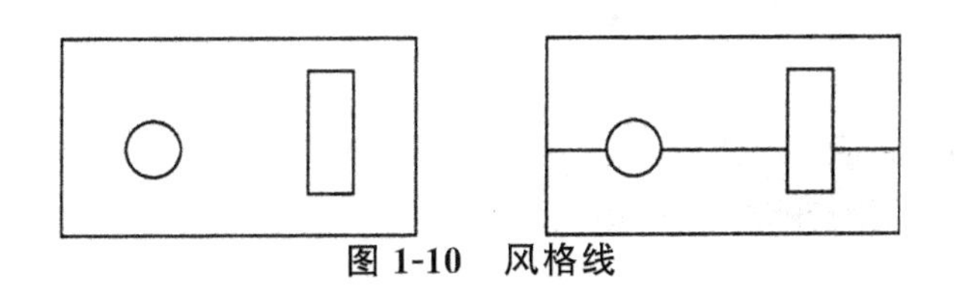

图 1-10　风格线

(8)结构线。是指为了满足产品结构需要而显露在外的线,如箱体和箱盖结合处所显露在外的线等。一般来说,产品在满足其功能结构要求的基础上应尽量与产品的系统风格线型相一致。

(9)装饰线。是指体现装饰作用的附加线,如镶条、色带等。装饰线型要与系统风格线型相一致,同时也要注意与结构线型相协调。

(10)一般来说,直线刚劲、简明,具有力量感、方向感、硬度感和严肃感,故称为硬线。在造型设计中,表现强硬多用直线,它既体现了直线型的风格,又体现了一种力的美

(11)曲线柔和、温润、丰满,似春风,似流水,似云彩,给人一种轻松、愉快、柔和、优雅的感觉,故称为软线。在造型设计中,表现柔和的产品多用曲线,它既体现了曲线型的风格,也体现了柔的美。产品造型设计中,各种线型的运用既要体现时代的气息,又要体现产品自身的风格,还要兼顾产品所处的系统环境和本产品的系列风格。

3.线在造型设计中的作用

直线有统贯其他元素的作用。如图 1-11(a)所示,两个孤立的元素,按其功能要求,它们的位置只能作如此安排,画面给人一种零散的感觉。若用一条深浅适宜的直线把两者贯穿起来,就能使孤立无关的两个元素连成整体,彼此有所呼应,如图 1-11(b)所示。

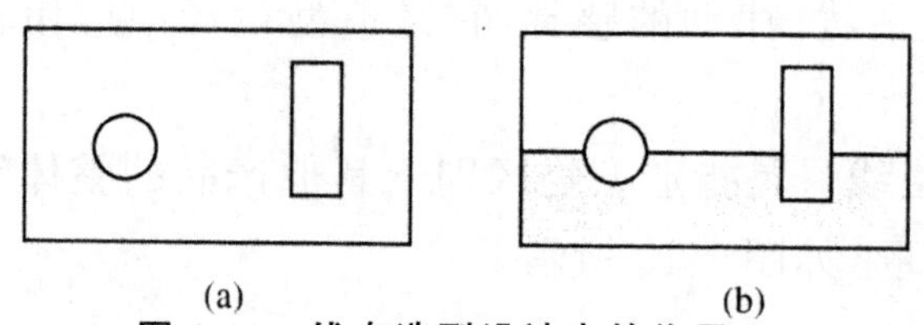

图 1-11　线在造型设计中的作用(1)

直线有分割大面的作用。图 1-12(a)是一个机箱的正立面,该面空无一物,显得呆板、空乏。如果加上几条横线,就把大面分散开了,打破了空乏无趣的感觉。

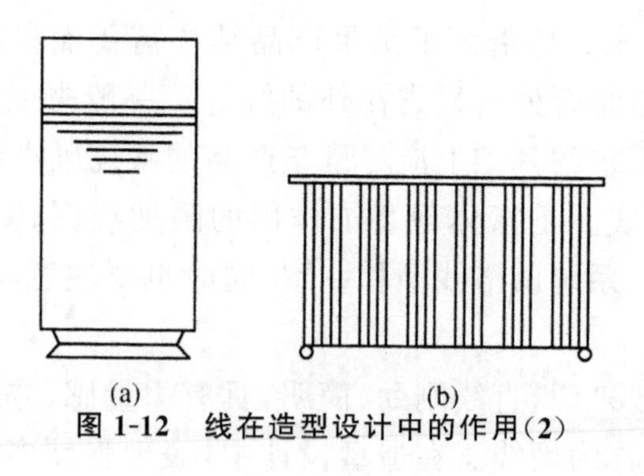

图 1-12　线在造型设计中的作用(2)

（三）面

造型设计中的面包括两个内容：一个是指造型物的表面，造型物是通过表面和外界接触，让人们感知它的；另一个是指那些厚度特别小（相对其他尺寸而言）的造型物本身，如薄壳屋面的屋顶，船上的帆等。这后一种“面”是有厚度的，这一点和几何上的面的概念不同。

从几何的角度分析，面是线以某种规律运动的轨迹，不同的线以不同的规律运动形成不同形状的面。

面分为平面和曲面两大类。

1.平面

平面给人的感觉是平坦、规整、简洁、朴素。由于平面易于制造和加工，使用上有很多优良性能，所以平面是各类造型物中使用最广泛的，最基础的面。建筑物、机器、仪器、仪表及家具等的表面大多是平面。

几何学中的理想平面是无限延伸的，但在实际造型设计中平面总是有边界的。不同的边界使平面呈现出不同的形状，视觉效果也有所不同。

平面类大致分为几何形、有机形、偶然形和不规则形四种形态。

（1）几何形

几何形的平面是由直线构成、曲线构成和两者的合成。所构成的平面简洁、明快，秩序感较强。包括三角形、长方形、正方形、圆形、椭圆形、梯形、平行四边形、多边形等。见图1-13。

几何形产品，如图1-14～图1-16。

（2）有机形

有机形不同于几何形，不能用数学方法精确计算出来，但它并不违反自然法则，具有纯朴、秩序的美感。如图1-17。

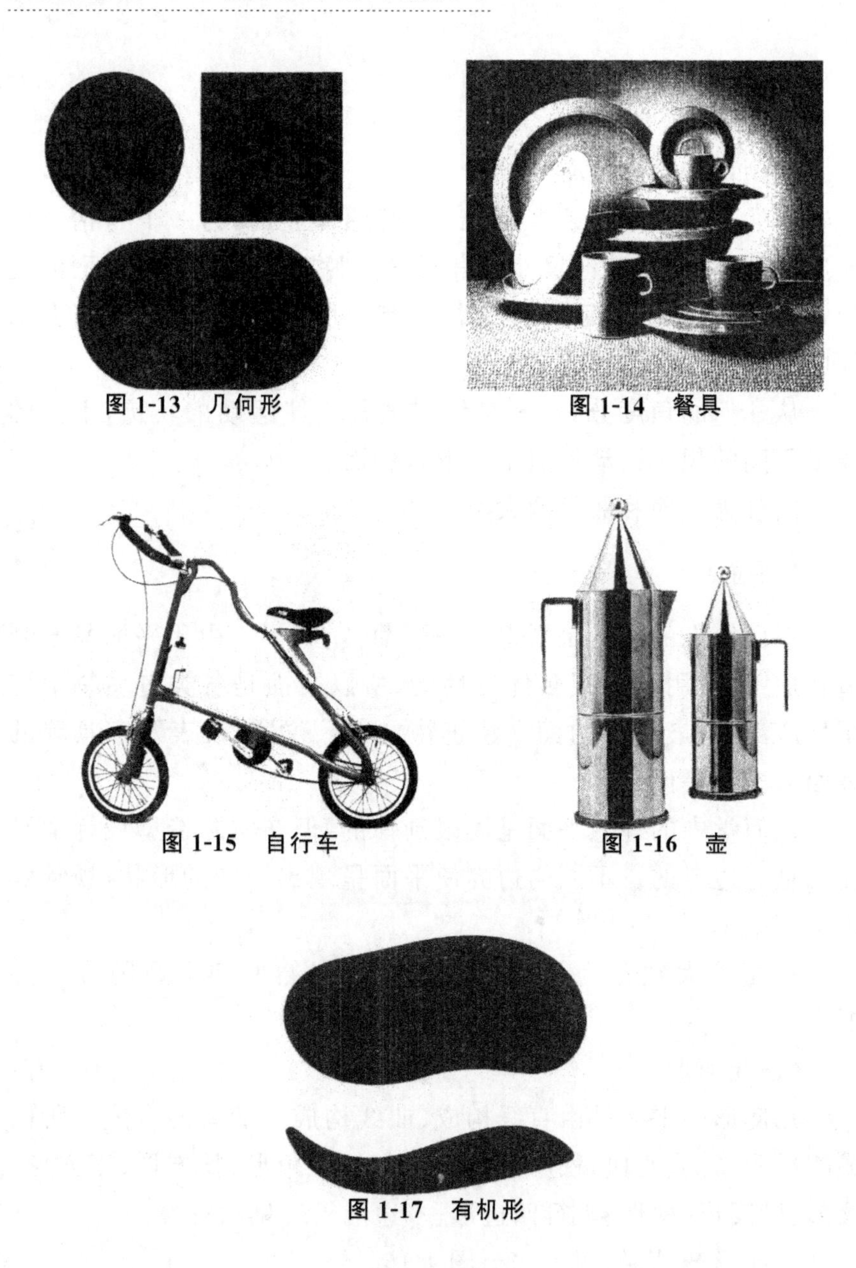

图 1-13　几何形

图 1-14　餐具

图 1-15　自行车

图 1-16　壶

图 1-17　有机形

有机形产品，如图 1-18、图 1-19。

(3)偶然形

即无意识偶然产生的形，具有独特的视觉效果，运用不同的工具、材料刻意追求能产生较强的创意或从中获得新的灵感、新的发现。见图 1-20。

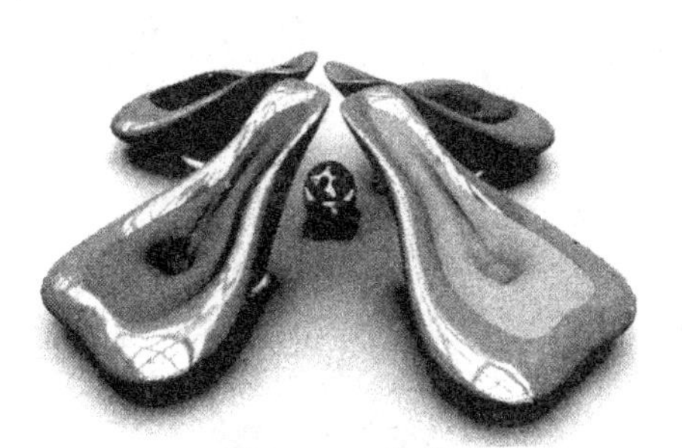
图 1-18　座椅

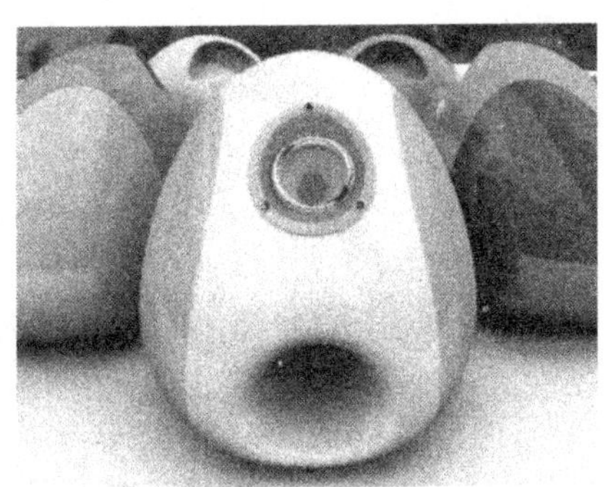
图 1-19　小音响

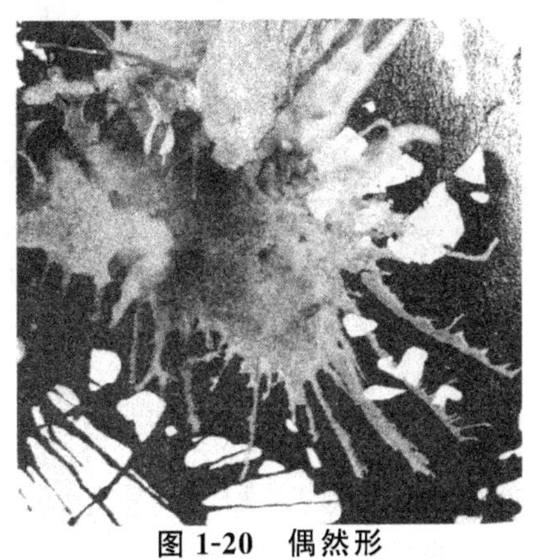
图 1-20　偶然形

(4)不规则形

所谓不规则形指的是有意识、有目的、故意制造出的形态，更贴近生活、更人性化、更容易使人产生亲切感。见图 1-21。

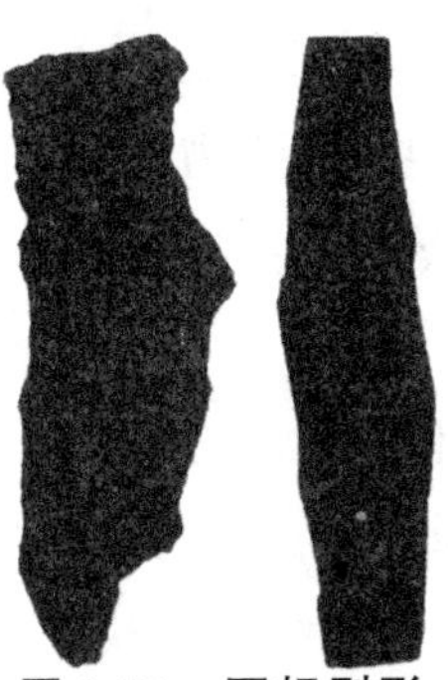
图 1-21　不规则形

不规则形产品，如图 1-22、图 1-23。

图 1-22　灯具

图 1-23　凳

2.曲面

曲面使人感到流畅、光滑、柔和、丰满、富于变化、有动感。在光线照射下能形成丰富变化的“亮线”，显得富丽豪华，如高级轿车、飞机、船舶的外表面。

曲面在造型设计中应用较为广泛的一个重要原因是因为曲面可以用来满足对造型物表面的某些物理、数学性能上的要求。这些要求往往是造型物必须保证的功能要求，如飞机、船舶的流体力学要求，某些设备对光和电磁波的反射、聚散要求以及某些导管的截面变化要求，某些造型物的体积和占据空间位置要求以及人机工程学的要求等等这些特殊要求，只有使用相应的曲面才能满足。

曲面的设计和制造比平面复杂得多，这在过去曾限制了曲面造型的实现。现代科学技术水平的发展，特别是计算机辅助设计和计算机辅助制造手段的运用已解决了昔日的很多难题。

(1)几何曲面(图 1-24、图 1-25)

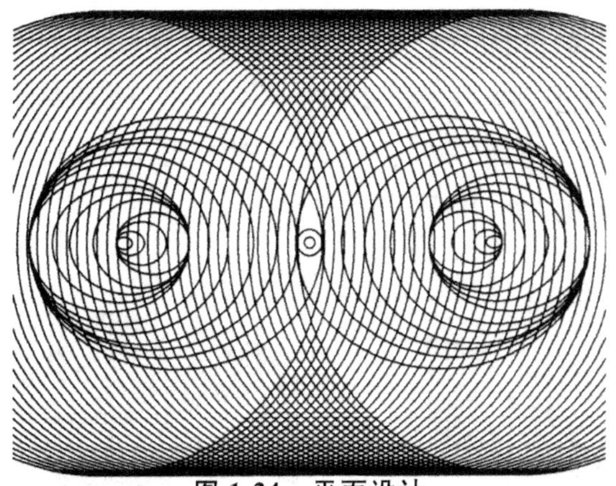

图 1-24　平面设计

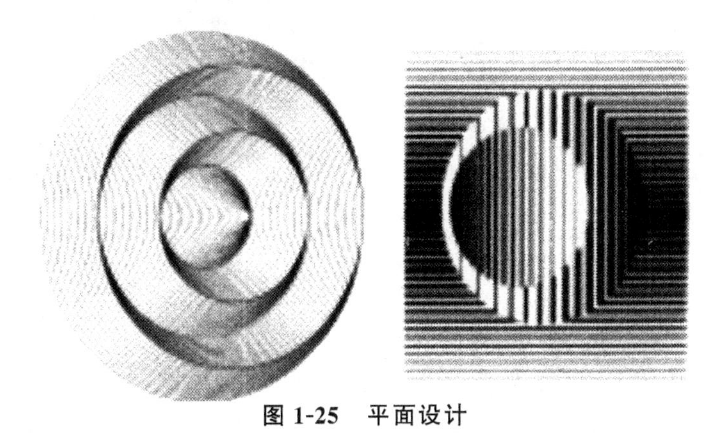

图 1-25　平面设计

(2)自由曲面(图 1-26)

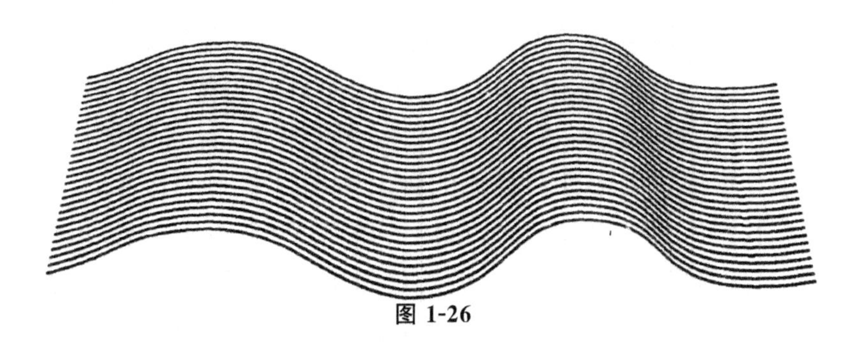

图 1-26

（四）体

一般我们将占据一定空间，长、宽、高三维尺度相对较大的形态称为体。从几何学的角度，体是由面的移动轨迹形成的（图1-27）。而在设计实践中，还能通过对平面材料的折叠、切割、组合形成占据一定空间的现实形体（图1-28）。

图1-27　水果形便签

图1-28　织物通过折叠所形成的桌子

体可分为几何体和非几何体。几何体的基本形式包括长方体（包括正方体）、圆柱体和球体。其他的几何体基本都是在上述几种几何体的基础上通过组合、切割、变形而来的。这也成为不少产品设计最基本的塑形手段。非几何体则包含具象的体和抽象的自由体两类。具象的体主要来自于对自然的模仿和变形，它们带给人们的情感体验与所模仿的对象带给人的情感体验密切相关。人类的艺术设计史中，从来不乏向自然仿样、学习的例子，从陶器、青铜器、瓷器，乃至到现代的许多造型，都直接或间接地来自于自然界中的形象。抽象的自由体在设计中的运用，是现代主义发展到后期，人们对几何形体的单调、冷漠的厌倦，以及新材料、新工艺的出现提供了更多的塑形可能性而发展起来的。这些抽象的自由体往往线条流畅、灵活，颇具人情味（图1-29）。

图 1-29　丹麦，维纳·潘顿的整体室内设计

第四节　工业设计中的数字化理念

随着工业化社会经济的不断发展，高新技术也随之迅速提高和发展，当代社会逐渐步入了以数字化技术为特征的后工业社会，又称之为“数字化”时代或“信息”时代。“数字化”时代的工业设计是以现代主义的设计思想功能主义、实用主义为基础，引进了新的内涵而发展起来的。

在经过了后现代思潮的洗礼后，“数字化”时代的工业设计的发展已渐趋于丰富和平缓，开始进入到一个多元化时代。在提倡多元化的今天，设计在体现高新技术、提供良好功能的同时还充当着表现民族传统、人文特点、个性特色的多重角色。

一、数字化与数字化设计

数字化是把各种各样的信息都用数字来表示，其实数字化更加精确的说应该是二进制的数字化，指的是二进制运算理论的确立，计算机技术的诞生所带来的进步。数字化技术起源于二进制数学，在半导体技术和数字电路学的推动下使得很多复杂的计算可以交能机器或电路运完成。发展到今天微电子技术更是将我们带到了数字化领域的前沿。

设计是设想、运筹、计划和预算。它是人类为了实现某种特定的目的而进行的创造性活动。设计具有多重特征，同时广义的设计涵盖的范围很大。设计有明显的艺术特征，又有科技的特征和经济的属性。从这些角度看，设计几乎包括了人类能从事的一切创造性工作。设计的另一个定义是指控制并且合理地安排视觉元素，线条、形体、色彩、色调、质感、光线、空间等，涵盖艺术的表达和结构造型。这好像更加接近平常所接受并且能感觉到的设计。设计的科技特性，表明了设计总是受到生产技术发展的影响。设计和技术有着密不可分的关系。数字化设计就是数字技术和设计的紧密结合。

二、数字化产品设计及其发展趋势

科技的高速发展、社会的进步、生活水平的提高，人们思想意识的变更、对生活质量的需求等等，都在发生翻天覆地的变化。再加上全球性的新技术革命浪潮的冲击下，工业设计正以前所未有的速度、广度和深度向人类逼近。随着生活的不断提高，物质水平的不断丰富，人们已越来越趋向于对精神的、文化艺术的、思想的追求。在这种转变的提示下，设计不再只是提供完备的基本功能，包含形态与机能，更重要的是设计提供了附加价值，提高了人们消费欲望。因此，我们可以说设计在整个时代发展上提供了相当的催化作用。正是这种需求的变化，市场的新潮，设计的主要方向也开始了战略性的转移：由传统的工业产品转变为以计算技术为代表的高新技术产品。

数字化还为产品的使用方式带来了前所未有的改变，产品使用方式的改变也成为创新设计的一大卖点。西门子第一次推出滑盖手机，立即带来风靡全球的效应。滑盖手机最大的特点是主屏幕很大，而键盘顺理成章地藏在主屏幕的下面，机型显得简约而大方，而且上下滑动的乐趣让人感觉高科技的味道十足。相比翻盖手机更加方便，还能省去双屏幕的烦恼。

数字化产品的发展趋势：现代社会环境污染日益严重，物质和能源的消耗巨大，数字化产品的设计应该充分考虑环境因素，将环境性能作为数字化产品的设计目标和出发点，力求使产品对环境的影响为最小。而且在设计的同时，以高科技为基点，关注人的心理健康，崇尚节约，注重产品的可持续发展，研发具有环保和节能双重功能的数字化产品。当今的设计师应该提高科学环保素质，培养个人创新意识和创新能力，将绿色，和谐设计理念融入数字化产品的设计中，为家庭社会带来更多的节约型(DIY)设计，从而引导人们科学、文明、健康的生活方式。

三、数字化人机界面

随着科技的快速发展，对于人机界面设计的要求也越来越多，越来越高，表现在对界面设计的科学、合理、安全、舒适、美观、方便等多方面的要求。但传统的人机界面设计方法在现今表现得已不够适应和完善，改进和补充原有的人机界面设计方法已经变得十分重要和紧迫。

当前时代的重要特征表现为：信息化、智能化、数字化、服务型。由于媒介、通讯、技术、服务、信息的普及，社会已经从原有的硬件形式逐步转变为软件形式。这直接影响到工业设计以及工业设计重要的组成部分——人机界面设计。人机界面设计正在由体力型、感知型的设计特点逐步向心理型和认知型的设计特点转变。在这种背景下，有必要对人机界面设计进行全面、深入的再分析、再研究以及改进和补充。

(1)数字人机界面的信息化、智能化

目前许多信息产品、智能产品的设计突破了传统机械设计的使用功能决定结构形式的设计准则。如计算机的操作系统、网页、电子邮件等已经没有了传统的物质形式，其形式自身演变成为新的存在方式。例如：realnewtorks 公司开发的 realplay，作为一个被我们频繁使用的媒体播放器,其硬件本身却是一种数字形式,虽然也有纷繁复杂的控制键,但已经感受不到工业化制造的气息了。面对新情况,有必要改动和补充一下人机界面设计的方法。

可以看出当前的人机界面设计在信息化、智能化等诸多条件不同于传统的情况下有了不少新动向,人机界面设计正由单一化向多元化转变,设计人员已不再是单一的理工科毕业生,单纯的理性设计方式已经不能完全适应现在的情况,人性化、智能化等设计条件的融入已是必然,理、工、文、艺等多学科人才的大协作已经成为当前人机界面设计的主要工作方式。所以,是否理解人机界面设计的新情况将直接决定设计的优劣。

(2)面向复杂系统的数字界面

复杂系统中包含着多个系统功能模块,所传递的信息规模大,一旦在界面中出现设计错误很难被觉察和纠正,即使微小的设计失误也可能会导致潜在的灾难性后果。航电系统显示界面使用于复杂的战场环境,所面向的用户都是专业飞行员而非普通用户,系统所提供信息也与普通系统的图形界面有显著区别。因此航电复杂系统界面设计迫切需要合理的理论依据支持和指导,以数学思维反映复杂系统界面设计中要素因子的相互作用,使界面设计工作有据可依,避免设计失误(见图 1-30)。

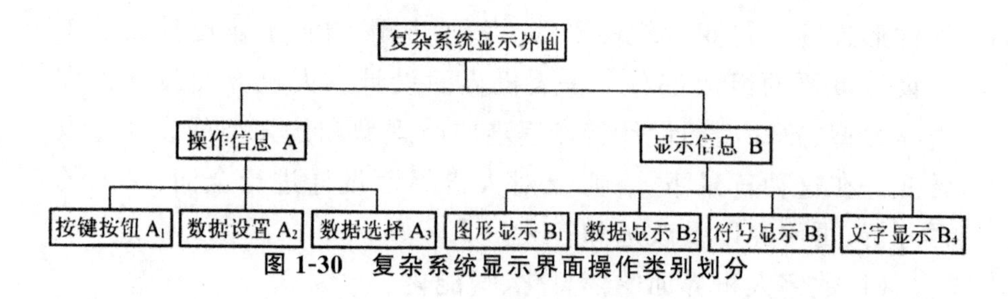

图 1-30　复杂系统显示界面操作类别划分

第二章 工业设计的原则与方法透析

工业设计作为企业创新和振兴地方经济的发展战略，目前正受到企业、社会和各级政府部门的高度关注，而工业设计的核心内容就是产品的开发与创新。本章所说的程序是指完成某项工作的过程和步骤，原则是指完成设计的基本准则，而方法是指解决问题的手段。从方法论的观点来看，程序也属于方法的概念范畴。无论做任何工作，必须有正确的方法与原则；方法与原则的正确与否直接关系到工作的成败与优劣。因此，学会设计的程序、原则和方法，对于设计师来说是至关重要的。

第一节 工业设计的程序与要求分析

一、工业设计的程序

（一）确定设计项目和实施计划

人们生活工作中的各种需求、各种问题的发现是设计的动机和起点。在设计实践中，设计任务的提出会有很多种方式：企业决策层以及市场、技术等部门的分析研究中产生的设计任务；受客户委托的具体项目；直接通过对市场的分析预测，找到潜在的问题进行设计开发等。

1.确立新项目

分析新产品上市后的业绩，资料显示其成功率并没有我们想象的那么高，虽然有的新产品在上市前花费了高昂的研发代价，但是上市后损失惨重的例子举不胜举。所以项目确立前的工作至关重要，如何确定新的研发项目可以说直接影响着企业的生存和发展。

(1)依靠调研确定市场需求

通过调研市场准确寻求市场需求，这是产品设计开发项目确立的前提和基础。21 世纪是个性化时代，消费者的需求五花八门，且这种需求随着信息交流的增多在不断地变化和发展，要做到真正顺应市场需求还有大量和细致的调研工作要做。

优良的设计项目不是建立在决策层或是设计师个人的突发奇想上，而是必须树立以消费者为中心的设计观念，依靠与新产品项目研发有关的决策层、设计师、管理、营销、工程技术等人员的合作，针对用户的需求、期望和潜在需求，在文化、经济、技术、材料、心理等领域进行调研和分析，制造出被消费者认为是“有用的、好用的、期望拥有的”产品，以确保项目能够领航未来的市场。

企业在调研的基础上做出准确的预测并不简单。市场是万变的，一个新产品从了解需求确定项目到被制造出来并投放市场需要一段时间。昨天市场上还大量需要的产品现在就不一定适销，这就是市场。市场调研是我们确立项目的基础，但重要的是在市场调查的基础上，还要运用科学方法做好市场趋势的预测。

(2)依靠新的科学技术

科学技术是第一生产力，它对产品的品种、性能和质量起着决定性的影响。企业要时时关注科技的进步，引进和吸收国内新理论、新技术、新方法、新材料，注意运用现代设计方法，注重应用新技术并不断增强技术研发能力，以提高产品的水平和质量。

(3)依靠创新

随着信息技术突飞猛进，人们的思想、观念、时尚、兴趣和爱好的变化很快，为适应时代的变化而持续发展，企业的产品不管当前有多热销，还必须不断创新。否则，企业在激烈的市场竞争中将无法生存。

对于企业来说，首先就是产品的创新。创新是产品取得成功并获得效益的基础，企业的职责就是了解市场需求以达到不断创新产品发展企业的目的。对于成功的企业，即使生产同类的产品，也应具有竞争公司所没有的特色。

(4)遵循绿色发展战略

合理使用资源、保护环境、保护人们健康等，各国在不同时期都要颁发如能源政策、环保政策、产品安全、卫生标准、技术标准等法规。这是企业在开发新产品时必须遵守的。当前全球性的“绿色潮流”正在冲击已经陈旧的环保法规。德国已经立法，规定电视机制造商必须回收废弃不用的产品，欧共体和日本等先进国家也在可持续发展战略基础上大力研究开发新的创新产品。

(5)以用户为中心

以用户为中心这是众所周知的简单道理，但在产品开发中也有时被忽略。国外部分家电等产品出现功能操作“傻瓜”化的趋势，就反映了用户这种要求。所以，产品要想获得成功就必须建立以用户为中心的观念，一切从用户的角度思考。

(6)充分利用通用化、标准化

提高通用化、标准化、系列化水平，能减少设计，制造的工作量，加速新产品和制造的进程，也便于使用、维修和保养，降低开发制造和使用的费用。

以上六点是设计项目确立前应该充分考虑的问题。当今，在项目确定前期就要求工业设计师与其他工程技术、营销、管理人员等共同参与制定项目的工作，这样工业设计师便于对项目的内容和目的有更清晰的了解，为其日后设计工作的开展打下良好的基础。

2.项目可行性报告

项目的可行性分析是新产品开发不可缺少的前期工作，必须在进行充分的市场调查后，对产品的社会因素、经济因素、技术因素等几个方面进行科学预测及分析论证。报告应该立足于实际，内容全面翔实且言简意赅，对产品设计创新的目标、潜在的市场因素、要达到的设计目的、项目的前景、市场可能达到的市场占有率、实施设计项目应具备的条件，心理准备和承受能力等都有明确说明。报告的目的是企业研发设计项目的策划，既是设计项目开展的纲要性指标；同时，为减少企业运营开发投资的风险，也是决策项目是否实施的依据。

3.项目进程和项目总体时间计划

设计开发项目的立项前，必须做到周密的论证、分析和预测。面对的设计项目无论是哪种类型，都要充分认识理解和领悟设计项目所要达到的目的和要求。及时沟通不同人员之间对设计目标认识和理解上的偏差，以免阻碍设计顺利开展，影响工作效率。

项目确立后，不但要了解设计内容，还要非常清楚设计所应达到的目标。在此基础上实施具体设计工作前还应制定“项目进程和项目总体时间计划”，用以把握设计工作开展的效率。制定设计进程和总体实施时间计划是保证项目按时、顺利完成的保障，也是对设计管理能力的考验。如果是企业项目的全部设计，这个项目进程和计划时间表就要组织项目团队成员共同协商，包括交叉协作和试投产信息反馈、再次改进、评估等内容；如果是委托方只是委托方案设计，那么进程计划表就比较简单。

以上两个方面，都是设计项目团队成员或设计方与委托方进行多次沟通、协商后、反复调整后的结果。

(二)市场调查、研究与分析

市场调研，就是指运用科学的方法收集、整理、分析产品和产品在从生产者到达用户的过程中所发生的有关市场营销情况的各种资料，从而掌握市场的现状及其发展趋势，为企业进行项目决策或产品设计提供依据的信息管理活动。

1.市场调研的范畴

市场调查的范围非常广，从产品研发立项前期、设计工作开展之中、设计完成到生产、进入市场成为商品、出售成为消费者手中的日常用品，这一整个流通过程中的每一环节，以及生产企业、设计师、销售人员、竞争对手和消费者等，都是其所要调查的内容和关注的对象。通过进行广泛深入的调查并从中收集必要的资料和数据，在此基础上由各方专家对这些资料和数据做出客观的分析和评估，得出比较客观而科学的信息，发现问题并找寻产品设计的突破口，据此写出调查报告，作为企业决策层制定新的计划项目和进行产品设计时参考。

2.市场调查的内容

(1)针对各方面的宏观经济信息收集，如当前国内外的政治、经济政策对消费市场的影响，全球变暖给人类生存的环境和生活带来的影响等，根据调查得来的客观资料和数据进行分析研究，以便对今后消费市场的发展做出预测。

(2)收集消费者对产品本身的意见，如对产品的功能和形式方面的意见，了解并观察其对产品满意或不满意的原因，以便生产者和设计者根据这些用户的意见，重新找出产品问题的所在，在引领、满足消费者需求的基础上，使产品进一步扩大其消费市场。从这一角度进行市场调查，偏重调查研究各类产品的功能、造型和是否为广大消费者所喜爱，以便在重新设计研发中，提高和创造其产品的功能的适宜性和外在形式的美感，使消费者更加满意和乐于购买。并通过产品的不断改进，而提高消费者的生活质量和满足其精神上的需求。

(3)收集信息时代人们在各种文化的冲击下生活方式和思想观念的发展趋势、转变或变异的具体状况等，这是针对人们在不同文化背景下的心理和行为方面的研究，通过对这些资料的分析总结来洞察未来市场人们的潜在需求，创造出引领市场的产品服务于人类。

3.产品市场调查的三个时段

(1)对已经上市的产品，通过市场调查，了解消费者对现有产品设计的意见，以便据此寻求产品设计的突破口，对产品设计进行改进或再设计。

(2)探求市场现在和未来的需求状况,以便设计和开发新产品。

(3)在新产品小批量投产试销后,测试消费者的购买情况,了解产品的形式设计在消费者购买行为中所起的作用,了解消费者在使用过程中对产品形式设计的意见。通过上述调查,为改进产品设计,准备投产提供可靠的依据。

4.调研的准备工作

由于市场调查的主要目的不同,在市场调查问卷的设计和具体操作上,也应该有所侧重,针对设定的目标,限定调查范围。

在设置的问题中,可将下列问题作为重点:消费者对产品使用后的印象、对产品的接受程度、对产品的技术性内涵的认知程度;消费者购物时的心理因素、促使消费者购物的主要原因;产品存在的缺点、消费者对产品改良的期望和具体意见等。

5.调研资料分析

市场调查的结果带来了大量的信息,分析研究这些信息的前提就必须紧紧围绕消费者和使用者,且站在用户的立场分析和研究总结,然后找出问题。

问题的发掘是设计的起点和动机,一般情况下,问题来自于社会文化、造型美学、科技应用、市场需求等各种因素。设计人员要充分认清和把握问题的构成,这对设计者能够有效完成设计工作来说很重要。如何发现问题的核心,通常处理的方法是将问题先进行分解,然后再按各个层面分类,找出它们之间的联系和关系,使问题的构成更为清晰和明确,从而找出产生的问题的核心。

根据核心问题,各方设计师等应充分发挥设计灵感,提出有新意的设计概念。所谓设计概念,就是在调查分析的基础上将问题明确具体化,将产品的使用方法、结构、造型等预想具体化。设计概念对于产品设计十分重要,只有确立设计概念后,工业设计师才能在这一概念的指导下开展设计,设计概念直接关系着产品设计的成功与否。

这里所指的发现、提出和解决问题，都可以利用集体智慧采用相应的一些方式方法。例如脑力激荡法、缺点列举法、希望点列举法、联想法等。然后要把得出的结论进行归纳和总结，当然归纳和总结问题的水平取决于设计团队的创新意识、思想观念、知识范围、工作经验、文化修养等。

（三）设计构思

此阶段工作的核心是创意，设计方将前一阶段调查所得的信息资料进行分析总结，提出具有创新性的解决方案，并将解决方案视觉化。在构思阶段，不要过分考虑限制因素，因为它会影响构思的产生。

1.设计诉求

设计概念、设计目标要有准确的文字描述，它是保证设计表现准确的前提条件，是指导设计视觉表现和设计成功的关键。此阶段要求设计表述简练概括、准确，带有一定的启发性。

2.设计的视觉表达

设计构思，是对提出的问题所做的许多可能解决方案的思考，是把模糊的形象明确化和具体化的过程。初步设计构思形成以后，最有效的手段即开始设计草图的绘制和制作设计草模型，这时要手、脑、心并用。当一个新的“形象”出现时，要迅速地用草图或草模型把它“捕捉”下来，这时的形象可能不完整、不具体，但这个形象有可能使构思进一步深化。通过反复思考就会使较为模糊的不太具体的形象轮廓逐步清晰起来，这就是设计的草图、草模型阶段，是具体设计环节实施的第一步，也是设计的关键一步，因为它是从造型角度入手，渗透了设计前期的各种因素的一种形象思维的具体化、视觉化。

草图和草模型主要是设计师本人分析、研究设计的一种方法，是帮助自己思考的一种技巧。草图主要是记录设计的过程，因此不必过分讲究技法，主要是能把自己所想的形象地表现出来，当然要与委托方共同研究讨论的时候，草图和草模型应该讲究一定的完整性和真实性。

初期设计的视觉表达还可以分为草图表达、图面二维表达、图面三维表达、立体草模型表达四种表达方式。此四种设计表达既是递进关系，也互为反复。它是研究造型形态必不可少的工具，是设计师将构思由抽象变为具象的一个十分重要的创造性过程，是工业设计师研究设计创意的一种必不可少的方式方法。

（四）设计的展开与优化

设计展开是开始进入设计各个专业方面，是将构思方案转化为具体的形象，包括在草图旁边添加说明性文字。通过对初步方案的确立，并分析、综合后得出的解决具体问题的结果。它需要设计和委托方共同参与，并在产生矛盾的时候，以用户的意见为中心加以解决和化解。

这一工作主要包括基本功能设计、使用方式设计、生产机能可行性设计，即功能、形态、人机、色彩、质地、材料、加工、结构等方面。产品形态受产品的功能、材料、色彩、结构等因素的综合影响，但在设计构思具象化时，却不能同等对待这些影响因素。形态的创造要与阶段设计构思的切入点结合起来。如设计初期构思时，主要是解决功能问题，那么，这时应以针对功能塑造形态为主；如在构思时主要是新材料的应用，那么在形态塑造时可以如何体现新材料的性能和优点为主；而如果是要优化产品的结构、工作原理问题，则不妨采用仿生设计，到大自然中寻找形态创造的灵感。

方案设计草图的进一步细化和深入，还要考虑人机界面设计和加工工艺的可行性等问题。人机界面也是细化设计重点要考虑的，人们对这个产品采用什么样的使用方式，有什么使用习惯，在什么场景中应用，都会影响产品的形态。对加工工艺的考虑虽不像设计完成阶段考虑得那么深入，但至少要保证其外形能生产加工出来，不至于无法脱模或花很大的代价才能脱模。

在设计基本定型以后，用较为正式的设计表现图和模型表达设计。设计效果图的表现可以手绘，也可以用计算机绘制，主要是直观地表现设计效果。计算机绘制大多采用3D软件建模，赋予材质、灯光，然后渲染效果，再通过彩色打印机输出。利用计算机比手绘的效果图更具真实感，而且建模后，可以从任意角度，在不同的灯光、不同的背景下渲染而获得多幅效果图。委托方可能没有经过专业训练，空间三维想象力不强，直观的设计表现图和模型便于委托方了解设计制作以后的效果，是帮助委托方决定设计方案的必要方式。

这阶段，设计师及相关人员要将各个方案进行比较、分析，从多个方面进行筛选、评估、调整，从而得出一个比较满意的方案。

（五）设计的评价与优化

1.设计评价与方案初审

设计评价应该是动态地存在于设计的各个阶段，贯穿于设计的全过程。设计只有通过严格评价并达到各方面的要求，产品才能降低批量生产的成本，让企业真正通过设计获得效益，让消费者得到性价比最佳的产品。优秀设计的评价标准，不同的项目具有不同的内容。一般情况下，一个好的设计应该符合下列几项标准。

（1）高的实用性。

（2）安全性能好。

（3）较长的使用寿命和适应性。

（4）符合人机工程学要求。

（5）技术和形式的特创性、合理性。

（6）环境的适应性好。

（7）使用的语义性能好。

（8）符合可持续发展的要求。

（9）造型原则的明确性，整体与局部的统一，色彩的协调。

在经过对诸多草图方案及方案变体的初步评价与筛选之后，

优选出的几个可行性较强的方案需要在更为严谨的限制条件下进行深化。这时候设计师必须理性地综合考虑各种具体的制约因素,其中包括比例尺度、功能要求、结构限制、材料选用、工艺条件等,对草图进行较为严谨的推敲。这一步工作应达到两个要求:一,使得初期的方案构想得到深入延展。因为作为一种创造性活动,设计构思通过平面视觉效果图的绘制过程不断加以提高和改进。这一过程不仅锻炼延展了思维想象能力,而且诱导设计师探求、发展、完善新的形态,获得新的构思。这时的表现图绘制要求更为清晰严谨地表达出产品设计的主要信息(外观形态特征、内部构造、加工工艺与材料……),设计师可以根据个人习惯选择得心应手的工具,也可以借助于各种二维绘图软件及数位绘图板等计算机辅助设计工具。二,它能够有效传达设计预想的真实效果,为下一步进行实体研讨与计算机建模研讨奠定有效的定量化依据。设计师应用表现技法完整地提供产品设计有关功能、造型、色彩、结构、工艺、材料等信息,忠实客观地表现未来产品的实际面貌。力争做到从视觉感受上沟通设计者、工程技术人员和消费者之间的联系。

2.工作模型制作

将设计形象转化为产品形象时,必须利用模型手段。在设计定案阶段所进行的设计评价和最终承认的是工作模型和生产模型。向生产转化时的生产模型,是从各个方面对产品进行模拟,所以能够明确把握构造上和功能上的问题。

这种广泛利用模型的案例,多见于汽车和家电领域的设计。设计汽车时,由于曲面多,所以需要制作原大模型,以利于造型研究、生产技术检验与制图检查等。在家电的设计开发生产中,也必须进行类似的模型制作,以用于严密的设计研讨和生产技术及构造上的检验。这样的模型制作,在有些企业(如汽车制造厂家)已成为专门的部门,但在多数情况下是通过外协解决的。因此,社会上已出现专业化的模型制作公司。模型材料常选用木材、黏土、塑料板材或块材,制作方法则多种多样。

3.计算机辅助参数化建模

由于计算机辅助设计和辅助制造的软件界面及功能的智能化、“傻瓜化”，设计师可以充分发挥自己的才智与判断力，从更直观的三维实体入手，而不必将精力过多地花费在二维工程图纸上，从此远离过去那些烦琐的图纸绘制、装配干涉检验、性能测试等繁重的重复性劳动，转而让更为智能化的计算机代之完成。在德国奔驰公司的设计部，设计师、工程师们已经远离了繁重的油泥模型制作、样车打造、风洞实验、实体冲撞实验等耗费人力物力的传统设计检测手段，取而代之的是各种不同的数字化虚拟现实设备。波音公司在其波音777产品的设计开发过程中，完全借助于计算机，整个设计阶段没有一张图纸。现在，设计师凭借感性设计手段将最初的原创想法绘制成平面效果图，智能化的软件就能在三维空间内追踪其效果图的特征曲线，完成三维实体建模及工程图纸的绘制。如果设计师在任何一个模块中的一个环节进行修改，相关模块中的参数也随之进行修正。在这样的设计生产环境中，设计者或工程师不必准确详细地了解整个系统，在需要时，他们会借助于电脑，从数据库里调出相应的功能参数，这样设计者和工程技术人员能够将更多的精力投入到前期富于创造性的工作中去。

4.效果图渲染及报告书整理

经过上述诸多步骤的不断深化，设计已经基本定型，此时设计工作小组需要将整个的工作成果展示给决策领导进行评价。逼真清晰的效果图将在最终的评价决策中起到关键作用，由于审查项目的人员大多不是设计专业人士，效果图的绘制渲染必须逼真准确，能够完全展示设计的最终结果。同时，设计分析过程的诸多调查分析过程与结果，也应该准确地加以展示，为设计方案提供有力论证与支持，因此设计报告书的整理与展示也将成为左右最终决策的重要因素。

5.综合评价

在最终的方案评审过程中，评审委员中汇集了各方面的人员，既包括企业的决策人员、销售人员、生产技术人员，也包括消费者代表、供应商代表等，他们会从各种不同的角度审查、评价设计方案。因此尽可能全方位立体、真实地展示与说明设计构想尤为关键。

综合评价的目的就是将不同的人、不同的视角、不同的要求进行汇编，通过定量定性化分析，对设计施加影响，其本质可以说是设计付诸生产实施之前的“试验”，其目标是尽量降低生产投入的风险。

6.方案确立

经过反复的论证与修改，方案终于得到了确立。但我们必须清楚，这个过程往往并不是一帆风顺的，有时需要多次反复才能得到较为完满的结果。

(六)设计的生产转化

由设计向生产转化阶段的重要工作就是根据已定案的设计方案进行工艺上的设计和样机制作。这时，要对造型设计和产品化的问题进行最后的核准。具体地说，就是要为该造型寻求合适的制造工艺和表面处理方法等。把制造方法、组装方法、表面处理等问题作为生产技术、成本方面的问题进行充分的研究，需变更的地方要加以明确。根据样机，可进一步推敲材质感、手感等感觉方面的情况。

1.结构工艺可行性设计分析

由于设计过程已对结构、材料、工艺进行了调整研究，因此在设计向生产转化前，设计人员的主要工作是协助工程技术人员把握结构与工艺的最终可视化效果，将其转化为量化的生产指导数据，以求设计原创性不在生产中损失。

2.样机模型制作与设计检验

由于数字化技术的导人，计算机辅助设计与辅助制造技术不断得到完善，现在模型制作就不仅仅停留在传统手工技术的基础上了，设计师在实践当中有了更多灵活的选择。我们可以看到，基于参数化建模技术平台上的 RP 激光快速成型技术以及 NC 数控精密车铣技术是当前社会上常用的样机制作手段。虽然它们所应用的技术原理及成型材料具有一定的差异性，但是这些技术手段却拥有着一些共同的优点。

（1）由于数控技术操纵下的机器设备处理的是设计研讨后的最终参数化模型文件，这就使得设计原创性得到了完整的体现，避免了传统手工制作样机模型时人为性的信息损失。

（2）在加工精度提高的同时，加工的时间也大大缩短。传统意义上需要一个月左右才能完成的样机，现在只需要三四天就完成加工了。这极大地缩短了产品研发的周期，为现代企业制度下提高市场竞争力提供了有力的武器。

（3）由于从设计初期就导入参数化的理念，使得无论是设计还是试制都在一个共同的数字平台上进行，也就为并行工程的导入提供了技术前提。也就是说，我们可以在设计的同时进行样机生产，在样机制作过程中修改设计，优化结构和功能。同时并没有因为这些调整与修改而使项目实验受到影响，反而进一步优化了设计，真正实现了样机模型的设计检验职能。

3.设计输出

根据样机和电脑中的参数化模型绘制工程图纸，规范数据文件。这时模型文件可以交付模具生产厂家进行模具设计和生产，设计师同样肩负着生产监理的任务，以确保最终的实现效果。

二、工业设计的要求

（1）工业设计是一种创造性的行为，其目的是决定工业产品的真正品质。所谓真正品质，并非仅指外部特征，更重要的是结构和功能的相互关系，使之能够无论从生产者和消费者双方的观点来看均能达到满意的结果。

（2）工业设计是将生产者与使用者双方的需要具体化，对成为最终产品时的构造及功能，而且对包括人类一切环境在内的全盘进行恰当设计的一种创造性活动。

（3）工业设计是针对在批量生产的前提下对产品及系统加以分析，并进行创造和发展，其目的是希望在投产前能使产品获得一种能为广大用户所接受的最佳形式，并在一般水准的价格和合理利润下加以生产。

（4）工业设计追求的是公众审美意识，而不同于单件艺术品的追求，其标准受经济法则、自然法则和人—机（产品）—环境因素制约，是追求精神功能和物质功能并存的实用美的产品。

（5）工业设计不同于单纯的工程技术设计，它包含审美因素，产品的美学特征是在批量生产前就决定的。工程技术设计是将新技术成果引进产品开发，从结构、工艺、材料入手进行的技术设计活动，从科学技术角度去解决零件与零件、零件与部件、部件与部件内在机械连接的关系，实现产品的使用功能要求。工业设计则是处理人与产品、社会、环境的关系，探求产品对人的适应形式，集中表现人们对新生活方式的需求，更多地反映产品的外观质量和视觉上的艺术感受（图 2-1）。

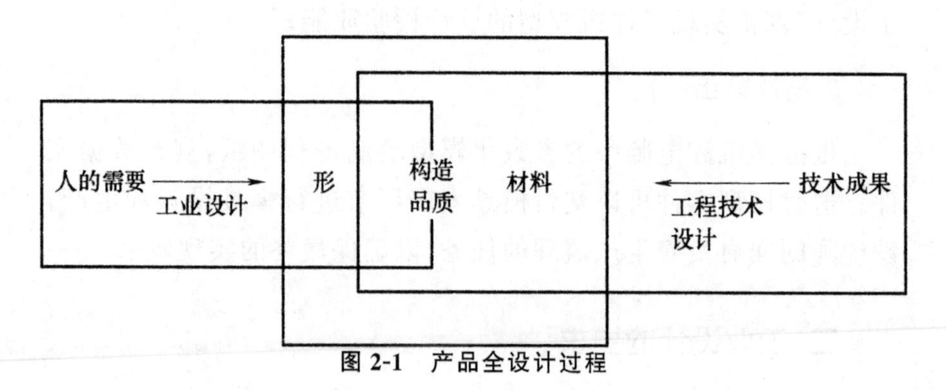

图 2-1　产品全设计过程

美国学者爱迪家·考夫曼(Edgar Koufmann)曾在《什么是现代设计?》一书中归纳了将现代设计的12项特征。

(1)现代设计必须满足近代生活具体而切实的需要。

(2)现代设计应体现时代精神。

(3)现代设计必须不断吸取艺术的精华和科学的进步。

(4)现代设计应灵活运用新材料、新工艺,并使其得到发展。

(5)现代设计通过运用适当的材料和技术手段,不断丰富产品的造型、肌理、色彩等效果。

(6)现代设计表现的对象要清晰,机能要明确。

(7)现代设计必须如实表现出材质美。

(8)现代设计在制造方法上不得用手工艺技术代替批量生产,技术上不能以假乱真。

(9)现代设计在实用、材料、工艺的表现上融为一体,并在视觉上得到满足。

(10)现代设计应单纯,其构成在外观上明确,避免过多修饰。

(11)现代设计必须熟悉掌握机械设备的功能。

(12)现代设计尽可能为大众服务,设计避免华丽,需求有所节制,价格合理。

有人认为这12项特征过分强调产品的功能,而忽视了产品如何与生活环境、人的情感和兴趣等整体地达到协调和和谐。

第二节　工业设计的原则表达

一、坚持以人为本

(一)实用性

实用性是工业设计最重要、最基本的设计原则。所谓实用性,就是产品所具有的、能满足人们物质效用功能需求的性能与功能,是指产品合目的性与合规律性的功用与效能。如洗衣机的净化衣物的性能,冰箱的保鲜食物的性能,电视机的传递图像与声音的性能。

实用性对于物质产品来说,是该产品之所以产生与存在的唯一理由。也就是说,任何物质产品存在的唯一依据,就是它所具有的实用性。因此,实用性构成了设计人化原则中的第一原则,也是工业设计最重要、最基本的设计原则。

如果一个产品不具有实用性,或不再让它发挥其实用性,那么,它就没有存在的可能与必要。如果它仍然存在于我们的生活中,那么,它已经成为一个艺术品,除此之外,没有其他的可能。就像一台洗衣机不具备洗衣的实用性,那么,它就没有存在的必要。如果它仍然在我们的生存环境中存在,那就完全有可能由于它所具有的特殊的审美功能被当作艺术品或收藏品而存在。

实用性原则体现了工业设计的本质与创造精神。产品的实用性,普遍被理解为是由产品的技术设计即工程师的工作来完成,而与工业设计无关,至少是关系不大,设计只要不影响实用性的发挥就行了。这种把产品实用性与工业设计剥离开来的观念与想法,构成了直至今日中国工业设计认知的基本点,这其实是对工业设计本质认知不足的体现。

严格地说,工业设计对产品实用性的影响体现在两个方面:产品实用性决定着人的生存方式,产品的认知功能创造必须紧密结合产品实用性而展开。

(二)易用性

"易用性"这个词最早被使用在与电脑有关的界面设计及相关产品的开发中。1979 年开始使用这个术语来描述人类行为的有效性。此后,这个概念的含义历经修改,不断丰富。夏凯尔(Shackel)于 1991 年给易用性下了一个完整而简单的定义:"(产品)可以被人容易和有效使用的能力。"

关于易用性原则的含义,夏凯尔作了这样的规定。

(1)有效性(effectiveness),指在一定的使用环境中,产品的性能能达到预期的效果。

(2)易学性(learnability),产品的使用和安装被限定在一定的难度范围之内,并能向使用者提供相关的服务支持。

(3)适应性(flexibility),指产品对不同对象和环境的适应能力。

(4)使用态度(attitude),指消费者对产品使用过程中出现的疲劳、不适、干扰等不利因素的承受能力。

在夏凯尔之后,有关"易用性"范畴的讨论不断得到发展,其中较有代表性的有惠特尼·昆森贝瑞(Whitney Quesenbery)的5E理论:

(1)效力(effective):通过工作达到目标的程度和准确性。

(2)效率(efficient):工作被完成的速度。

(3)魅力(engaging):产品界面对使用者的吸引力和愉悦力。

(4)错误承受力(error tolerant):产品防止错误产生的能力和帮助使用者修复错误的能力。

(5)易学性(easy to learn)。

图 2-2　老年手机体现了易用性原则

此外,易用性通常还包括:

(1)完整实现产品功能的要求。

(2)在商业竞争中获得优势和利益的手段。提高工作效率,减少没有必要的浪费和损失。据估计在20世纪80年代,办公室中的时间有10%以上浪费在产品的易用性缺陷所导致的问题中。

(3)产品的安全性需要。

(三)经济性

经济性原则是人产生一切行为所依据的最基本的原则。在人类社会的初期,经济性原则可能是出于动物性本能;在当今的工业社会,经济性原则产生于人类社会文化性结构。

工业设计发展到21世纪,进入一个相对成熟的阶段。工业设计不仅是创造财富的一种手段,更是创造人类文化的一个重要平台。因此,工业设计的经济原则不仅蕴含着人类活动的基本生物性特征,更多地含有人类社会的伦理精神与人文精神。

工业设计人性化原则中的一个重要方面,就是坚持经济性原则。

所谓经济性原则,就是在尽可能地在照顾到生产者与消费者共同利益的前提下,设计尽可能提供价廉物美的产品给社会,使人人都享受到工业设计带来的现代文明成果。

我们从两个方面讨论这个问题。

首先,就人人都有可能拥有的具有不同技术含量的各类工业产品这些现代文明成果的现实而言,再也没有像经济性原则这样具有人性化的意义:只有坚持非精英化、非贵族化的平民化设计方向与思想,才可能具有被社会各阶层所接受的价廉的产品,人人才能都享受到现代文明所带来的成果。这无疑具有宏观上的人性化原则的意义。事实上,工业设计产生的前提以及工业设计的思想观念,给设计的经济性原则提供了可能。

其次,经济性原则还体现在"工业设计必须注意到生产者与消费者的共同利益"这一句话中。也就是说,经济性的另一层意义,就是必须注意到生产者的利益。实际上这个问题与上述问题是紧紧连在一起的。

严格地说,工业设计也是一种经济行为。设计的发展是伴随着现代市场的日益完善而发展起来的。在特定的市场关系、市场结构和市场法规中产生的工业设计必然具有强烈的经济行为色彩。

“注意到生产者的利益”与“注意到消费者的利益”是辩证统一的关系。只注意后者,一味地价廉而牺牲生产者应有的利润与积极性,这肯定不是一种健康的经济行为。只有注意到生产者的利益,才有生产者的积极性,才有可能把工业设计的文明成果推向全社会。这种既辩证又统一的关系保证了设计行为的存在与持续,使得设计具有旺盛的生命力。因而“经济性”不是建筑在牺牲生产者利益前提下的概念,当然也不是牺牲消费者利益基础上的“经济性”概念。在某种意义上,工业设计的一个重要任务就是如何恰当地把握双方的利益。设计的人性化就是要保证作为生产者的“人”与消费者的“人”都感受到工业设计的人性价值:全社会公平的人性价值。

经济原则总的来说是经济核算原则。富有伦理精神、人文精神的现代工业设计,已经把设计的这种人类行为理解与发展为一种人类生存与发展方式的规划与设计,其“经济核算”必须反映出整个社会系统的利益,即生产者的利益、消费者的利益以及社会与环境的利益。

(四)审美性

设计的审美原则是指设计时要考虑所设计产品形式的艺术审美特性,使它的造型具有恰当的审美特征和较高的审美品位,从而给受众以美感享受。审美原则要求设计师创造新的产品造型形式,在提高其艺术审美特性下体现自己的创意,同时也要求设计师具有健康向上的艺术和审美意识。

产品的审美性不应当是简单的装饰或者说某种外加的孤立的形式成分,而应当是该产品内在因素的外在表现,是与内容有机统一的形式构成。

设计的主要任务是造型,是利用一定的材料使用一定的工具和技术为一定目的而创制的结构。设计的本质和特性必须通过一定的造型而得以明确化、具体化、实体化，即将设计对象化为各种草图、示意图、蓝图、结构模型、产品……通过美感的形式、物态化方式展示和完成设计的目的。

产品设计在设计过程中主要遵循的审美原则就是功能美与形式美，功能美在一定程度上来讲体现了产品的实用性，形式美的实现则通常要按照一定的形式法则进行设计。

形式美是功能美的抽象形态，是指构成物外形的物质材料的自然属性如形、色、材质肌理与声，以及它们的组合规律如整齐、比例、均衡、反复、节奏、多样统一等所呈现出来的审美特性。

物质材料的自然属性构成了形式美的基本因素，形式美是形式因素本身所具有的美，是对美的知觉形式的抽象，作为形式因素往往是依附于一定的具体物质而存在的，它不仅再现着物的实在性内容，而且还象征并暗示着某些观念的内容，但形式美的含义却往往是超越了这些内容而只保留了形式因素本身的性格特征和情感意蕴，因此它还具有相对独立的审美特征。由形式因素组成的形式美，是需要按照一定的组合规律组织起来的，这种组合规律是形式因素自身构成美的结构原理，在美学中成为形式美的法则。

产品设计的形式规律遵循艺术设计的一般形式美法则，是经过生活和实践的沉淀、积累产生，进而被抽象化、普遍化而具有独立的精神意义。由于科学技术的发展以及生活方式的变化，人们的空间感受和活动特征也不断改变，形式规律也相应发生着变化。

（五）社会性

如果说艺术是以艺术家个人为直接的服务对象，手工艺是为社会群体中极少的一部分贵族阶层服务的话，那么，工业设计从它产生的第一天开始就是以服务社会大众为自己的责任与义务，因此，设计是一种社会行为。

设计是为人服务的。设计的产品最终被送到某一个人手中，为这个人的需求服务。因此,设计是在人化原则指导下进行的。产品使用的过程是个体性的。但是,当设计面向社会公众时,设计就不得不对许多作为个体的人对产品的需求进行归纳与提炼,形成社会中某一阶层的群体服务的共性目标,作为设计的约束条件。因此,人化原则又是在个体的基础上,超越个体而形成社会性原则,约束与限制设计的展开。可以这样说,人化原则不是某一个人的个人化原则,而是被归纳集中了的人化原则,是群化的人化原则。正如我们在谈个性化设计时的"个性化"概念,至少在目前社会中,个性化设计不是指为某一个人、为一个人的个性服务的设计,而是为社会某个群体,符合这个群体的"个性"需求的设计。

设计的社会性原则,意指设计从外部的社会环境中获取资源。同时,社会的政治、经济、军事、法律、宗教、文化、风俗等直接地影响设计、约束着设计。因此,设计必须以社会环境中的各个因素为设计前提展开,这就是设计的社会性原则。

设计是一种社会行为,主要原因在于设计是为他人服务的。由于人际关系的复杂性,设计必然与社会发生联系,并受各种人际关系的影响。同时,现代设计是在市场经济的大环境中进行的,因而它还必须处理各种复杂的经济关系,以谋取利润。概而言之,设计的利他性和功利性决定了设计必然是一项社会工程。

图 2-3　地铁设计是为整个社会服务的

二、尊重科学规律

设计是现代工业技术进步和发展的产物，它因工业技术的出现而诞生，也因工业技术的发展而发展。

科学技术对工业设计的影响，体现在两个层次上：一是作为指导人们行为和思想的、属于观念层次上的科学技术，即人们的科学态度与科学精神；对于消费者来说，这种科学态度与科学精神也影响对产品的选择与使用。二是作为普遍规律和方法，属于知识层次的科学技术。

工业设计区别于主要依赖经验与直觉的手工艺设计，更有别于依赖想象的艺术设计。工业设计应用的是理性思维与科学的规范设计手段。“设计科学既不是经验性的设计方法，也不等于专业设计活动某些阶段中的科技手段。它是从人类设计技能这一根源出发，研究和描述真实设计过程的性质和特点，从而建立一套普遍适用的设计理论。由于这一理论既适于个人设计，又适于集体设计；既解释了传统的凭经验设计的方式，又给现代科技手段的运用留出了余地，因此，它不仅是一种普遍的设计理论，而且在更高的层次上成为普遍的设计方法和设计程序。”

现代以来的设计被称为是科学的、理性的设计，是因为它在许多方面都依赖于现代科学所提供的原理和方法。工业设计之所以能够迅速发展并不断地创造出满足人们需要的产品，就在于它不仅充分利用而且敢于探索设计中的科学方法。这一点可以从包豪斯到乌尔姆学院的设计教育和设计实践中看到。在包豪斯时期，一系列设计科学方法论方面的课程把设计学科建立在一种科学的基础之上，从而为现代功能主义设计奠定了设计科学的教育基础。科学、理性的设计方法在“二次大战”后的设计教育中则得到更进一步的丰富和拓展。20世纪50年代后期，像数学、统计学、分析方法和行为心理学这样的看似纯粹理论性的学科，也成了乌尔姆学院的基础性学科，并把这些科学方法运用于产品设计之中。

工业设计已被人们逐渐认知到是工业经济的一个重要组成部分，更被看作是提升人们生活质量的重要手段和活动。设计的科学意识和理性探索将变得更为重要。

综观以上所述，设计中的科学意识、科学精神对设计产生的作用有：

(1)使设计师站在设计哲理的高度清晰地认识工业设计学科的性质与特征，确立设计的目标。

(2)使设计师具有理性的、科学的设计方法。

(3)使设计师自觉关心使用者的生理与心理要求。

(4)使设计师能以系统的、科学的标准评价产品，而不仅仅是单一的审美标准。

图 2-4 新型概念自行车

三、保护生态环境

(一)环境问题的内容

当今社会面临的环境问题可划分为如下四种类型。

(1)环境污染。这是最早引起社会广泛关注的环境问题，也是西方国家在 20 世纪 70 年代初采取环境保护行动时所优先考虑解决的问题。它包括大气污染、水污染、工业废物与生活垃圾、噪声污染等。

(2)生态破坏。其主要表现是森林锐减、草原退化、水土流失和荒漠化，它是导致20世纪中叶以来自然灾害增多的主要原因。

(3)资源、能源问题。自然资源是人类环境的重要组成部分，资源、能源的过度消耗和浪费不仅造成了世界性的资源、能源危机，而且造成了严重的环境污染和生态破坏。

(4)全球性环境问题。它包括臭氧层破坏、全球气候变暖、生物多样性减少、危险废弃物越境转移等。

图2-5 大气污染

(二)生态价值观

近代以来人类追求的人对自然界的中心地位，试图以征服和控制自然、牺牲自然来满足人类需要的价值观，在严峻的事实面前遭到无情抨击。《寂静的春天》的作者卡逊认为控制自然的观念是人类妄自尊大的想象的产物，是在生物学和哲学还处于低级幼稚阶段的产物，我们不应该把人类技术的本质看作统治自然的能力。相反，我们应该把它看作是人类和自然之间关系的控制。这种观点对正确理解当代人与自然关系无疑是十分重要的。

人本来是自然的一部分，对自然的理解应当包括对人自身的认识。这样，控制自然观念便具有双重的内涵，即对外部自然的控制和对内在自我的控制。早期人类控制自然的能力很弱，人的作用不至于破坏自然生态系统的自我调节功能，因而控制自然主要表现为对外部自然的控制。随着支配自然能力的迅速增强，人类对自然的破坏力也相应扩大。这时，控制自然也应当包括对人类干预自然造成的负面效应的控制。只有对人自身能力发展方向和行为后果进行合理的社会控制，以约束人类自身的行为活动方式，才能保证对人的创造力的强化和对人的破坏力的弱化，把人与自然关系中的负面效应降到最低限度。

从对自然的控制转向对自我的控制，表明传统价值观的合理性在当代的失效。人类需要一种人与自然的新型关系，即生态价值观下的人与自然的协调发展关系。与传统价值观那种把自然视为“聚宝盆”和“垃圾场”的观念相反，生态价值观把地球看作是人类赖以生存的唯一家园，它以人与自然的协同进化为出发点和归宿，主张以适度消费观取代过度消费观；以尊重和爱护自然代替对自然的占有和征服；在肯定人类对自然的权利和利益的同时，要求人类对自然承担相应的责任和义务。

生态价值观把人与自然看成高度相关的统一整体，强调人与自然相互作用的整体性。它代表着人对自然更为深刻的理解方式。

生态价值观主张对技术具有明确的价值选择，即技术的运用不仅要从人的物质及精神生活的健康和完善出发，注重人的生活的价值和意义，而且要求技术选择与生态环境相容。

随着生态运动的纵深发展以及生态价值观的逐步确立，科学技术范式正在发生转变，显现出明显的“生态化”发展趋势。这种趋势最终将导致社会生产和生活方式的根本性转变。必须指出，科学技术并非作为一种独立的力量推动人与自然关系的演化。它的作用要受到文化背景以及价值观的制约。科学技术的工具性特征使它自身缺乏判断：它既可以帮助人类摆脱自然对人类的控制，也可以为人类统治自然的目的效力，还能成为推进人与自然协同进化的中坚力量。生态价值观的确立，将使科学技术在人与自然之间发挥更大的调节作用。

（三）可持续发展

面对严峻、复杂、紧迫的环境危机及一系列社会问题，人们从20世纪70年代开始积极反思和总结传统经济发展模式中不可克服的矛盾，认识到发展不只是物质量的增长与速度，而应该有更宽广的意义：发展是指包括经济增长、科学技术、产业结构、社会

结构、社会生活、人的素质以及生态环境诸方面在内的多元的、多层次的进步过程，是整个社会体系和生态环境的全面推进。于是，在这样认知的基础上，催生出一种崭新的人类发展战略和模式——可持续发展。

在可持续发展的产生和发展过程中，下列事件的发生具有历史意义。

1962年，美国海洋生物学家R·卡逊所著《寂静的春天》一书问世。它标志着人类把关心生态环境问题提上了议事日程。

1972年6月联合国在瑞典的斯德哥尔摩召开人类环境会议，为可持续发展奠定了初步的思想基础。会议发表了题为《只有一个地球》的人类环境宣言，呼吁各国政府和人们为改善环境、拯救地球、造福全体人民和子孙后代而共同努力。

1987年，挪威首相布伦特兰夫人主持的世界环境与发展委员会，在长篇专题报告《我们共同的未来》中第一次明确提出了可持续发展的定义：可持续发展是指既满足当代人的需要，又不损害后代人满足需要的能力的发展。从此，可持续发展的思想和战略逐步得到各国政府和各界的认同。

1992年6月，联合国在巴西里约热内卢召开了环境与发展大会，共183个国家的代表团和联合国及其下属机构等70个国际组织的代表出席了会议，102位国家元首或政府首脑到会讲话。这次大会深刻认识到了环境与发展的密不可分，否定了工业革命以来那种"高生产、高消费、高污染"的传统发展模式及"先污染、后治理"的道路，主张要为保护地球生态环境、实现可持续发展建立"新的全球伙伴关系"。本次会议是人类转变传统发展模式和生活方式、走可持续发展道路的一个里程碑。

可持续发展是一种广泛的概念，而不只是一种狭义的经济学概念。其目标包括以下四个方面：

(1)消除贫穷和剥削。

(2)保护和加强资源基础，以确保永久性地消除贫困。

(3)扩展发展的概念，以使其不仅包括经济增长，还包括社会、文化的发展。

(4)最重要的是，它要求在决策中做到经济效益和生态效益的统一。

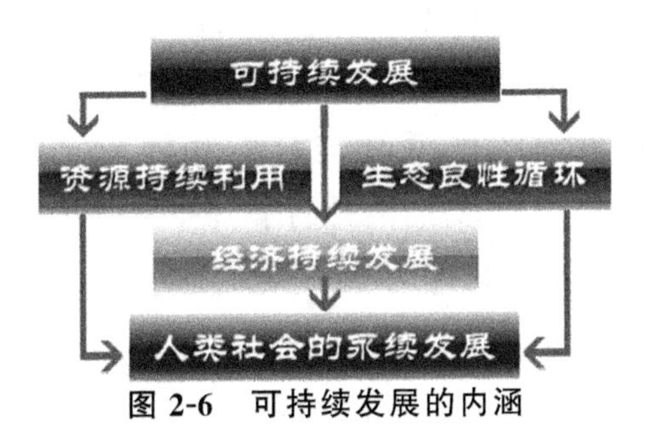

图 2-6 可持续发展的内涵

(四)绿色设计

绿色设计也称作生态化设计。绿色设计是生态哲学、生态价值观指导下的设计思想与方法。

环境原则下的设计对策，真正产生影响的是从 20 世纪 70 年代开始的生态设计研究。其中，维克多·帕帕奈克所著的《为了真实的世界而设计——人类生态学和社会变化》和《绿色当头：为了真实世界的自然设计》为绿色设计思想的发展做出了划时代的贡献。他强调设计工作的社会伦理价值，认为设计师应认真考虑有限的地球资源的使用问题，并为保护地球的环境服务。设计的最大作用并不是创造商业价值，也不是在包装及风格方面的竞争，而是创造一种适当的社会变革中的元素。1993 年，奈吉尔·威特利(Nigel Whiteley)在《为了社会的设计》一书中进行了相似的探讨，即设计师在设计与社会和自然环境的互动中究竟应该扮演一种什么样的角色。丹麦设计师艾里克·赫罗则认为：设计的实施要求以道德观为纬线，辅之以人道主义伦理学指导下的渊博的知识为经线。

在这种对人类未来的担忧中，绿色设计(Green Design)在狭义上作为一种方法，在广义上作为绿色思想启蒙运动的延续而出现。绿色设计作为一种广泛的设计概念出现于 20 世纪 80 年代，相接近的名词还有生态设计(Ecological Design)、环境设计(Design for Environment)、生命周期设计(Life Cycle Design)或环境意识设计(Environment Conscious)。

在广义上,绿色设计是20世纪40年代末建立起来并在60年代以后迅速发展的环境伦理学和环境保护运动的延续,是从社会生产的宏观角度对人的活动与自然和社会之间关系的思考与整合。在当代社会观念多元化的背景下,绿色设计的外延不断扩大,因此其概念也在不断地发展变化,难以形成一个稳定和确切的定义与范畴。

在狭义上,绿色设计是指以节约资源为目的、以绿色技术为方法、以仿生学和自然主义等设计观念为追求的产品设计。不论是从产品与社会的宏观战略着想,还是把观念变成行动以利促销的目的,绿色设计在实际操作中都对环境资源产生着深远的影响。

“绿色设计”从其发挥作用的范畴来看,可以分成两种:“系统性绿色设计”和“产品性绿色设计”。

系统性绿色设计主要针对某类产品的生产体系而言,是在较为宏观的层面上把握整个生产体系的“绿色”性质,亦即在这个生产体系中,产品的生产、使用、废弃系统具有生态化的性质。

产品性绿色设计主要指在某一种产品的设计体系内进行产品自身的调整。如增加产品服务时间(如轮回、维修、二手、再利用等)与减少未来垃圾(如采用浓缩、压缩、集聚等方法)等,是在产品的较微观层面上对产品自身的构成部分及产品整体的生态化调整。

图2-7 绿色环保包装

第三节　工业设计的方法透析

设计方法在近年来得到了迅速的发展，在一些不同的国家中形成了各自的独特风格。德国着重于设计模式的研究，对设计过程进行系统化的逻辑分析，使设计的方法步骤规范化。ULM造型大学早先的工作产生了重要的影响，在工业设计上形成了精密、精确、高质量的技术文化的特征。美国等则重视创造性开发和计算机辅助设计，在工业设计上形成商业性的、高科技的、多元文化的风格。日本则在开发创造工程学和自动化设计的同时，特别强调工业设计，形成了东方文化和高科技相结合的风格。

现代设计的主要特点是优化、动态化、多元化及数字化。具有较为普遍意义的方法论，绝不是方法的简单拼凑，它具有与传统、狭义设计不同的种种特征。

一、团队激智的方法

（一）脑力激荡法

又称智力激励法，是集体协作创新的方法，是利用集体智慧集思广益。主要是智力激励法，由现代创造学的奠基人美国人奥斯本1938年首先提出。后来英国人戈登，日本人中野又做了改进。这种方法最初用于广告的设计，后又很快用在技术革新、管理程序及社会问题的处理，再后来应用于工业设计领域。脑力激荡法是能够提出许多创意、创新的有效方法。

要点：集中10人左右，由主持人提出具体而明确的课题，请与会者讨论研究，各抒己见，提出方案，从中产生新的发明创意。

在发明创造的分析联想过程中需要某种触发，产生灵感，一个人的想法再丰富，也是极其有限的，正所谓丝不成线，独木不成林。利用集体的智慧，想象便可以大大丰富起来。而且与会者讨论活跃，互相启发，互相触发，思维的发展正像原子的链式反应，在短暂的时间爆发开来，好主意层出不穷。

（二）635法

是一种集体发明法。原是德国人针对其民族习惯是沉思的性格而发展起来的。具体实施是每次要求有6人参加，5分钟内在各自的卡片上书写3个设想。然后将卡片传给右边的人。每人接到左邻的卡片后，在第2个5分钟后再次把自己填写的3个设想传给右邻。这样30分钟可以传递6次，总共可以产生108个设想。

（三）KJ法

这是日本筑波大学川喜田二郎教授首创的，以其姓名的首字母命名的、以卡片排列方式进行创造思维的一种技法。大约10人左右的会议，首先让个人充分发表自己的意见，记录在卡片上，要求尽量具体又要精练和易懂。然后将卡片分组，每组卡片做出一张提示卡放在前面。然后再讨论提示卡分类，直到分为10大类为止，画图找出卡片组之间的逻辑关系。根据图解所显示的逻辑关系，进一步思考、补充、分析，并抓住关键之处，形成完整流畅的表达，然后讨论。对较为复杂的课题，可以采用这种方法循环求索。

二、扩展思路的方法

（一）设问法

设问法可围绕老产品提出各种问题，通过提出的问题发现原产品设计、制造、营销等环节中的不足之处，找出需要和应该改进之点，从而开发出新产品。有5W2H法、奥斯本设问法、阿诺尔特提问法等。

(二)缺点列举法

社会在发展、变化、进步,永远不会停止在一个水平上。当发现了现有事物、设计等的缺点,就可找出改进方案,进行创造发明。工业设计中的改良产品设计,就是设计人员、销售人员及用户根据现有产品的不足所做的改进。

(三)逆向发明法

又称"负乘法"、"反面求索法"等。是从常规的反面,从构成成分的对立面,从事物相反的功能等考虑,寻求设计、创新的办法。即原形—反向思维—设计新的形式。

(四)希望点列举法

是按发明人的意愿提出各种新的设想,可以不受现有设计的束缚,是一种更为积极、主动型的创造技法。

(五)形态分析法

瑞士天文学家F.茨维克创造的技法,又称"形态矩阵法"、"形态综合法"或"棋盘格法"。根据系统分解和组合的情况,把需要解决的问题分解成各个独立的要素,然后用图解法将要素进行排列组合。如可按材料分解、按工艺分解、按成本分解、按功能分解、按形态分解等。从许多方案的组合中找到最优解,可大大提高创新的水平。

三、知觉灵感方法

(一)灵感法

即是靠激发灵感,使创新中久久得不到解决的关键问题获得解决的创新技法。其特征是:突发性、突变性。是突然闪现的领悟,是一种认识上的质的飞跃。

(二)机遇发明法

机遇,被称为“发明家的上帝”。重大的设计、创造,有时需“运气”,靠“机遇”。当然,机遇只投向寻找它的人的怀抱,即靠创造性的艰苦的劳动。“机遇”是指由意外事件导致的科学发现、艺术创造、产品设计。它的特征是非预测性、非意料性。人不能预知机遇,但可及时抓住机遇,解决问题、创造问题。

四、创新设计方法

(一)模仿设计法

模仿是人类创造活动必不可少的初级阶段,也是涉入新型产品的第一步。通过模仿,可以启发思维,提供方法,少走弯路,省时、省资金,能迅速达到同等水平而赢得市场。

模仿设计不等于抄袭。抄袭既不合法也没有出路,现实中许多独创的产品或产品的某个部分往往受专利保护,但其经验、方法却是可以共享的。将别人的智慧转化为可利用的资源,这是社会进步的必然,也是必要的过程。

模仿设计的方法是多样的,基本可以归纳为直接模仿或间接模仿,其实质就是接受启发,通过模仿设计出完全不同的产品。

1.直接模仿

直接模仿即对同一类产品进行模仿。例如,市场上有一款半高电风扇,很受广大群众欢迎。该设计可能源于日本特有的席地而坐的生活方式。这种低于普通落地扇、高于台扇的产品,既适于站着受风,又适于坐着受风。正是这种具有广泛适应性的设计,深受百姓青睐。这一产品能在中国市场占有一席之地,反映了中国人的生活水平和生活方式正在改善,如室内铺设上干净的地板或地毯,越来越多的人能在室内以较低的姿势活动。产品的成功说明了某种需求的存在。按照一般的情况,要准确地把握某种需求，需要花费大量人力和财力，模仿设计可以从需求识别方面走出捷径。如果从列举的产品中或多或少地受到启发，设计出一系列符合大众生活的同类产品，甚至在此基础上更有创造，那将使模仿设计更有意义。

2.间接模仿

间接模仿即对不同类型的产品或事物进行模仿，如将常见的摩托避震设计用于自行车上，将摄像机的变焦方式用于照相机上等。我们常常可以见到一些产品，是将其他产品的某些原理、形式、特点加以模仿，并在其基础上进行发挥、完善，产生另外的不同的功能或不同类型的产品。

仿生是间接模仿设计的另一种方式。设计的仿生与科技的仿生有相似之处，即两者都受天然事物和生物中合理的因素的启发，并对其进行模仿，模仿的内容往往是生物的构造、运动原理和形态，前者是功能的模仿，后者是形式的模仿。形式的模仿是产品设计中最多见的手段，目的的模仿是通过仿生设计传达文化的、象征的产品语意。

（二）移植设计法

移植设计类同于模仿设计，但不是简单的模仿。移植设计是沿用已有的技术成果，进行新的目的要求下的移植、创造，是移花接木之术。这种移植设计的方法可以分为纵向移植设计（即在不同层次类别的产品之间进行移植）、横向移植设计（即在同一层次类别产品内的不同形态之间进行移植）、综合移植设计（即把多种层次和类型的产品概念、原理及方法综合引进到同一研究领域或同一设计对象中设计）与技术移植设计（即在同一技术领域的不同研究对象或不同技术领域的不同研究对象或不同技术领域的各种研究对象之间进行的移植）等类型。

（三）标准化设计法

标准化设计就是参照国内外先进、合理的标准，利用其有价值的部分进行创新设计。各国制定的标准或国际标准经过严格的科学验证，具有相当的合理性，也反映了所采用技术的先进性和普遍性。采用标准化设计对降低成本、提高劳动生产率、扩大商品市场、加强贸易竞争以及迅速将科技成果商品化等，都具有重要意义。

(四)专利应用设计法

专利应用设计，就是利用已有的专利或过期的专利对其进行改进，产生新的设计方案，并形成新的设想甚至取得新的专利。专利文献的利用，是产生创新设计的一大捷径。

利用专利进行设计可以有以下两个方面。

(1)综合利用。许多产品所涉及的专利技术不止一个，只有同时对几种不同的专利资料加以利用，才有可能解决问题，从而实现创新设计的目的。

(2)从专利中寻找规律。众多的专利信息必然会显示出许多成功的因素，也会暴露出失败的因素，通过专利研究，可以发现发展的脉络，从而找到有效的创新方法。为达到此目的，设计的难度提高，不仅要在功能上下工夫，而且要充分考虑产品的使用状态。

(五)集约化设计法

集约化设计是一种常用的重要的设计形式，其实质是归纳和统筹。实际中的产品，有可能是若干或同一个产品的归并，也有可能是系列产品的归整、收纳。无论是哪一种形式，其核心就是通过集约化设计，使多样性变为统一和有序。

1.相同产品的集约化设计

当一种产品在大量使用时，必然会遇到归整、移动、调整和存放的问题。一件设计得再好的产品，如果不解决这一问题，也是不合格的。在这方面体现得最为典型的就是公共座椅的设计。在空间经常更换使用内容的场所，座椅的移动和收纳是常有的事情,好的公共座椅的设计,无论是在独立使用时还是大量囤积时都应是合理的。

2.系列产品的集约化设计

有的系列产品尤其是成套系列产品需要进行集约化设计的目的在于方便使用、移动、展示。具体手段有:

(1)通过设计,使系列产品本身具有集约功能。

(2)通过中介物,使产品集约化。例如采用包装形式使产品集约化,或采用构造物使零落的产品能归纳在一起,变得简化。

3.非系列产品的集约化设计

以方便使用、方便移动、易于收纳、利于展示等为目的,通过媒介物的设计,将并不相关的各种产品汇集一处。这种类型的设计重点是承载体,而被集约的产品不一定要有集约化特征,如工具箱。

第三章

工业设计及其表现探微

工业设计需要用图形来表达构思，产品效果图是设计师将自己的设计由抽象变为具象的一个十分重要的创作过程，它实现了抽象考虑到图解思考的过渡，是设计师对其设计对象进行推敲理解的过程，也是在综合、展开、决定设计。设计表现是表达设计构思和创意的活动，是设计师不可或缺的基本功。

第一节　工业设计与市场

一个健全的企业赖以生存和发展的方法，就是不断地投资于自己的开发。有时企业所能做出的最佳投资是用于有形的资产，如建筑物、生产设备等，这些资产当然是非常重要的，但仅有这些“硬件”是不够的，还必须投资于无形的“软件”，其中最主要的就是不断开发设计新产品。实际上，正是企业在设计和市场开发方面的决策，决定了其有形资产的价值。

一、工业设计在市场中的作用

（一）设计是企业与市场之间的纽带

工业设计的职业化，在很大程度上是由于设计师具有使自己的创造才能适应商业性生产的能力；另一方面，也需要厂商认识到设计的潜力，并为设计师提供机会以证明他们的价值。对许多企业来说，这样做的动机是增加销售，在它们每年的市场战略中，设计是最方便而有效的工具。设计与销售的这种直接联系，使设计师在企业中扮演了非常重要的角色。他们赋予了产品的形象，产品的美学价值，以及产品作为社会地位象征的特点，而这些品质正是把生产和技术最终与消费者联系起来的桥梁。

早在工业设计职业化之初，不少设计师就将市场研究作为向企业提供服务的一项重要内容。通过市场研究，了解市场变化及消费者的需求，使企业及时调整生产结构以适应市场变化，引导消费。这里，设计起着一种市场反馈的作用。

设计一方面将生产和技术转化为适销对路的商品而推向市场，另一方面又把市场信息反馈到企业，促进生产的发展。在市场经济条件下，工业设计的商业特点是非常明显的。通过设计能改善产品的实用性，以审美的方式来解决技术问题，提高产品的宜人性和安全性，并尽量减少成本等。这一切使得设计成了无声的推销员，销售曲线成了衡量设计成败的一个尺度。

（二）设计是企业的重要资源

设计是企业的重要资源，它能为企业带来多方面的价值。

（1）好的设计能使企业在消费者中建立良好的信誉。这会给企业带来一系列有利的连锁反应。不仅提高了公司的身价，而且使企业在股票价格、招收高质量的员工以及在需要时向金融机构贷款等方面带来好处。

（2）设计实际上是一种不断追求更新、更好、更美的过程，它是企业中最有活力和最富创造性的活动。因而，好的设计会产生双重的效益，它不仅创造出好的产品，而且通过其对于最佳的追求，使企业永远保持进取精神和青春活力，不断创造出新财富。尽管设计的这种作用往往是在潜移默化中形成的，但却是十分重要的。

（3）设计是建立完整的企业视觉形象的手段。企业的形象对企业来说是十分重要的。如果企业要想在激烈的市场竞争中突出自己，就必须树立自己与众不同的形象。企业的形象是多方面的，如产品质量，售前、售后服务，对社会公益事业的关注等。但对于一般用户来说，企业的视觉形象是最直接的，因而也是非常重要的。设计对于企业的重要贡献之一就是控制企业视觉形象的各个方面，创造出企业的识别特征，使企业的价值形象化地体现出来。为了达到这一目的，企业最重要的工作就是制定一项战略，以保证企业独具特色的“风格”，这种风格就是设计创造的。

(4)设计还能作为公司发展的工具。通过设计，企业能明确地形成它的目标和意图，这比通过传统的管理目标，如经济、市场和人事方面的目标来体现更精确、更形象。这就意味着设计在企业中的主导作用，因为企业的经济效益最终都是通过产品设计来完成的。此外，对于设计打破了企业中传统的专业上的边界，从而为部门间更为密切的关系提供了机会，这将有助于企业效率的提高。

上面讨论了设计对于企业的重要性的四个方面，实际上设计的作用还在不断地扩大。只要我们充分认识到设计的重要性，积极地利用设计，它就一定能为企业带来越来越多的利益。

(三)设计能使产品增值

在服装、家具、陶瓷等工业中，设计使产品增值的作用是显而易见的，设计的水平在很大程度上决定了产品的价值。实际上，在所有的企业，设计都是一种有效的增值手段。设计使产品增值有两种方式，一种是通过设计，优化产品结构、材料，合理安排生产过程，从而降低产品成本，实现产品增值，这是我们常见的增值方法。另一种是通过设计，使产品在其基本的实用价值之外，为消费者增添额外的价值，同时也提高产品自身的价值。这种额外价值既有审美意义上的价值，也有个性和象征意义上的价值。企业工业设计部门的作用，就是保障这种额外价值，使产品更美，更方便使用，更富有社会和文化内涵，把研究部门开发出来的新技术以一种为公众接受和切实可行的方式推向市场。

二、工业设计与产品价值

企业重视和使用工业设计的最根本的目的是提高企业的经济效益。一方面通过工业设计可以提高企业产品的市场占有率，从规模效应中提高企业的经济效益；另一方面，也可以通过工业设计来有效地提升产品的附加价值，从每一件产品中获得更多的利益。

工业设计提高产品附加价值主要体现在如下几个方面。

（一）产品品牌或商标

在现代商品经济中，人们在购物时不仅要选择产品本身，更重要的是选择厂家的品牌或商标。企业的品牌或商标是企业重要的无形资产，它体现了企业对产品的使用功能、技术要求、售后服务等方面的承诺，因而是企业在市场竞争中取得主动的重要武器。

在创造企业品牌或商标的过程中，工业设计起着关键性的作用。通过高品质的设计，将企业的价值与信息，全面、系统地注入商标形象的设计之中，正确地传达给购买者、经销商、零售商及媒体，并借助于广告、公共关系、包装及展示等设计工作，将商标全方位地推广传达，进而使商标成为具有高度象征性的标志，提升产品的附加价值。

（二）产品形象

工业设计是一项综合性的创造活动，一方面，它必须满足产品在使用功能、技术标准、生产工艺方面的严格要求；另一方面又必须满足消费者在产品的形态、色彩、装饰、肌理、心理感受等社会价值方面的需求。前者大都是物质形式的，可以用量化来评价，而后者却具有无法估量的价值，这就为通过工业设计提升产品的附加价值开辟了广阔空间。设计在给人们的生活带来方便的同时，也给人们带来了精神上的乐趣和满足，特别是那些具有感性消费特性的产品更是如此。汽车是一种实用的交通运输工具,但它的价值却不只是在其速度、安全性、经济性等技术指标上,而更多地体现在品牌、造型、色彩、社会地位象征、个人品味等设计因素方面。在技术指标相同的情况下,附加价值可以有数倍的差距,甚至更多。

(三)产品包装

产品包装的基本功能是保护产品和便于运输,同时它又具有宣传广告、美化产品、提高产品附加价值的作用。良好的包装设计应有效地传达相关的商业信息,如企业的商标、商品的特点、有关技术指标等。产品包装还必须有美的造型,用形态、色彩、图案和材料等综合因素来创造时尚、高档和趣味等独特的艺术效果,从而使消费者感受到物超所值。特别是一些本身没有太多外观形态特征的产品,如酒类、饮料、化妆品、食品、药品等,它们的价值在很大程度上需要用包装设计来体现。从一些名酒、香水的包装设计上,可以体验到包装对提高产品附加值的重要作用。

上面我们从产品的品牌或商标、产品形象以及产品包装三个方面讨论了提高产品附加价值的方法。实际上通过设计提高附加价值的因素还有很多,在我们运用价值工程理论来分析产品的价值构成时,必须综合地应用上述因素。

第二节 工业设计与环境

环境问题与人口问题、能源问题并称为人类发展面临的三大问题。从本质上来说,这三大问题是一致的,都关系到人类社会可持续发展这一根本性问题。自 1972 年联合国人类环境会议发表《人类环境宣言》以来,环境问题受到人们越来越多的关注。工业设计作为人—社会—环境关系中重要的环节,在创造人类生存的物质环境和生活方式方面起到了关键性的作用,因而工业设计是人类解决环境问题的一个重要方面,受到设计界的广泛重视。

设计要担负新的历史使命，保护人类的生存环境。

一、环境的概念

要正确地把握工业设计与环境的相互关系，首先应该对环境的概念有一个正确全面的认识。所谓环境，就是我们所感受到的、体验到的周围的一切，它包含与人类密切相关的、影响人类生存和发展的各种自然和人为因素或作用的总和。也就是说，环境不仅包括各种自然要素的组合，也包括人及其活动与自然要素间互动形成的各种生态关系的组合。

就人类的生存环境而言，环境可以划分为两大类，即物质环境和社会环境。

所谓物质环境就是由各种物质因素所构成的环境，它又可以分为自然环境和人工环境两种。

自然环境是自然界中各种天然因素的总和，如山川、江河湖海、大气、生物圈、岩石圈等。正是自然环境为人类的生存和发展提供了最基本的物质条件。大自然中的各种生物和非生物因素早在人类社会出现之前就已形成了一种和谐、平衡的生态系统。从生态学的观点来看，人也是生物圈的一个成员。

人工环境是人类利用自然环境，改造自然环境而形成的人类生活环境，它包括人类所触及、所设计的物质文明世界。人工环境的范围极其巨大，一切人工形成的东西都是人工环境的因素，大到城市、楼宇，小到构成室内空间的各种工业产品及声、光、热等物理要素。在现代社会中，工业设计对人工环境的形成与发展有重要的作用。

人工环境与自然环境之间存在着密切的关系，两者相互依存，相互渗透，相互包容。人类设计的任何人造物，都是从自然物转化而来的。人类设计制造的工业产品都要直接或间接地利用自然界中的材料和能源，从这个意义上来说，自然环境是人工环境的基础，人工环境是自然环境的延伸。随着科学技术的发展，人类影响自然环境的力量不断扩大，在今天的地球上，没有受到人为影响的环境已难以找到，在我们的周围充满了一个由人造物组成的世界，我们被人类设计的一切所包围。另一方面，自然环境对人工环境的制约也逐渐体现出来，如资源和能源的日益短缺、生态平衡遭到破坏对人类生存产生日益严重的影响等。为了创造更新、更美的文明社会，人们必须了解自然界和技术圈与人类生活及健康的关系，使人类发展与自然界协调起来。

人类的生存除了有赖于良好的物质环境，也有赖于良好的社会环境。社会环境是一种无形的环境，如文化传统、社会风气、道德习惯、政治制度等。这些无形的环境是由人与人之间的相互关系所构成的，它不仅会对人类的社会生活产生很大作用，也会影响到物质环境的形成与发展。人类对物质环境的控制、改变、创造并不是孤立的，由个人单独进行的，而是以一定的团体为单位，也就是一种社会行为，在一定的社会关系范围内进行的，只有通过人们之间的社会关系才会有人类对物质环境的关系。社会环境与物质环境之间存在相互依存、相互作用的关系，物质环境是社会环境的基础，人类社会的多种人与人之间的关系会以一定的物质形式体现出来，如人类审美的追求就会以某种形态、色彩等可见的物质形式体现出来，成为物化了的精神及文化的象征。另一方面，社会环境也会使人们对物质要素在其功能属性之外，产生审美和心理的联想，甚至成为人的权力、财富和地位的象征，具有了社会意义。在设计、创造物质环境的过程中，必须充分注意到环境对于人类特定行为的影响。

二、环境意识

人类的环境意识经历了长期的发展和演变的过程。在人类社会的早期，由于生产力水平低下，人类的生活受到大自然的支配，因而对大自然充满了崇敬甚至是畏惧的心理。在不同的民族都产生过对高山、大河甚至动物、植物的自然崇拜，在人类与环境的关系中，环境显然处于主动地位。随着人类在屈从于自然的过程中慢慢认识自然，逐渐产生了与自然环境协调相处的观念。中国古代哲学“天人合一”的观念就体现了古代哲学家对理想境界的追求。中国传统的设计思想反映了崇尚自然、珍视自然的原则。我国古代的园林艺术将山水、林木、亭台楼阁、廊榭桥舫等有机地融为一体，形成了独特的自然风景式园林，自然环境与人造环境水乳交融，创造出富有诗情画意的意境，成了人们寻求与自然和谐的理想模式，这是一种“物我相呼”的环境意识。中国哲学历来强调一切文明创造均溯源于“天人合一”的宇宙真谛。天与人是相互交流的，天赖人以成，人赖天以久。但是，随着人类社会生产力的发展和科学技术的进步，人类在自然界中的地位发生了显著的变化，对环境的观念也随之改变。在追求一个较好的生存环境的过程中，出现了“征服自然”、“人定胜天”等凌驾于自然环境之上，支配、利用和控制环境的倾向。过度地开发和滥用资源使环境受到极大的破坏，自然形成的生态系统失去了平衡。人类对自然的“征服”所付出的代价，大大超过了所获得的成果。特别是工业革命以来，大机器生产使人类活动对环境的影响规模更加巨大。新的生产方式和生活方式在为人类创造大量财富和优裕生活条件的同时，也产生了空气污染、生态破坏、能源危机等一系列世界性的环境问题。严酷的环境问题使人们不得不对人与环境的关系进行深入的反思，开始认识到保护和改善人类环境已成为人类一个迫切任务。当代社会对环境问题表现出了极大关注，人类开始用新的眼光来看待自己周围的环境。这是今天人类面对的严酷现实，由于生存危机导致的“环境意识”的觉醒，正如加拿大建筑师阿瑟·埃列克森所说“环境意识是一种现代意识”。联合国《人类环境宣言》指出：“现在已经达到历史上这样一个时刻：我们在决定世界各地的行动的时候，必须更加审慎地考虑它们对环境产生的后果。由于无知或不关心，我们可能给我们的生活和幸福所依靠的地球造成巨大的无法挽回的损害。反之，有了比较充分的知识和采取比较明智的行动，我们就可能使我们自己和我们的后代在一个比较符合人类需要和希望的环境中过着较好的生活。”这段话充分体现了现代环境意识的重要性。

三、设计中的环境意识

由于环境是一个多层次、多元素相互作用的系统，需要我们从不同角度、不同层次来分析人类设计活动的环境效应。有的设计在一定范围内是符合自然规律的，但从更高、更加广泛的层次上来看却有可能破坏环境，又是违背自然规律的。对任何设计活动的评价，都不能仅从眼前或局部的利益出发，而忽略了长期的或综合的环境影响。工业设计在很大程度上是在商业竞争的背景下发展起来的，有时设计的商业化走向了极端，成了驱使人们大量挥霍、超前消费的介质，从而导致社会资源的浪费和环境的破坏。随着人们环境意识的兴起，人们对设计中的过度商业化提出批评。如何将设计固有的商业性和环境效益统一起来，既为企业增加利润，使产品便于销售，又要满足环保要求，而不是片面地推销产品，这就给工业设计重新注入了伦理道德的观念。要做到这一点，需要更新先前的设计观念和评价准则，放弃那种过分强调产品在外观上的标新立异的做法，而将重点放在真正意义上的创新上面，以更为负责的方法去创造产品的形态，用更加简洁、长久的造型使产品尽可能地延长使用寿命。

人类设计活动不仅创造了人类的物质环境，也构成了人类生活的视觉文化景观。因此，设计中的环境意识还应包括从人的生理及心理需求出发，考虑到不同的社会文化背景，对环境中的色彩、造型、材质等视觉审美因素进行精心设计，避免视觉污染，创造出协调、美好的人类生活环境。视觉因素的协调既包括人造景观与自然景观在视觉上的协调，也包括人工环境中不同视觉要素的协调。在进行城市规划、建筑设计及环境设计时，不仅要在生态上与自然环境协调，也应在景观上与自然取得默契，尽量避免对自然地形、地貌和植被的破坏，与自然形成“共生”的关系。

任何产品设计都有其特定的使用环境，因此，在进行产品设计时，必须充分考虑产品在功能、造型、色彩等方面与总体环境的关系，使设计适应总体环境在使用及风格等方面的要求，甘当配角，而不能喧宾夺主。另外，在许多生产和生活环境中，不少产品由于使用功能上的关系而构成了产品系统，如由影音产品构成的黑色家电系列，厨房中使用的白色家电系列以及办公室内的现代办公机器系列等。在进行这类产品的设计时，应考虑它们在造型风格上的共性及在空间尺寸方面的协调关系，使同一系列的产品能构成和谐、统一的功能及视觉环境而不致相互冲突。如果设计师缺乏这种意识，无节制地强调各自个性和创意的发挥，就可能产生混乱的局面。将设计师的创造天分与现代环境意识结合起来，是设计界的一个重大课题。

第三节　工业设计表现的训练与透视基础

一、工业设计表现的训练

（一）工业设计表现的常用工具与特性

1.铅笔

用于起稿或直接画铅笔画。它有 6H～6B 不同软硬的铅质供选择。

铅笔表现的素描为其表现效果，素描有两种形式：

（1）单线画法：即以线条的勾勒，将物体的全貌表现出来，用笔分轻、重、缓、急，线条生动，富于变化。

（2）明暗画法：即线条的排列为主要形式，可表现极其细微的变化，使光影表现得极为深入。铅笔有软硬之分，软铅用于粗犷的画面效果，硬铅可产生细腻的效果。铅笔表现主要是铅粉留在纸上的痕迹而形成画面，因此，还可用手或擦笔擦抹画面，使影调均匀过渡，线条含混。为了长期保存铅笔画，最好能在画面上喷一层定画液（乳胶掺水调稀）。

铅笔的笔芯有一定粗细，因此，铅笔的线条总在一定的宽度以内。铅笔线条的粗细是由绘制者用力轻重所致，用力重就粗，用力轻就细。以单线描绘的画法，线条的抑扬顿挫就是绘制者用力轻重所为；以明暗刻画的技法，依靠线条的排列形成面。线条排列也有多种方法：上重下轻，下重上轻，两头轻中间重，两头重中间轻。在勾线时，因往返的长度是一定的，不可能很长，故应一组一组地排列、一组与一组衔接。如果要形成很大的一个面，则用“两头轻中间重”的方法较合适。如图 3-1 所示。

图 3-1

2.钢笔

钢笔也称自来水笔，通过吸管存储一定量的墨水，经笔头将墨水画在纸上，将笔头弯折后使用，可随意调节线条的粗细。如图 3-2 所示。

图 3-2

3.针管笔

针管笔也称制图笔，是为了绘制完全合乎标准的图样及文字而用，分 0.3～2.0mm 九种粗细规格。如图 3-3。

图 3-3

4.麦克笔

麦克笔也称尼龙笔、记号笔，有油性和水性之分，并有不同颜色和不同粗细的笔头可供选择。如图 3-4 所示。

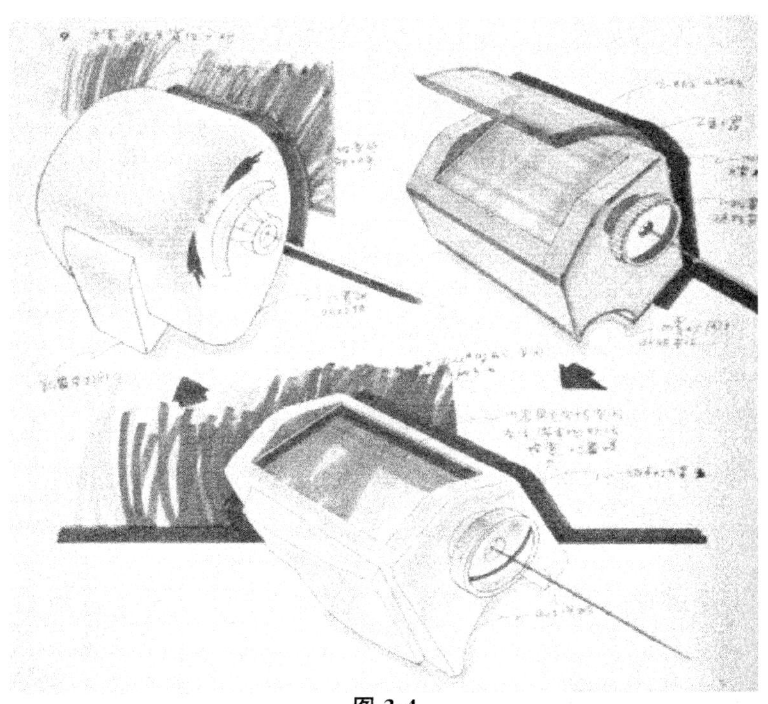

图 3-4

（二）工业设计基础线条的表现训练

线条是构成画面的基本元素之一，它在各种艺术创作中被大量地使用，如木刻、铜版、中国画线描等。在工业设计表现训练中，需要熟练掌握各种线条的运用。当画出的线条平滑无节点、流畅无重复时，可加入点、线、面的组合训练。画线训练时多使用签字笔，若用铅笔则潜意识里想修改，会影响手绘表现的信心。

1.直线

进行线条表现，先要练好最基本的直线，如图 3-5 所示。

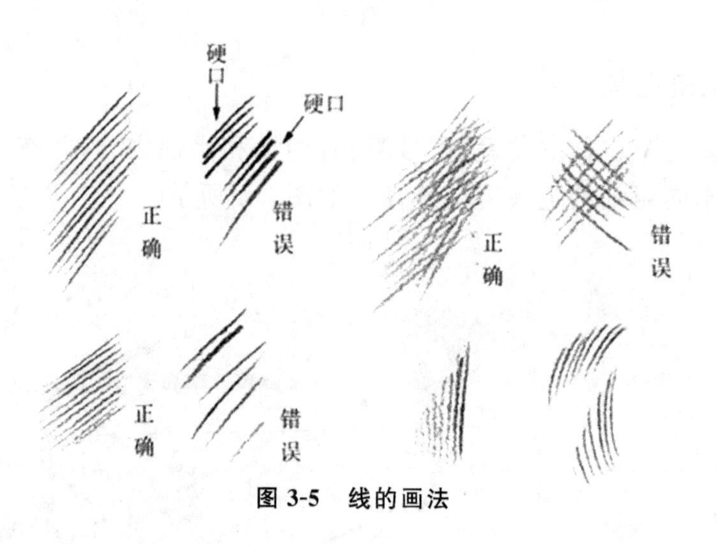

图 3-5　线的画法

在进行直线练习时，需要注意以下几个要领。

第一，以水平直线绘制方式练习，线要直，间距尽量相等。

第二，练习各方向的直线绘制，速度可稍放慢一些。

第三，用直线绘制任意立方体，注意透视比例的正确性。

2.弧线

生动的形体离不开优美的弧线（图 3-6），因此也必须掌握弧线绘制能力。

在进行弧线练习时，需要注意以下几个要领。

第一，小弧度弧线练习。先放慢速度，使距离和弧度相等，练熟了再加快速度。

第二，不同的弧度的弧线练习。从近于直线的弧线画到近圆的弧线。

第三，连续性弧线练习。可以参照较复杂的曲面产品中的弧线，画弧线较多的产品。

图 3-6　弧线画法

（三）工业设计基础形态的表现训练

1.正圆

这种基本形在我们的设计中是常常遇见和使用的。大家知道，一个正圆要想一蹴而就，的确不是一件易事。如一张草图的其他部分画得简洁干练，唯独某些特定的图因为画不准，而在上面反复描绘，其结果是画面上出现了一大堆残线，感觉非常遗憾。设计草图要求行笔流畅，对形态的大小、位置控制要非常准确。这就给我们提出了较高的要求，一定要想画什么样的图就能画什么样的图，要画多大就能画多大，随心所欲，自由发挥。要做到这一点，必须遵照一定的方法作大量的练习。见图 3-7、图 3-8。

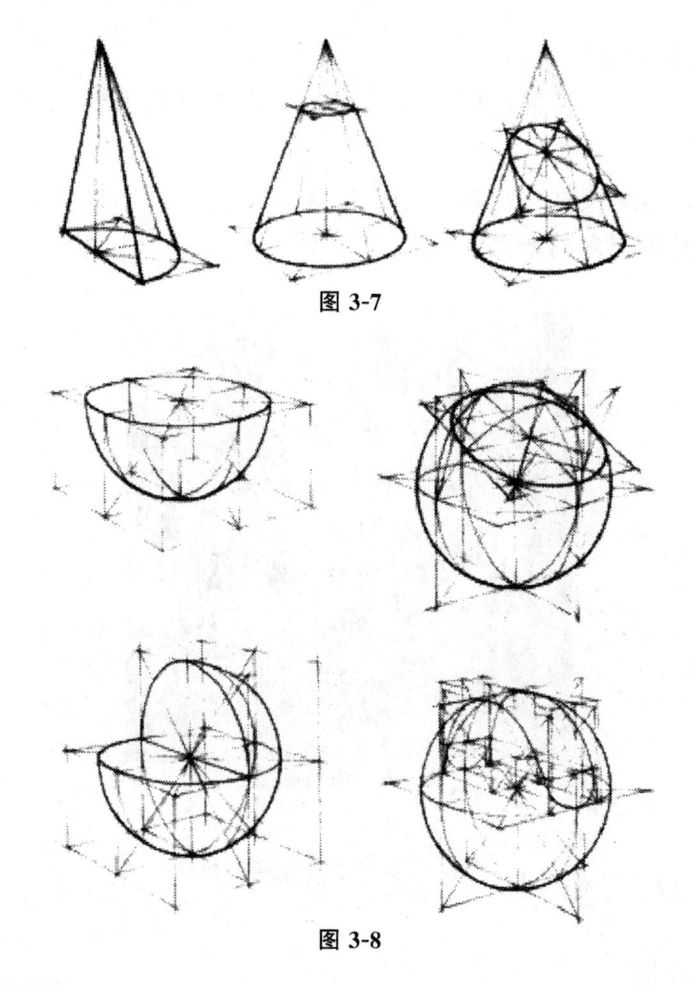

图 3-7

图 3-8

2.椭圆

椭圆的训练与正圆的训练有所不同，椭圆因角度的变化而产生透视感。而透视的作用使得椭圆在空间中出现近大远小、近宽远窄的透视感觉，因此作椭圆的训练除了遵循正圆的训练方法之外同时还要注意椭圆在空间中的透视关系。从图 3-9 可看到训练椭圆变化的基本方法。

3.组合形状

(1)先在纸面上画一个在透视作用下的立方体。在画立方体的时候要注意画准每一个形面的透视关系。线与线之间要相互交叉，只有这样，当我们画下一条线的时候才有依据。

(2)有了一个正方形的立方体之后，我们就可以在这些形面上画椭圆了，其要求同上所述。要将注意力控制在每个有透视变化的正方形之内。

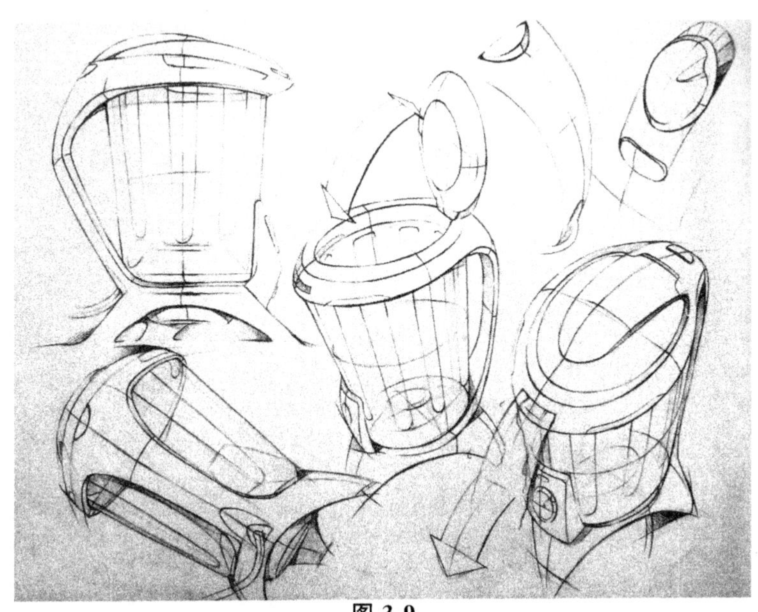

图 3-9

(3)在画完了三个正方形面上的椭圆之后，再在椭圆之内画小椭圆。注意画的时候一定要有透视的感觉。

(4)当我们把所有的椭圆画完之后，接下来在各个形面上标注一下断面，从而达到一种辅助的说明效果，让人一眼看上去形与形之间的关系非常明了、透彻。

(5)注意勾画断面线一定要轻、要淡，切记不要喧宾夺主。当然了，画的时候我们的脑子一定要很清晰。同时还要记住，勾画断面线也一定是在透视作用下进行的。

(6)当我们将整个程序完成之后不妨再画一个，然后在上面加些明暗，给个投影，以丰富其表现力。在加明暗的时候要按照绘画素描中的道理去加。要给人以自然轻松的感觉，切忌涂得太重，因为我们要说明的是形态，不是纯艺术的素描，画的时候要简洁、概括、轻松、明了。以上各种步骤我们要经常不断地加以练习。通过练习使我们的画图技能不断熟练,只有增强手头的控制力,才能把握图面所表达的各种形态的关系。另外还可依据自己的兴趣作其他形式的练习。如图 3-10、图 3-11 所示。

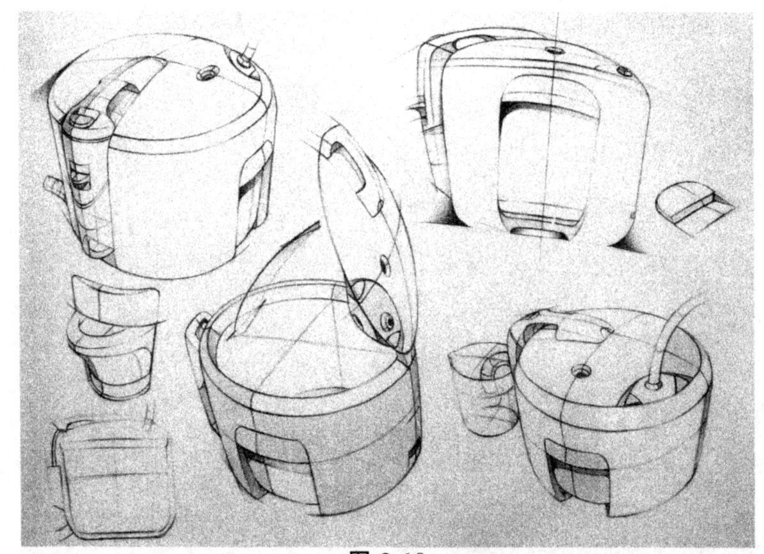

图 3-10

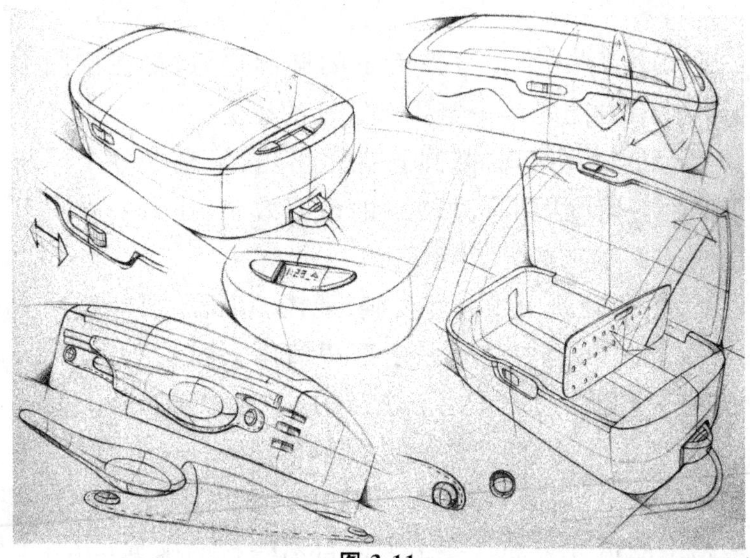

图 3-11

二、工业设计表现的透视基础

(一)透视概述

在现实生活中,由于物体距离观察者的远近不同,反映到人的视觉器官上,就会形成近大远小,越远越小,且最后消失于一点的现象(图 3-12),这种现象称为透视现象。这种透视现象就相当于人们透过一个平面来视物,而人的视线与该面相交成一个图形(图 3-13),这个图形就称为透视图。透视图实际上就是以人的眼睛为投影中心的中心投影,故可利用投影的方法,将这种符合人们视觉印象的透视规律在平面上表现出来,这种表现方法叫作透视投影。用透视投影画出的图样较为形象、逼真,符合人们的视觉习惯,因而造型设计中常使用透视图来表达设计者的设计思想与意图。

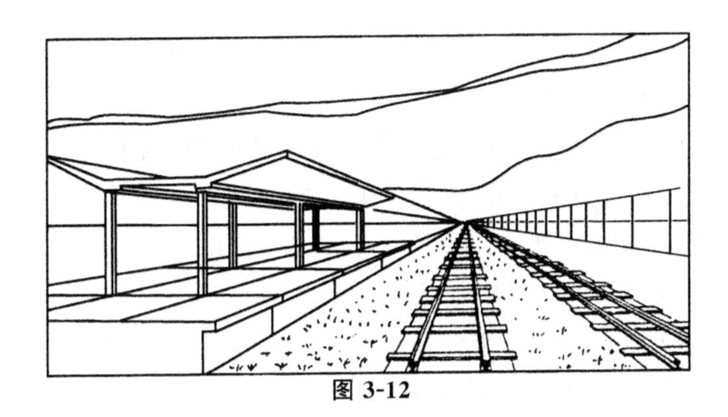

图 3-12

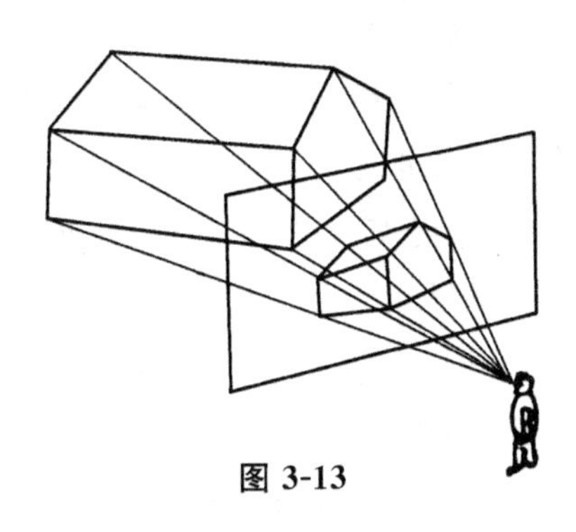

图 3-13

透视投影的有关名词术语如下(图 3-14)。

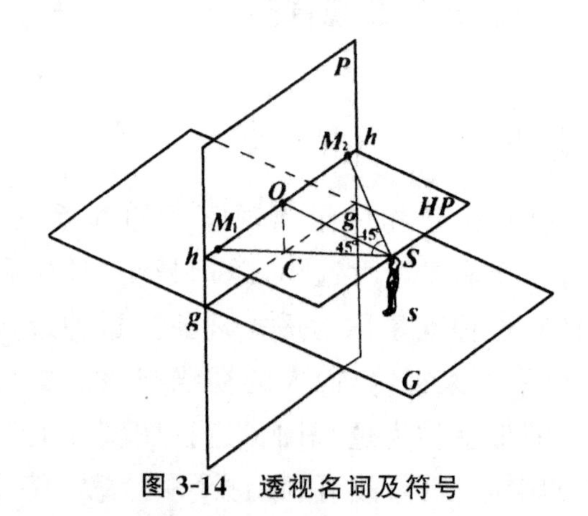

图 3-14　透视名词及符号

(1)基面(G),放置物体与观察者站立的平面。

(2)画面(P),绘制透视图的平面(垂直于基面)。

(3)基线(g-g),画面与基面的交线。

(4)视点(S),观察者眼睛的位置,即投影中心。

(5)站点(s),视点在基面上的正投影,即观察者的站立点。

(6)视平面(HP),过视点且平行于基面的平面。

(7)视平线(h-h),视平面与画面的交线。

(8)心点(O),视点在画面上的正投影,也称主点。

(9)视距(SO),视点到心点的距离。

(10)视高(Ss),视点到基面的距离,即观察者的高度。反映在画面上为视平线与基线之间的距离。

(11)距点(M),过视点 S 作直线与 OS 成 45°,交视平线 h-h 于 M_1、M_2 点,则 M_1、M_2 点分别称为左距点和右距点。

(12)迹点,直线与画面的交点,如图 3-15 中的 A_0、B_0。

(13)灭点,过视点作已知直线的平行线,该平行线与画面 P 的交点,即为已知直线的灭点。如图 3-15 中,已知直线 a,b,且 $a /\!/ b$,过 S 点作 $f /\!/ b$,则 f 与 P 的交点 F_0,F_0 则称为直线 b 的灭点。同理,F_0 也是直线 a 的灭点。图 3-15 中 D_0、E_0 点即为 D、E 点的透视,而灭点 F_0 则可认为是直线 a、b 上无穷远点的透视。

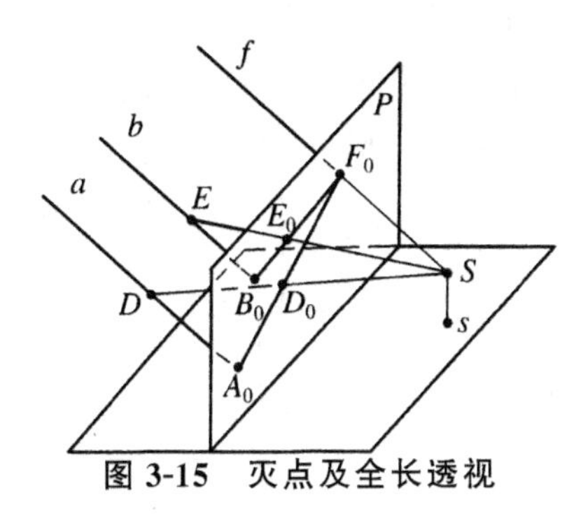

图 3-15　灭点及全长透视

(14)全长透视直线迹点与灭点之间的连线,如图 3-15 中的 A_0F_0、B_0F_0,它们分别是直线 a 和 b 的全长透视。

(二)透视图的分类

由于物体与画面之间的相对位置不同,因此观察者与物体之间的相对位置也不尽相同。透视图一般可分为三类:一点透视(也称平行透视)、二点透视(也称成角透视)和三点透视(也称倾斜透视)。

1.一点透视

当立方体有一组棱线与画面垂直时,则画出的透视图就只有一个灭点,这种透视称为一点透视,此时立方体有一个平面与画面平行,故而又称平行透视(图 3-16)。

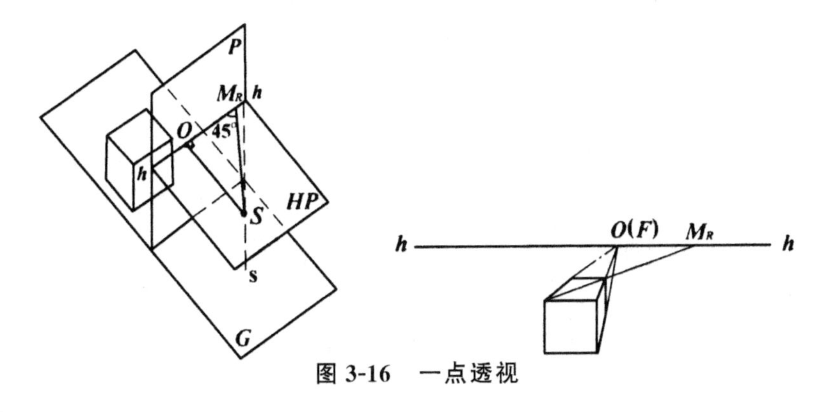

图 3-16　一点透视

由于视点的位置不同,立方体的一点透视有九种情况(图3-17)。图3-17中有的能看见一个面,有的能看见两个面,最多的能看见三个面。一点透视的特点是,与画面平行的线没有透视变化,与画面垂直的线均相交于心点(此时的心点即为灭点)。

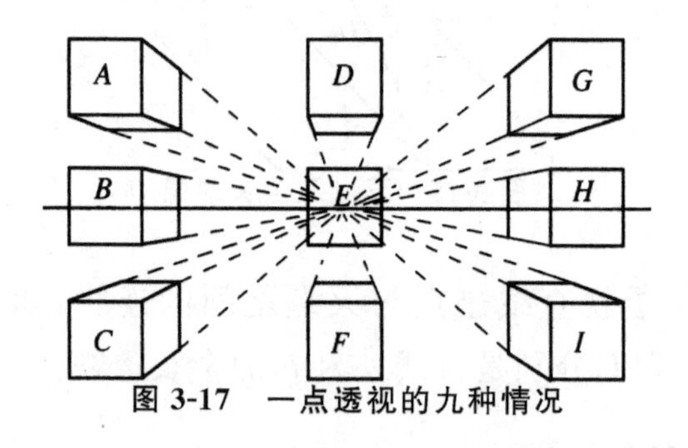

图3-17 一点透视的九种情况

一点透视适合于只有一个平面需要重点表达的物体,多用于机床、仪器仪表和家用电器等产品的表现图绘制(图3-18)。画一点透视图时应特别注意:物体平面离视中线或视平线不能太近,尤其是物体的主要表现面更不能太接近视中线或视平线(图3-19)。

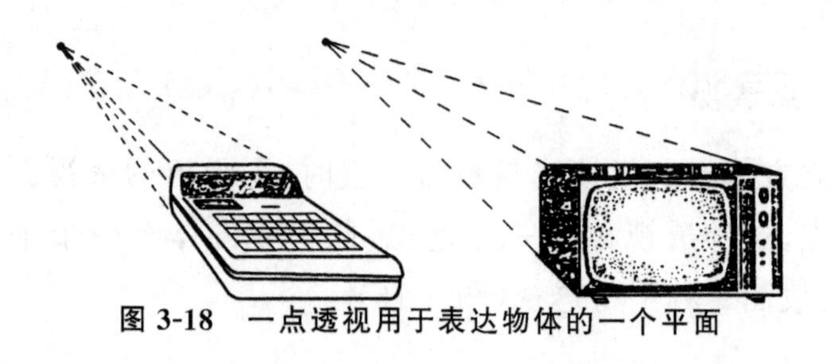
图3-18 一点透视用于表达物体的一个平面

2.二点透视

当物体有一组棱线与画面平行,另外两组棱线与画面斜交,这样画成的透视图称为二点透视,因为有两个立面与画面成倾斜角度,故又称为成角透视(图3-20)。二点透视有两个灭点。由于视点与灭点的位置不同,二点透视可归纳为图3-21所示的三种情况。二点透视至少能看见两个面,最多能见到三个面。

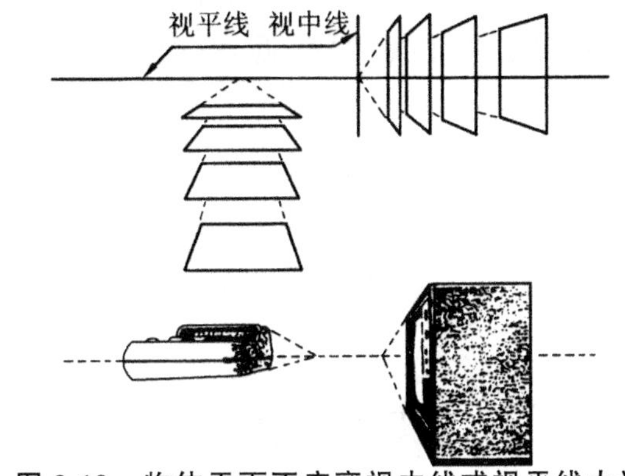

图 3-19 物体平面不应离视中线或视平线太近

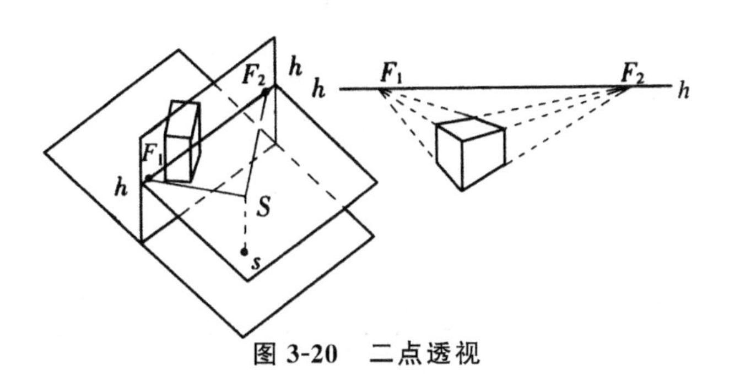

图 3-20 二点透视

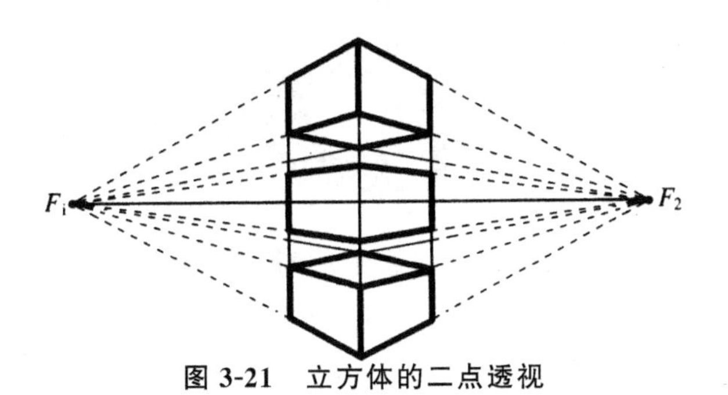

图 3-21 立方体的二点透视

二点透视是造型表现图中广为使用的一种透视图，它可以比较全面地表现物体。在用二点透视表现复杂物体时，一般先将复杂物体归纳成大面体，以确定长、宽、高尺寸，画出物体的透视图。在有透视变化的形体中分出各部分的比例，然后根据形体的变化绘出具体的轮廓和细部，微小的细部结构允许徒手绘制（图 3-

22)。绘制二点透视图应注意:视点离物体的距离不能太近,视点越近,灭点在视平线上离心点就越近,这样会产生透视变形(图3-23)。

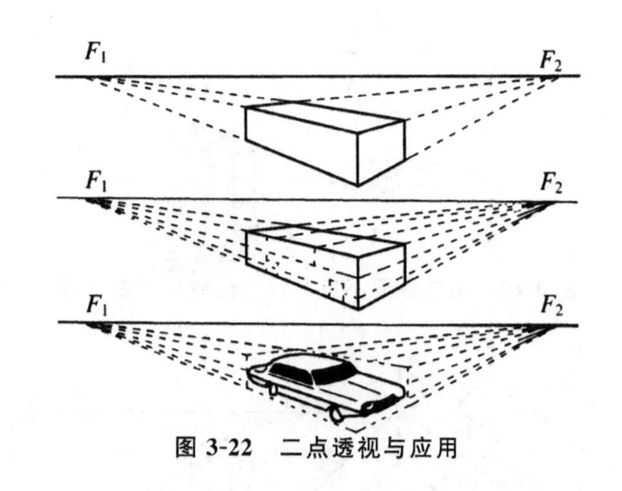

图 3-22 二点透视与应用

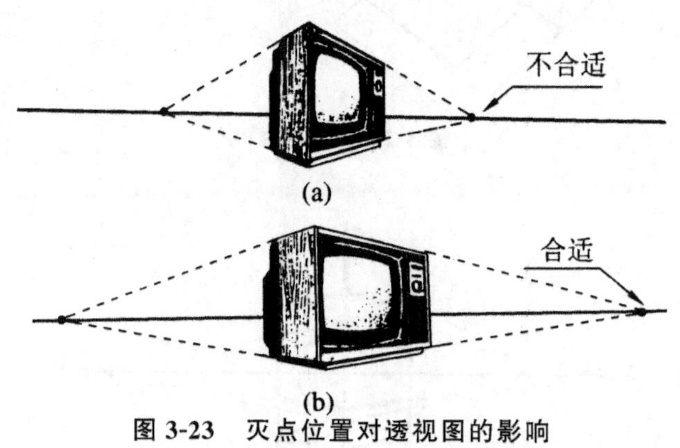

图 3-23 灭点位置对透视图的影响

3.三点透视

当物体三个方向上的棱线均与画面倾斜时,这样绘出的透视图称为三点透视。因为三个方向上的平面均与画面倾斜,故又称为倾斜透视(图 3-24 和图 3-25)。由于三点透视在工业产品设计中不常采用,故不作详细介绍。

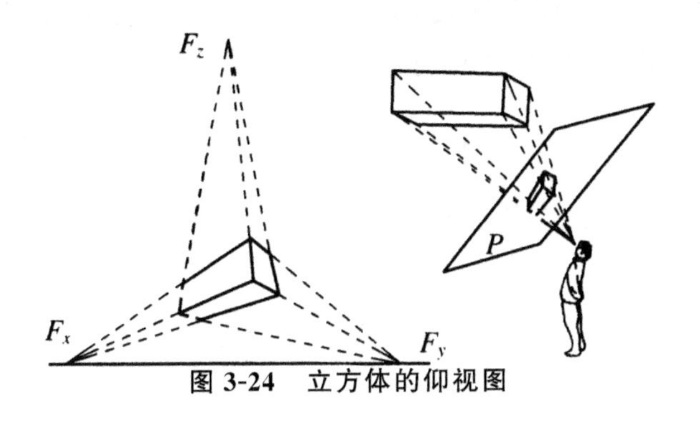

图 3-24　立方体的仰视图

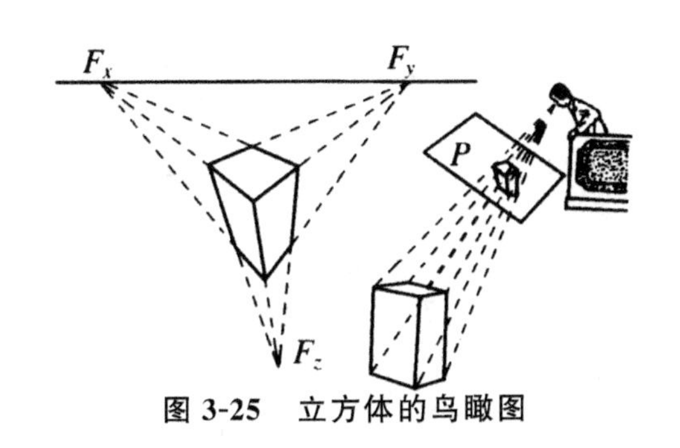

图 3-25　立方体的鸟瞰图

(三)透视图的画法

1.平行透视画法

(1)以立方体为图例(图 3-26),作一点透视图的画法步骤:

①在适当的位置,划一视平线,确定∠和 R 灭点,并取其中心为视点。

②从视点作视垂线,确定立体方的 N 点位置(N 点不宜远离视点)。

③过 N 点作一水平线,取 AB=立方体的边长(A、B 点不宜偏离视垂线太远)。

④由 A、B 两点与灭点及视点连接,互交于 C、D,则 $ABCD$ 为立方体的底面。

⑤由 $ABCD$ 分别向上做垂线,使 $AE=BF=AB$。

⑥由 E、F 与视点连接，并与 C、D 垂线相交于 G、并连接 E、F、G、H 各点，则 AB、CD、HE、FG 立方体即是所求的一点透视图形。

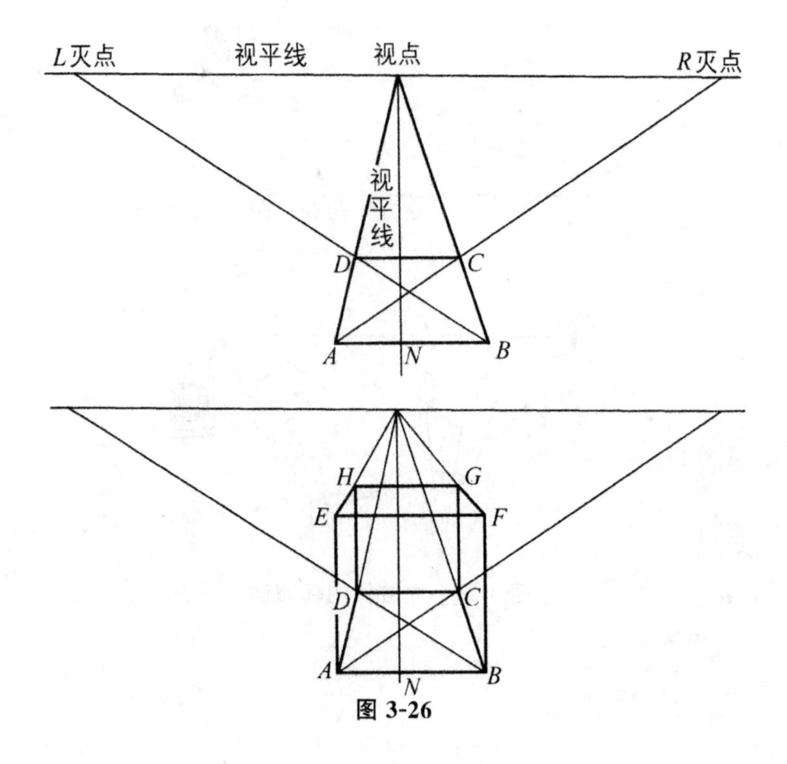

图 3-26

2.45°透视画法

(1)在画面上方画水平线(视平线 H)，左右两端设灭点 VPL、VPR，取中点为视心 CV。如图 3-27。

(2)从 CV 往下做垂线，在适当位置设正方形的近接点 N(注意使夹角大于 90°)。由 N 向 VPL、VPR 做连线。

(3)过 N 点做水平线，并过 N 做 45°倾斜线，取 M 等于正方形一边的实长。

(4)从 a 向下引垂线与水平线交于 a_1，连接 a_1CV 与 N-VPL 交于 A 点，过 A 做水平线与 N-VPR 交于 B 点，从 A、B 点向上做垂线。

(5)由 E 点向 VPL、VPR 做连线，与从 A、B 点做得垂线交

于 C 点、D 点，连接 D-VPR、C-VPL 完成立方体可见轮廓的透视图。

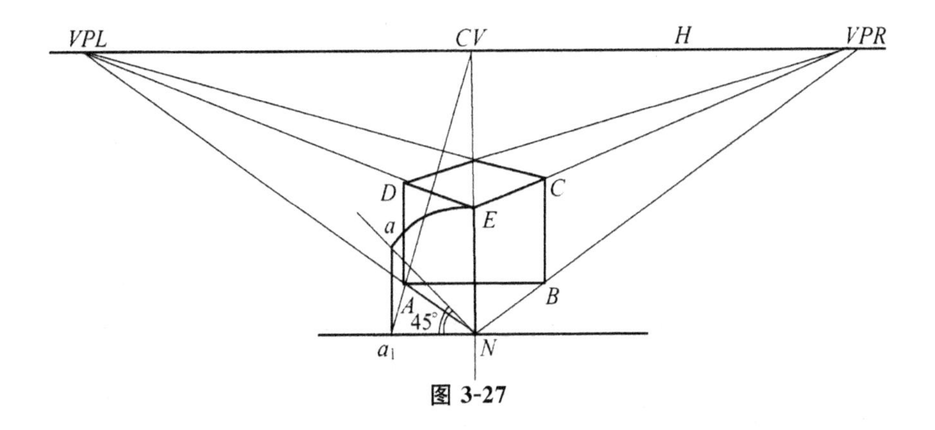

图 3-27

3.30°～60°透视画法

(1)在画面上方画视平线 H、并在二端设左右灭点 VPL 和 VPR，取 1/4 处为视心 CV。如图 3-28。

(2)从 CV 往下引垂线，设近接点 N(注意使夹角大于 90°)。

(3)过 N 点做水平线，做 60°、30°倾斜线后，在其上量取正方形实长 Na、Nb。从 a、b 分别往下做垂线交于 a_1、b_1。

(4)使 a_1、b_1 与 CV 连接得交点 A、B。由 AB 点向上做垂线。

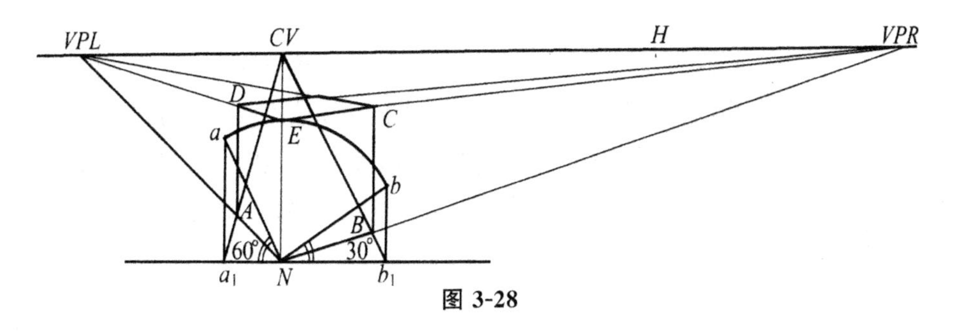

图 3-28

第四节　工业设计表现的技法与表现图

一、表现图的特点

（一）传真

通过色彩、质感的表现和艺术的刻画达到产品的真实效果。表现图最重要的意义在于传达正确的信息，正确地让人们了解到新产品的各种特性和在一定环境下产生的效果，使各种人员都看得懂，并理解。然而，用来表现人眼所看的透视图，却和眼睛所看到的实体有所差别。透视图是追求精密准确的，但由于透视图与人的曲线视野有所不同，透视往往是平面的。所以透视图不能完全准确地表现实体的真实性。设计领域里“准确”很重要。它应具有真实性，能够客观地传达设计者的创意，忠实地表现设计的完整造型、结构、色彩、工艺精度，从视觉的感受上建立起设计者与观者之间的媒介。所以，没有正确的表达就无法正确地沟通和判断。

（二）快速

现代产品市场竞争非常激烈，有好的创意和发明，必须借助某种途径表达出来，缩短产品开发周期。无论是独立的设计，还是推销你的设计，面对客户推销设计创意时，必须互相提出建议，把客户的建议立刻记录下来或以图形表示出来。快速的描绘技巧便会成为非常重要的手段。

（三）美观

设计表现图虽不是纯艺术品，但必须有一定的艺术魅力。便于同行和生产部门理解其意图。优秀的设计图本身是一件好的装饰品，它融艺术与技术为一体。表现图是一种观念，是形状、色彩、质感、比例、大小、光影的综合表现。设计师为使构想实现，被接受，还须有说服力。同样表现图在相同的条件下，具有美感的作品往往胜算在握。设计师想说服各种不同意见的人，利用美观的表现图能轻而易举达成共识。具有美感的表现图——干净、简洁有力、悦目、切题；除了这些还代表设计师的工作态度，品质与自信力。成功的设计师对作品的美感都不能疏忽，美感是人类共同的语言。设计作品如不具备美感，好像红花缺少绿叶一样，黯然失色。

（四）说明性

图形学家告诉我们，最简单的图形比单纯的语言文字更富有直观的说明性。设计者要表达设计意图，必须通过各种方式提示说明。如草图、透视图、表现图等都可以达到说明的目的。尤其是色彩表现图，更可以充分地表达产品的形态、结构、色彩、质感、量感等。还能表现无形的韵律、形态性格、美感等抽象的内容，所以表现图具有高度的说明性。

二、表现图的表现要素

（一）透视

大部分产品都有较固定的使用状态，并和人的视线形成稳定关系。因此，在表现产品时，应尽可能选用和实际使用状态类似的视平线位置。这样才能使表现出来的产品具有很强的真实感。注重理论的实际应用，透视是画图的一个关键，所以在练习时要注意透视问题。透视解决好后开始着重线条的练习。通过成角透视或平行透视的基本原理进行徒手表现，可以表达我们构思的形态。这种方式可以快速而便捷地展开设计方案。准确到位的徒手形态表达一方面来自理解正确的方法，另一方面来自于量化的练习。

（二）视角

准确而充分地表现一件产品，视角的选择是十分重要的。在产品效果画中如果只绘制单一角度的形态，始终是缺乏表现力的。如果要转变角度，那就要涉及透视的规律了。因为表现图是在二维平面上表现三维形态，这就决定了不可能将三维形态的各个面都表达出来，要有选择地进行表现，如主要功能面、产品的特征面等。

1.远距离设计——整体

从整体的角度检视轮廓、姿态及被强调的部分等，不需要太在意细节，只要清楚地将要表现的东西表达出来。

2.中距离设计——立体与面的构成

这部分将检视立体的成分与面的构成，决定物体的特征及图样，便显出质量感与动感。透视画法的草图是最适合达成这个目标的。可以适度地使用夸张的手法来明确表示出意图。形体用明暗度来表现，可以不上色彩。

3.近距离设计——表现出物体的本质

这个距离就是展示距离或使用距离，这时物体的角度变化非常大。表面的精致线条、配色都能被察觉，质感也比较强烈，细部的处理容易被感受到。

（三）色彩

不同的色彩在人的心理会产生不同的效应，当其巧妙、恰当地运用在商业领域，如产品生产、包装、广告业时，便可产生巨大的商机，从而使企业在竞争中处于有利的地位。随着塑料化工工艺的发展，人们接触到的产品颜色数不胜数，色彩的表现也就显得越来越重要。任何色彩都具有三大特征：色相、明度、纯度。不同的色相、明度和纯度会使观者产生不同的心理变化。因此在画一张表现图前先要明确整个画面的基调。

色彩随着时代变化而变化,世界上的设计师都致力于开拓色彩新领域,以求始终保持色彩的新鲜感,在产品的色彩设计上强调色彩本身的表现力和色彩的象征性、色彩的感情和配色规律。设计师对产品色彩了解得越多,就越能准确掌握色彩的语言和功能,设计出大众喜欢的产品。

(四)质感

在静物中,所涉及的各种器物不仅各具形、色、体积,质感也是丰富多样的。在生活中,人凭借触觉、听觉、视觉、嗅觉来判断各种器物的硬度、声音、色彩、味道……形成一种综合印象。有些特点虽非绘画所能表现,但视觉信号却能诱发人的种种联想,在某种程度上能够弥补绘画表现力的不足。所谓望梅止渴之类的说法,说明了视觉形象能够引起人的心理效应。不同的质地感觉不仅能丰富画面的艺术效果,而且可能被用来作为传达某种情感和心理刺激的形式因素。因此,研究物体质感的表现,其意义远不限于表现客观对象本身,它将为人们进行新的艺术语言的探索提供丰富的原料和多方面的启示。

(五)光影

光影的刻画也是表现图的重要组成部分。任何一个物体在受光条件下都会产生受光面、中间调子、明暗交接线、暗部、反光及阴影等区域。一般来说对明暗交接线的刻画往往是最重要的工作。

光的柔和度和亮度是决定其所形成阴影类型的两个主要因素。在日常生活中,柔光是最常见的,日光灯、窗外投射进屋内的光、各种反光等等都属于柔和光。光的柔和属性在各种平面制作中应用非常广泛。一般越柔和的光照射到物体上后所形成的阴影边缘就越模糊,阴影会由黑色渐变到灰色。柔和的光非常适合表现富有层次感和质感的物体和人物。相反,越不柔和

(会聚的光、很强的光或者距离物体很近的光源发出的光)的光照射到物体后所形成的阴影边缘就越清晰,而且阴影几乎不会变浅(很浓的黑色),所以这类光经常用来表现需要强对比的场景。

影子在表现图里并非像在现实生活里那样被每时每刻细致地表现。在漫画里,影子多用作特殊用途:渲染气氛、表现心情、丰富场景等等。而人们脚下踩的影子则常常会用几个简单的线条来表现。

三、表现图的表现技法

(一)快速表现技法

随着产品的不断开发,需要把设计师最初产生的构思表达出来,这就是快速表现图,有略图、草图、拟订、勾画的意思,是将创造性的思维活动转换为可视形象的重要表现方法。换句话说,就是利用不同的绘画工具在二维的平面上,运用透视法则,融合绘画的知识技能,将浮现在脑海中的创意真实有效地表达出来。创意和符号学、信息传达之间有着深厚的关系,而快速表现图就是达到这个目的的阶梯。

一般采用我们熟悉的视角来表现产品的主要特征面。主要物体和前景应该画得色彩丰富、用笔要肯定、对比要强烈、形体要明确。要求画得没有拘束,注意线条的起始,快速移动手腕,画出有气势、有生气的流畅线条和笔触,要画得放松。但要注意避免形体松散、单薄。在快速表现图中包括了一种单色草图画法。单色草图以线条优美流畅取胜,它们就是直线与曲线和透视三者的结合。要画得快、准、好。其实,单色画法的好不好最主要的是看线条的曲直度,即线条流畅与否(图 3-29)。

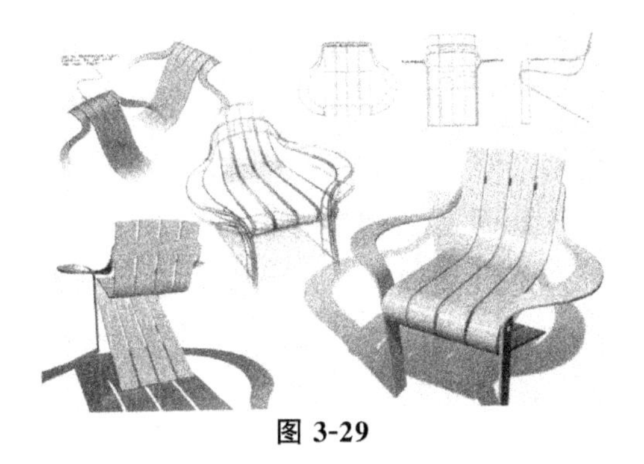

图 3-29

（二）写实表现法

通过图纸完全将产品的形体结构、质感、空间感表现出来。对设计的内容要作全面、细致的表现。色彩方面不仅要对环境色、条件色作进一步表现。有时还须描绘出特定的环境，以加强真实感和渲染力，尤其是对细节要不厌其细地表达。将产品效果图中的主体刻画得生动到位，再加上合适的环境渲染，将使画面更生动、更具启发性。这种画法近似于绘画，将物体放在特定的环境中，不但要考虑物体本身造型的比例和尺度，而且要考虑到环境的选择和处理，使整个画面协调一致，突出产品性能结构和外观造型特点。写实画法在绘制中要熟练掌握绘画工具，使画面着色均匀，颜色衔接柔和，过渡自然，质感强，效果逼真。此外，它还可成为独立的艺术作品而存在（图 3-30 和图 3-31）。

图 3-30

图 3-31

（三）勾线淡彩表现法

钢笔淡彩表现以明快而流畅的线条作为基本的造型语言，钢笔线条以用力的轻重体现出粗细变化；以速度的快慢体现连与断的关系。随着物体结构的改变，钢笔线条还能将各种不同的材质表现出来。并辅以清淡透明的水彩色来表现物体(图 3-32)。

图 3-32

（四）色彩归纳表现法

色彩归纳画法与套色木刻有类似之处，把所要表现的颜色根据设计要求，归纳成几种颜色，突出色彩主调。它的特点是：富有装饰效果，鲜明的黑白对比（这里的黑与白是指色度的对比）等。这种归纳法的色彩既要单纯、明朗，也不能过多使用对比性原色和纯度过强的色彩。色调的概念要强，要善于在两个以上相同的色彩之间设置起间隔作用的色彩，以便起到色彩过渡的作用，这样就会给人以悦目的色彩感。色彩经过高度提炼、概括、归纳后，一定要有明确的主调。在运用色彩时，要使其多样而又不破坏统一，特别像这种归纳画法，使用色彩受限，更要深思熟虑，用好每一块色彩，使画面达到典雅和和谐的效果(图 3-33 和图 3-34)。

（五）彩色铅笔表现法

彩色铅笔的点与铅笔不同，本身在材料的使用上就有很大的差别，但彩色铅笔的运笔、线条排布与铅笔技法很相似。要涂得均匀，尽可能避免交叉线条，特别是垂直交叉。在色彩混合时，不可能像水彩与水粉颜料那样，在调色板上混成理想的颜色后再涂到画面上。而只能靠涂抹多少来控制深浅，靠不同色相的叠加来改变色彩的属性。如果某一绿色再叠加上少许蓝色，就成为蓝绿色。涂抹色彩不宜过浓。

图 3-33

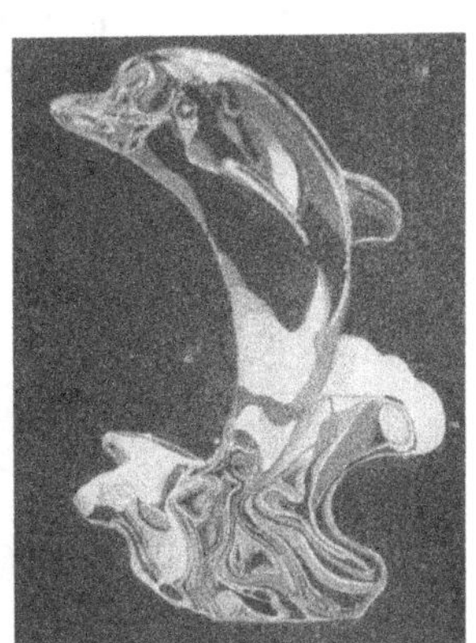

图 3-34

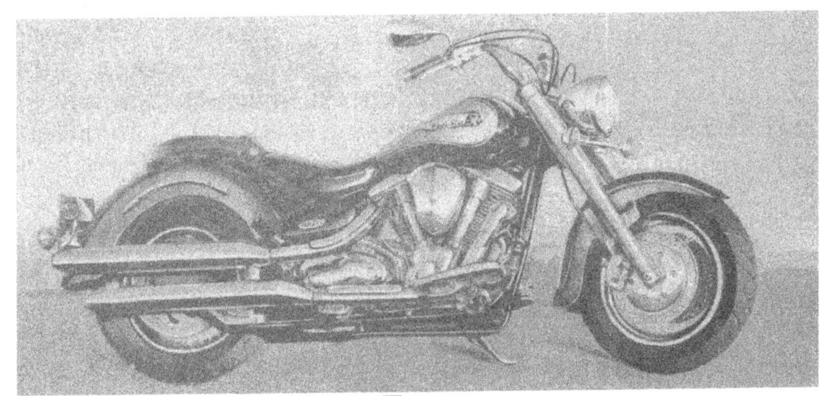

图 3-35

（六）喷绘表现法

喷绘技术能获得极为精致、逼真的效果，能体现极其细微的变化，有极强的表现力。喷绘技法在绘制中有一定的难度。首先要具备气泵、喷枪等设备；水彩和水粉是其主要颜料；还要刻制遮挡用模板；熟练掌握喷笔及工具的使用方法。喷绘技法在各类效果图中均有采用。如图 3-36 所示。

图 3-36

（七）CAID 与设计表现

随着计算机硬件的发展与性能的提升，CAID（计算机辅助工业设计）应用已经对传统的设计方式产生了质的影响。如今，几乎任何一家现代工业体系下的制造企业或设计公司都需要利用计算机辅助来完成产品的概念设计。在 CAID 环境中，通过利用计算机高速运算能力、逻辑判断能力、巨大的存储能力与设计师独有的创造能力相结合，能够使设计师的创作灵感得到更大的释放空间和自由。

产品设计表现是 CAID 应用的一个分支，它涵盖概念设计草图直到制作可视性方案的全过程，其主要目的是利用计算机生成几近真实图像的视觉方案来传达设计师构思中的概念设计，使设计方案达到科学严谨的可评估化要求，让设计团队或团队以外的其他非专业人员都能够预览并参与评估。

传统设计表现一贯是利用传统绘图工具以二维输入方式绘

制产品设计草图与效果图。而由于表现工具的先天局限与表现方法非数字化形态的种种弊端日益显露，而计算机作为现代数字化设计工具以及传达信息的主流媒体，其优势也是显而易见的。例如可操控性使方案修改变得灵活简单，文件存储与管理也更加系统化，而三维模型可以记录更多的信息并提供全方位的物理角度参数与尺度，非常接近真实评估要求。在信息网络与计算机技术高度发展的今天，可以看到在产品设计表现领域中，计算机在设计创意中的实际效用已经达到无法替代的地步。

在利用 CAID 系统进行产品视觉表现阶段，由于计算机不参与生产加工，因此它并不需要与企业生产作链接，所以没有严格的参数化要求，也不需要进行复杂的技术数据化分析。尤其在许多专业设计室与设计类院校中，拒绝枯燥烦琐的大型 CAD/CAM 系统软件，而采用了专门适合于设计表现的概念设计软件，形成了一系列非规定性的表现制作流程。并且伴随着各类 CAID 软件的兼容性与交叉适应性日益完善，各类软件交叉使用过程中的表现方法变得更加灵活，更具随意性（图 3-37 和图 3-38）。

图 3-37

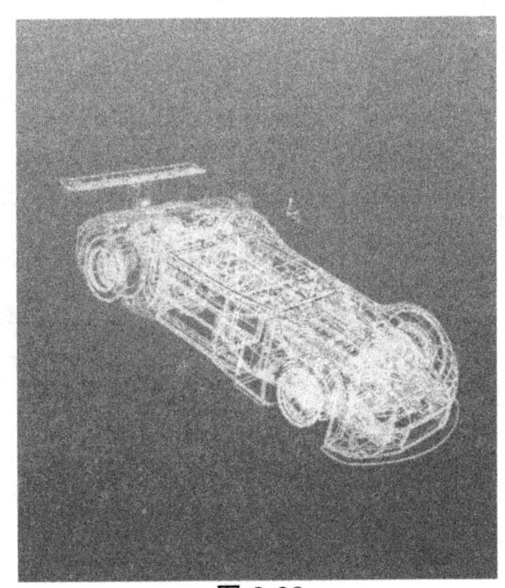

图 3-38

常用的 CAID 软件分为三类：大型 CAD/CAM/CAE 软件系统、微机版造型软件系统和专业三维造型设计系统。

大型CAD/CAM/CAE软件系统是集成化程度较高的大型软件系统，如世界著名的CATIA、Unigraphics、Pro/Engineer等，这类软件通常集成了基于并行工程应用环境的设计模块，各个模块基于统一的数据平台，具有全相关性，三维模型修改，能完全体现在二维及有限元分析、模具和数控加工的程序中这类软件适于在大型企业中推广。

PC版造型软件系统，运行环境更大众化，易于推广普及。功能包括：参数化特征实体造型、曲面造型、尺寸驱动、全数据项管、装配设计和管理、工程绘图、钣金设计、数据分析、模具设计、数据交换、网络支持等，适用于中、小型产品的开发和设计工作，如著名的Autodesk、SolidWorks、SolidEdges等产品(图3-39)。

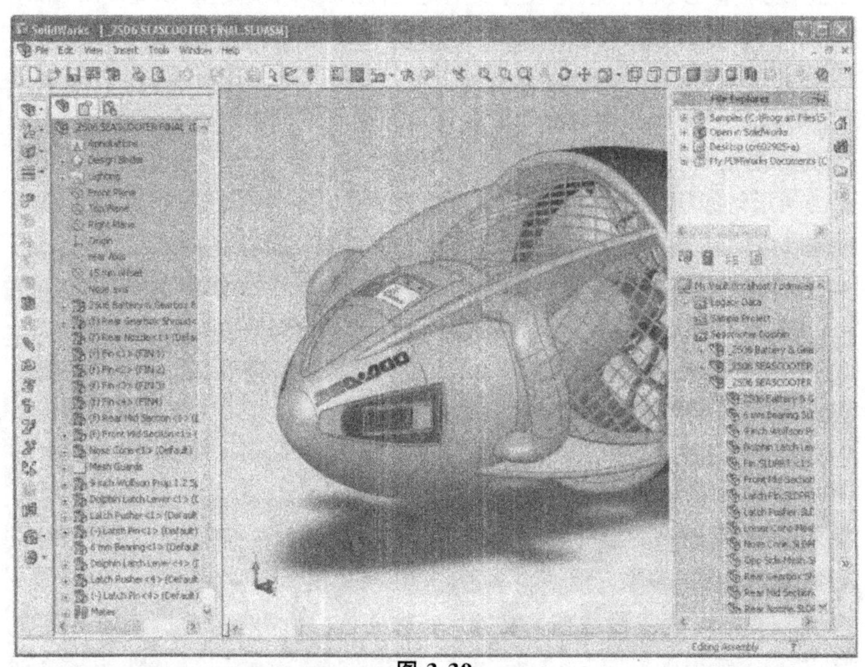

图3-39

(八)特殊表现技法

即用特殊的工具材料和手段创造特殊的效果。

1.刀刮法

用一般削铅笔的小刀在着色先后刮划，是破坏纸面而造成特殊效果的一种方法。着色之前先在画纸上用小刀或轻或重、或宽或窄地刮毛，以破坏部分纸面，着色之后出现较周围颜色重一点的形象。这是因刮毛之处吸色能力强，所以变重了些。它表现虚远的模糊形象或隐约可辨的细节效果较好。

着色过程中进行刀刮，水多时会产生重的刀痕，水少时浮色被刮掉又会产生较亮的刀痕，处理有关细节可用此法。另外在颜色完全干透之后，用刀刮出白纸，或轻巧断续地刮，以表现逆光时的亮线、亮点或较小的亮面、闪动的光点和冬天飘落的雪花等，虚虚实实，自然有趣。

2.蜡笔法

用蜡笔或油画棒，着色前涂在有关部分。着色时尽可大胆运笔，涂蜡之处自然空出。用以描绘稀疏的树叶、夜晚的灯光、繁杂的人群等都比较得力，可以收到事半功倍的效果。

3.吸洗法

使用吸水纸（过滤纸或生宣纸）趁着色未干吸去颜色。根据效果需要，吸的轻重、大小可灵活掌握，也可吸去颜色之后再敷淡彩。用海绵或挤去水分的画笔吸洗画面某些部分也别具味道，有异曲同工之妙。

4.喷水法

有时在毛毛细雨的天气下画风景写生，画面颜色被细雨淋湿，出现一种天趣，引人入胜。有时在着色前先喷水，有时在颜色未干时喷水。喷水壶要选用喷射雾状的才好，水点过大容易破坏画面效果。

5.撒盐法

颜色未干时撒上细盐粒，干后会出现像雪花般的肌理趣味。

撒盐时应视画面的干湿程度，过晚会失去作用。盐粒在画面上要撒得疏密有致，随便乱撒会前功尽弃(图 3-40)。

图 3-40

6.对印法

在玻璃板或有塑料涂面的光滑纸上，先画出大体颜色，然后把画纸覆上，像印木刻一样，画面粘印出优美的纹理，颇得天趣。此种效果用细纹水彩纸容易见效，以对印为主，稍作加工即可成为一幅耐人寻味的水彩画。有的局部使用对印方法，大部分仍然靠画笔完成。

7.油渍法

水与油不易溶合，利用这一特性，着色时蘸一点松节油，会出现斑斓的油渍效果，使平凡的色块增加变化，也是颇具天趣的。

第四章

计算机辅助工业设计的技术与实践研究

专业计算机辅助设计的应用，有利于填平设计与制造之间的沟壑，可以节约企业资源，提高劳动生产率，节约成本，增强设计过程及结果表达的科学性、可靠性、完整性。为此，本章重点探讨工业设计中利用计算机进行辅助设计的重要内容，包括材质设计、色彩设计、装饰设计，以及贯穿设计全过程的人机工程设计。

第一节　计算机辅助工业技术——CAID

一、计算机辅助工业设计的内涵

（一）什么是计算机辅助工业设计

计算机辅助设计（Computer Aided Industrial Design，CAID）的现代含义是指以计算机硬件、软件、信息存储、通信协议、周边设备和互联网等为技术手段，以信息科学为理论基础，包括信息离散化表述、扫描、处理、存储、传递、传感、物化、支持、集成和联网等领域的科学技术集合。❶

传统的工业设计过程一般由概念草图设计→效果图、三视图表现→草模型制作→工程制图→样机模型制作→（为工业化生产做准备的）三维数据采集→开模生产……组成。随着计算机技术

❶　薛澄岐.工业设计基础[M].南京：东南大学出版社，2012

的飞速发展和各种商业设计软件的不断推出，目前在整个工业界，以及产品设计、生产、流通的各个领域，计算机辅助设计技术得到广泛的应用。通过在各个领域大量采用CAID技术，使得产品传统的设计、生产、流通方式发生了根本的变化，产品设计周期大大缩短，设计质量出现质的飞跃，产品生产效率极大提高，CAID/CAM技术和网络技术的不断发展，使得处于不同地域的技术人员可以通过Internet网络平台，实现协同设计、并行设计，以及网络化的设计与制造。

（二）计算机辅助工业设计系统

计算机辅助工业设计系统实质是交互式计算机图形信息系统，是由用户和硬件平台、软件平台组成并协调运行的系统。图4-1为一个包含了加工和各种分析评价的CAID系统示意图。

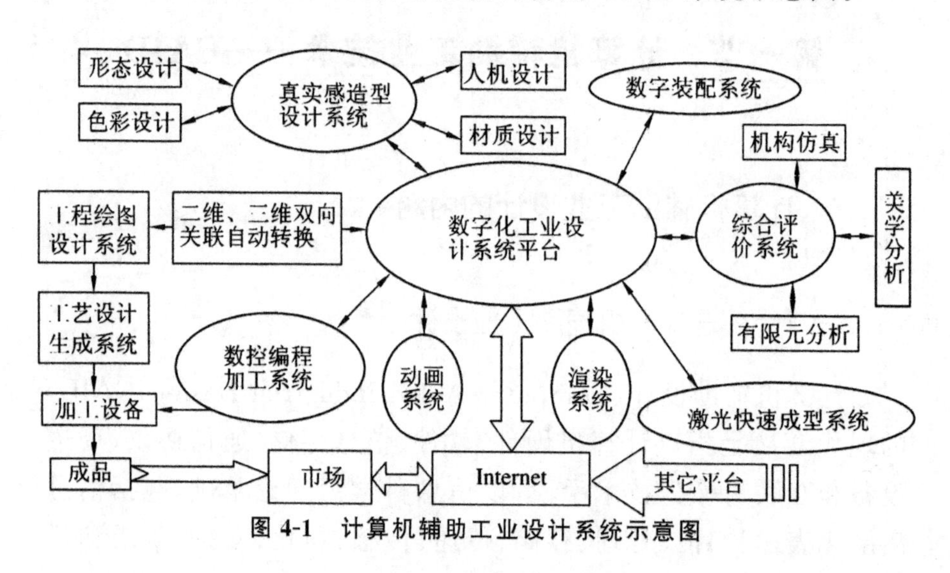

图4-1　计算机辅助工业设计系统示意图

（三）计算机辅助工业设计的作用

计算机技术对工业设计的变革，不仅仅表现在计算机作为设计工具这一手段层面，而且更主要的是直接地影响了人类设计的实践活动，改变了传统的设计程序与设计方式，冲击着工业设计自包豪斯以来不断积淀并逐步形成的现代设计理念、设计方法与设计规范。

1.拓展工业设计的对象范围

计算机软件中与人进行信息交流的人机界面成为工业设计的一个崭新领域。人机界面的设计直接影响软件的使用效果与工作效率，因此，软件的人机界面设计不仅是审美设计问题，更是认知心理学、符号学的问题。

2.优化设计方式与过程

计算机技术、网络技术与数据库技术的结合，使设计信息、资源实现了共享，在因特网上可以随时快速查询设计所需的信息，对原先设计的过程进行调阅、修改，缩短了设计周期，使得并行工程、协同设计、网络化的设计与制造成为可能。

社会与设计的发展，使人的文化需求成为产品性能的主要因素之一，设计师要为产品注入更多的文化因素，使产品中的技术更为人性化、社会化、智能化而各尽所能。因此，需要多方面的专家和具有各种知识背景的人加入到产品的创意与设计中，形成设计师合作群体，相互协同工作，为设计贴近社会需求的目标而共同努力。这种设计发展方向正符合以现代信息技术为基础的计算机辅助设计的特点，但要求设计师的知识结构、职业技能、工作程序及设计管理等各方面都要调整到一个较为合理的层次。

3.丰富设计的表达效果

计算机辅助设计的表达效果较传统的表达更逼真，更节约时间；而且对所建的三维产品模型像放在手中的实物模型一样能随心所欲地作实时动态展示，可及时发现和纠正错误，这已超越了传统静态效果图的意义。

二、计算机辅助工业设计常用软件

目前世界上大型的GAD/CAM/CAE软件系统如Pro/E、

EDS UG,Solidwork 等都提供了有关产品早期设计的系统模块，它们称之为工业设计模块、概念设计模块或草图设计模块。

Pro/E 包含工业设计模块 Pro/Design，用于支持自上而下的投影设计，以及在复杂产品的设计中所包含的许多复杂任务的自动设计。此模块工具包括用于产品设计的二维非参数化装配布局编辑器、用于概念分析的二维参数模型的布局以及用于组件的三维布局编辑器。

现今常用的工业设计辅助软件主要有平面绘图软件、建模软件以及渲染软件/插件。

（一）平面绘图软件

Auto CAD(Auto Computer Aided Design)是美国 Autodesk 公司首次于 1982 年生产的自动计算机辅助设计软件，用于二维绘图、详细绘制、设计文档和基本三维设计。现已经成为国际上广为流行的绘图工具。现最新软件版本为 AutoCAD 2013;2012。AutoCAD 的功能越来越强大和完善，是当今世界上最为流行的计算机辅助设计软件之一。在工业设计中的平面阶段使用，可输出精确的平面图。

（二）建模软件

Pro/Engineer 系统是美国参数技术公司(PTC)的产品，属高端工程设计软件。它刚一面世(1988 年)，就以其先进的参数化设计、基于特征设计的实体造型而深受用户的欢迎。Pro/E 采用了模块方式，可以分别进行草图绘制、零件制作、装配设计、钣金设计、加工处理等，保证用户可以按照自己的需要进行选择使用。基于以上原因，Pro/Engineer 在最近几年已成为三维机械设计领域里最富魅力的系统。

CATIA(Computer Aided Tri-Dimensional Interface Application)是法国达索公司的产品开发旗舰产品，是现今最流行的汽车设计软件，同时广泛应用于航空航天、造船工业、加工和装配等领域。CATIA拥有远远强于其竞争对手的曲面设计模块，它可以帮助制造厂商设计他们未来的产品，并支持从项目前阶段、具体的设计、分析、模拟、组装到维护在内的全部工业设计流程。

(三)渲染软件

3D Studio Max，常简称为3DS Max或MAX，是Autodesk公司开发的基于PC系统的三维动画渲染和制作软件。其前身是基于DOS操作系统的3D Studio系列软件，最新版本是2012。其功能不仅包括实体建模，且搭配VRay插件可达到逼真的渲染效果，常用来作为渲染工具。发展至今，其建模功能也在迅速发展。

以上软件在不同功能上各有侧重。工业设计中，一件产品的前期软件处理过程往往是几种软件的结合，因此常用软件之间一般可相互导入，以追求最佳产品概念效果。

第二节 计算机辅助工业设计的材质与色彩设计

一、计算机辅助工业设计的材质

(一)材料分类

材料的分类方法有很多，有按照物理状态划分的材料，有按照用途划分的材料，这里主要按材料的来源划分进行简单介绍，并对金属材料、非金属材料、功能材料等进行简单概括。

按材料的来源划分可以分为天然材料、人造材料、综合材料。天然材料指天然形成，未经加工或几乎未经加工的情况下即可使用的材料。这类材料又可以分动物材料、植物材料、矿物材料等。

动物材料有皮、毛、丝、骨、角等。不同动物的骨骼在构造上极为接近。这是因为许多动物之间，包括与人类之间都存在机能上的类同性。这是自力量进行了有机的设计。在天然材料运用中,皮在日常生活中也是比较普遍的。骨架结构和皮结构引申到建筑设计中则具有相当重要的意义,无论是摩天大厦还是平房小屋,首先要有柱和梁支撑,早期是木材,现在是钢筋水泥,形成的依然是一个框架结构,然后是装饰,最后才是设计作品的完成。

植物材料有木、棉、竹、漆、草、麻等。木材环保、材质轻、弹性好、韧性高、易加工,是自然材料中和人关系最为密切的天然材料之一,它给人温暖柔和、花纹自然和色泽朴素的视觉和触觉肌理美感,在现代设计中经常用此素材。由于木材是自然的有机材料,故也容易变形开裂,易蛀易燃。

图 4-2　木材肌理在设计中的运用

纸采用的是天然植物纤维原料,具有质地随和、光滑简洁和容易加工的特点,是现代生活不可缺少的材料,用它来制作装饰绘画是理想的材料,在广告设计等领域也经常被用到。

矿物材料有土、石、玉、金属等,金属材料坚固耐久、质感丰富、品种繁多,随着科技的进步,金属材料会越来越发挥它的优越性。如不锈钢、铝合金、太空铝等金属材料,它们锃亮、坚硬、耐磨,耐腐蚀的物理和机械性能,都给人以刚毅、冷酷、时代感的基本语义。另一类金属如黄金、银、白金等具有高贵感,更是一种财富地位的象征。

玻璃既可产生视觉的穿透感,也可产生效果极佳的隔离效果;既有晶莹剔透的明亮,也有若隐若现的朦胧美;既可营造温馨的气氛,也可产生活泼的创意表现,能够产生光怪陆离、浪漫、梦幻般的感觉。

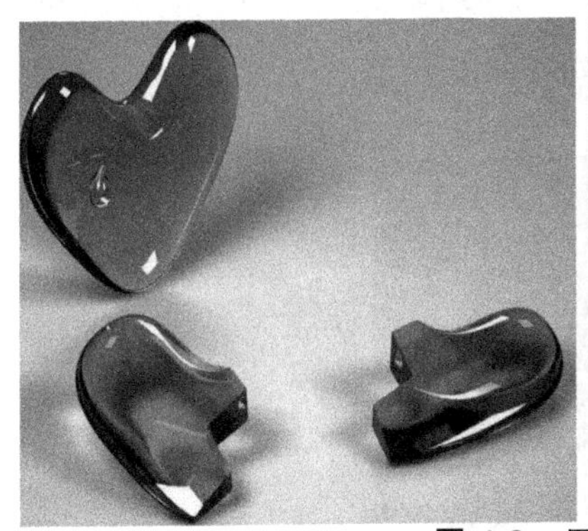

图 4-3　三维玻璃器皿设计

胶合板是用三层或多层奇数的单板热压胶合而成，各单板之间的纤维方向相互垂直、对称。胶合板的特点是幅面大，平整、不易干裂、纵裂和翘曲，适用于制作大面积板状部件。

金属材料，金属材料是指金属元素或以金属元素为主构成的具有金属特性的材料的统称，包括纯金属、合金、金属材料和特种金属材料等。最常见的就是金、银、铜、铁、锡，以及工业化社会普遍会用的钢管、铝材。如果没有铝合金的出现，飞机的设计构想恐怕很难成为现实。

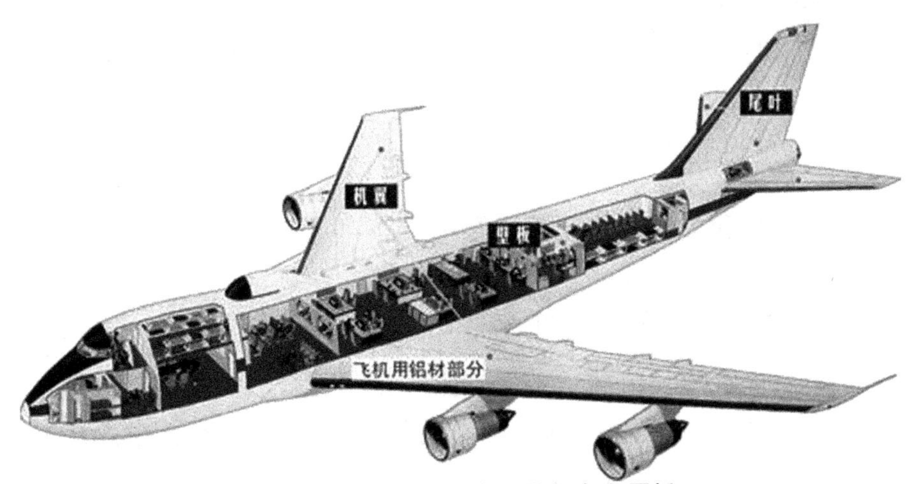

图 4-4　飞机用铝材主要是铝合金厚板

非金属材料,非金属材料是由非金属元素或化合物构成的材料,如水泥、陶瓷、橡胶、合成纤维、玻璃等。

图 4-5　飞机轮胎

功能材料主要有电工材料、光学材料、耐腐蚀材料、耐火材料等。光学材料是用来制作光学零件的材料,如光学晶体、光学塑料等。

图 4-6　光学晶体

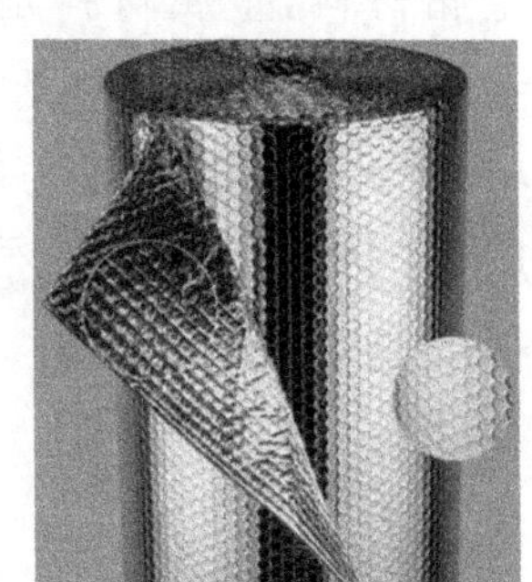

图 4-7　隔热材料

（二）计算机辅助材质设计原理

1.基于色光的材质设计

材质表现离不开光。没有任何光线照射的物体看起来是漆黑一片,人眼没有任何感觉,再漂亮的材质也体现不出来。从光学角度讲,材质就是从物体反射的光刺激人眼后产生的感觉。这个感觉取决于两个方面,一方面是光,另一方面是材料的反射特性。现实世界中的光很复杂,为了简化问题,人们建立了很多光学模型。最常见的是把光分解成红、绿、蓝三原色，相应地，对材料的反射特性也根据这个方法进行相应的分解。一般的计算机辅助材质设计就是采用红、绿、蓝三原色的反射特性的不同构成不同的材质，这种表现材质的方法对于计算机辅助材质设计非常有用。

(2)基于色光的材质参数模型

与光线对应，材质具有独立的环境反射、漫反射和镜面反射颜色成分，分别决定了材质对环境光、漫反射光和镜面光的反射能力。

(3)利用材质参数模拟常见物质

根据上述材质模型，通过试验的方法，调节模型中的参数(ambientC，diffuseC，specularC，shininessC)，可以调整出逼真的材质效果。图 4-1 为计算机模拟铝、黄铜、青铜、金的材质效果。

表 4-1　用试验方法得到的部分材质的参数

效果	ambientC (R,G,B,A)	difluseC (R,G,B,A)	specularC (R,G,B,A)	shininessC
铝	0.30,0.30,0.30,1.00	0.30,0.30,0.50,1.00	0.70,0.70,0.80,1.00	10.0
铜	0.26,0.26,0.26,1.00	0.30,0.11,0.00,1.00	0.75,0.33,0.00,1.00	12.0
金	0.40,0.40,0.40,1.00	0.22,0.15,0.00,1.00	0.71,0.70,0.56,1.00	10.0
铅	0.30,0.30,0.30,1.00	0.23,0.23,0.23,1.00	0.35,0.35,0.35,1.00	15.0
陶瓷	0.45,0.45,0.45,1.00	0.70,0.70,0.70,1.00	0.20,0.20,0.20,1.00	12.0
蓝塑料	0.31,0.31,0.31,1.00	0.12,0.10,0.55,1.00	0.20,0.20,0.20,1.00	15.0
红塑料	0.31,0.31,0.31,1.00	0.60,0.10,0.10,1.00	0.20,0.20,0.20,1.00	15.0

2.基于纹理映射的材质设计

(1)纹理映射原理

基于色光的材质设计很好地说明了计算机辅助材质设计的基本原理，但是在实际设计过程中更多地使用纹理映射来实现材质，这是由于对物体赋予通过调节基本材质参数而得到的材质，物体就会表现出一定的真实感。

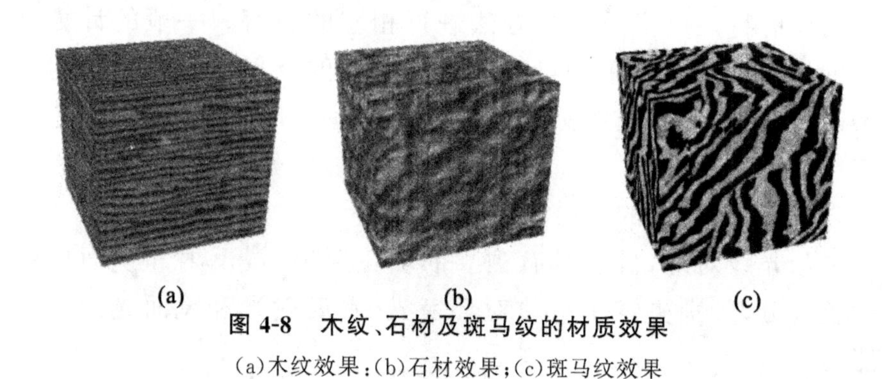

图 4-8 木纹、石材及斑马纹的材质效果

(a)木纹效果;(b)石材效果;(c)斑马纹效果

(2)材质贴图法

以材质设计为目的的贴图称为材质贴图。其主要贴图类型如下。

①Bitmap 贴图:这是最直接的一种贴图方式。首先通过图像确定贴图位置,即指定贴图坐标,将图像直接贴在物体上。

②材质类贴图:这种贴图指的是如 Marble 贴图、Water 贴图、Wood 贴图、Smoke 贴图等类型。通过程序实现真实材质的模拟,适当调节其参数,则可以调出非常逼真的材质效果。

③效果类贴图:这种贴图指的是 Noise 贴图、Dent 贴图等类型。这也是一种程序式贴图,但它模拟的是现实世界中的某种效果。

④灰度类贴图:这种贴图指的是如 Mask 贴图、Bump 贴图等类型。这种贴图利用的是图像中的深度信息。Mask 贴图由深度信息来决定物体中原有颜色的可见程度,而 Bump 贴图则利用图像的灰度信息来控制物体的凸凹程度。

(3)贴图坐标

贴图坐标使用 U,V,W 来代表坐标轴,U,V,W 坐标平行于 X,Y,Z 坐标的相对位置。如果观察一个 2D 贴图,会发现 U 相当于 X,代表贴图的水平方向;V 相当于 Y,代表贴图的垂直方向;W 相当于 Z,代表垂直于贴图之 UV 平面的方向。如图 4-9 所示。

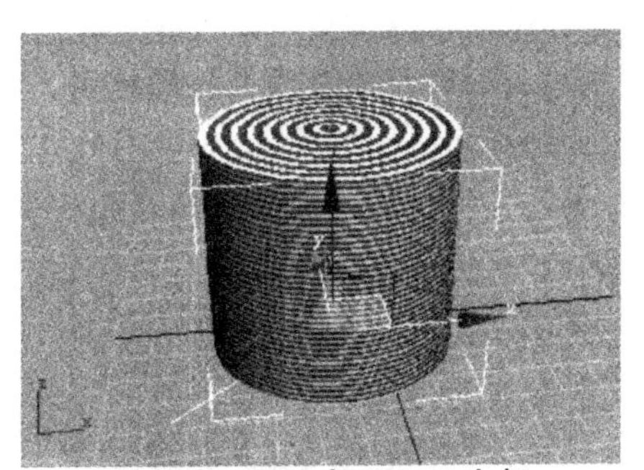

图 4-9　XYZ 与 UVW 坐标

贴图坐标一般有以下几种基本类型。

Planar(平面式);

Cylindrical(圆柱式);

Spherical(球体式);

Shrink-wrap(收缩包裹式);

Box(方体式);

Face(面式)。

Planar 直接将图像映射到平面上;Cylindrical 用图像包裹住对象的侧面,而图像重复的部分会扭曲显示于上下两端的平面上;Spherical 是用图像包裹住整个对象,在它的顶端及底部收敛起来;Shrink-wrap 与 Spherical 类似,但只留下一个收口;Box 是从 6 个方向应用的平面贴图;Face 把贴图分别贴在模型的每一个面上。

(4)纹理贴图中间框架

纹理映射本质上是一个映射过程,对于复杂一点的物体表面,如果直接进行纹理空间到物体空间的映射,纹理则难以控制。为了对映射纹理进行有效控制,需要利用中间框架对纹理作进一步的控制,这样就把原来从纹理空间(TextureSpace)到物体空间(ObjectSpace)的一步映射变成了从纹理空间到中间框架再到物体空间的两步映射,即:

map 1:TextureSpace→MiddleFrame

map 2:MiddleSpace→ObjectSpace

纹理贴图的中间框架通常有平面框架、立方体框架、圆柱体框架和球形框架几种类型，可根据待施加纹理的物体形状自行选取适当的中间框架。下面以圆柱体框架为例，说明此种材质设计方法的过程。如图 4-10 所示。

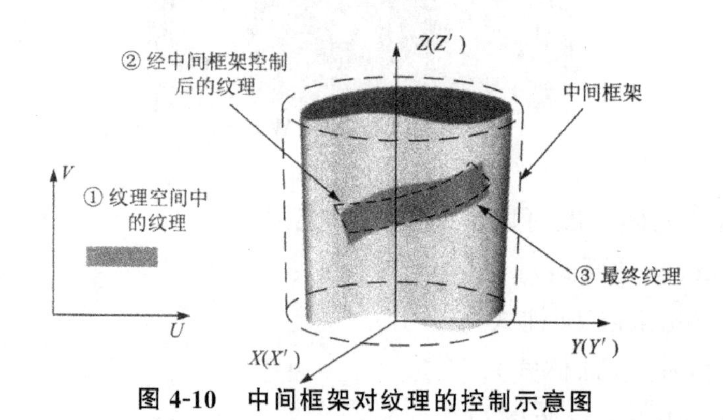

图 4-10　中间框架对纹理的控制示意图

（三）计算机辅助材质设计实例

机床控制面板造型较简单，由一些基本体素组合而成，此时材质设计就非常重要，对最终设计效果具有显著的影响。

在图 4-11 中，暗紫红色的托板、灰色的贴板、急停开关等均使

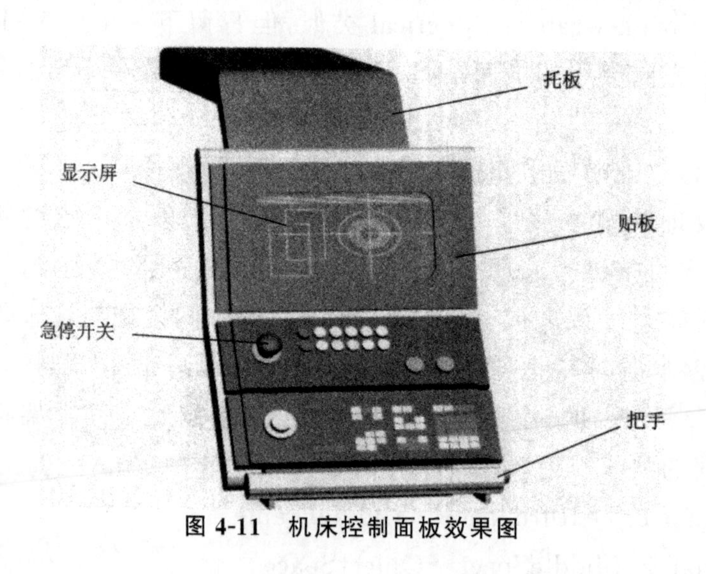

图 4-11　机床控制面板效果图

用基于色光的方法实现材质设计效果仿真。控制面板中的显示屏显示了加工中心操作过程中的某个状态画面，其材质设计使用基于纹理映射的贴图方法实现。把手的材质需要综合色光材质模型和贴图材质设计，设计过程如下。

1.选择各部件的材质

依据材质设计导则及产品材质设计细则，按产品材质设计流程，首先需要在分析设计需求的基础上，选择各部件的材质。

控制面板是机床部件中与人关系最为密切的界面，总体要求布局合理、色彩和谐、显示清晰、操作方便、安全可靠。具体到材质，则要求能够满足环境要求、触感舒适、结构坚固、易于维护及清洁；同时从质感中可以体现出工业领域的标准化及冷静感。除此之外，还应考虑操作者的心理感受，材质、色彩应体现人性化的特点。

对总体要求分析后，可按照材质设计细则，进一步选用、搭配控制面板的各部件材质。如细则(5)要求“各部位材料表面有对比的变化，形成材质对比、工艺对比、色彩对比”，在此实例中，托板选用暗紫红色亚光钣金，显示面板选用拉丝灰色不锈钢贴板，把手选用高光不锈钢，3 个组件在材质、色彩、工艺上均有变化。

2.制作三维草模并进行材质仿真

按产品材质设计流程，在各部件材质确定后，制作三维草模并进行材质仿真。具体步骤如下。

(1)托板材质仿真

在场景中选中托板。选取物体的方法很多，可以直接在场景中单击进行选取；也可以用 Select by name 工具，依据部件名称进行选取。选中后的物体将被一个立方体框架所包围，以区别于其他未选中的物体，如图 4-12 所示。

在工具栏上单击 Material Editor 按钮，打开材质编辑器，如图 4-13 所示。

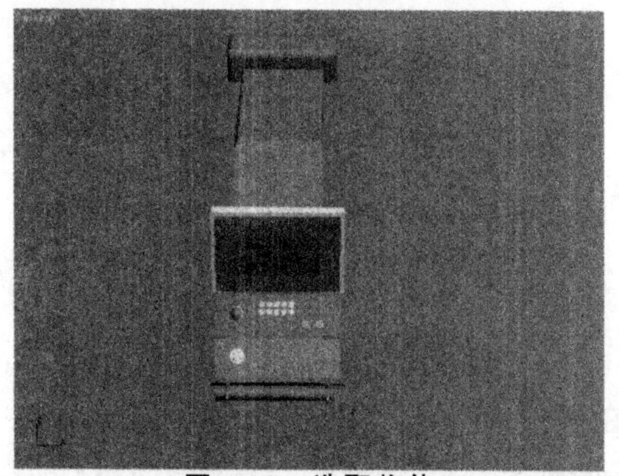

图 4-12　选取物体

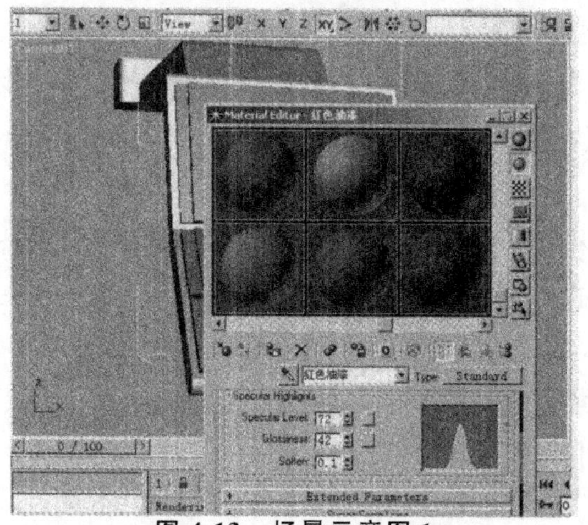

图 4-13　场景示意图 1

在材质编辑器上选择一个材质球，命名为“托板材质”。此时，被选中的材质球被一个白色的方框所包围，表示该材质是当前正在被编辑的材质，如图 4-14 所示。

调节色光模型中的材质基本参数。带白色方框的球体为正在编辑的样本球体，它可以实时地表现它所代表的材质，在材质编辑器的参数列表中，Ambient 为材质模型中的环境色，Diffuse 为漫反射色，Specular 为高光色，Specular Level 用于控制高光的强度，Glossiness 用于控制高光的范围，Soften 用于控制高光区的过渡效果，如图 4-15 所示。

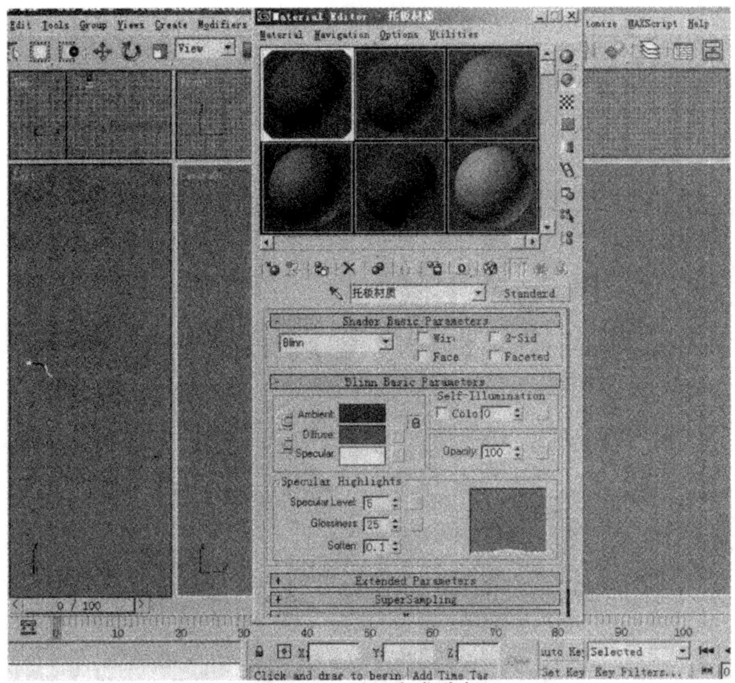

图 4-14　材质球选择

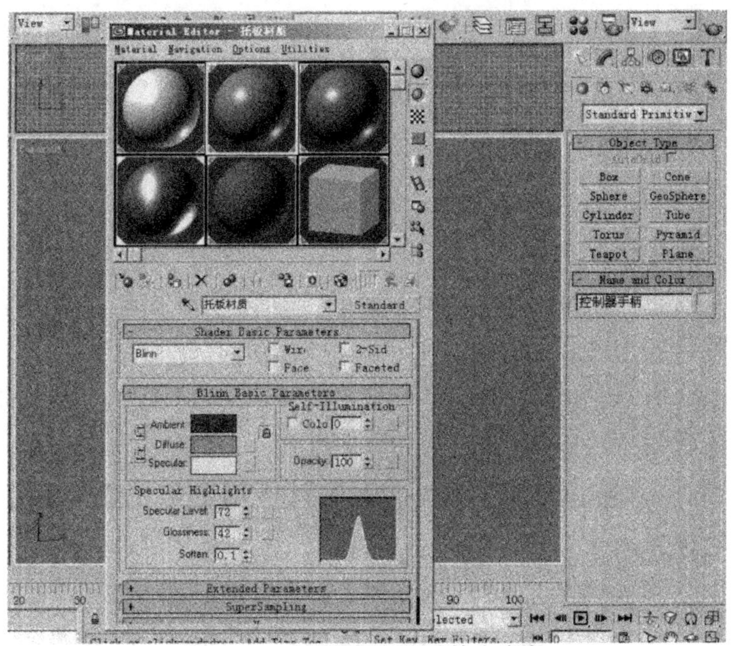

图 4-15　材质球的材质基本参数

调节参数完成后，可以看到被编辑的材质球显示出光洁的桃红色油漆的材质效果。单击材质编辑器中的 Assign material to selection 按钮，将材质赋给托板。托板材质仿真效果如图 4-16 所示。

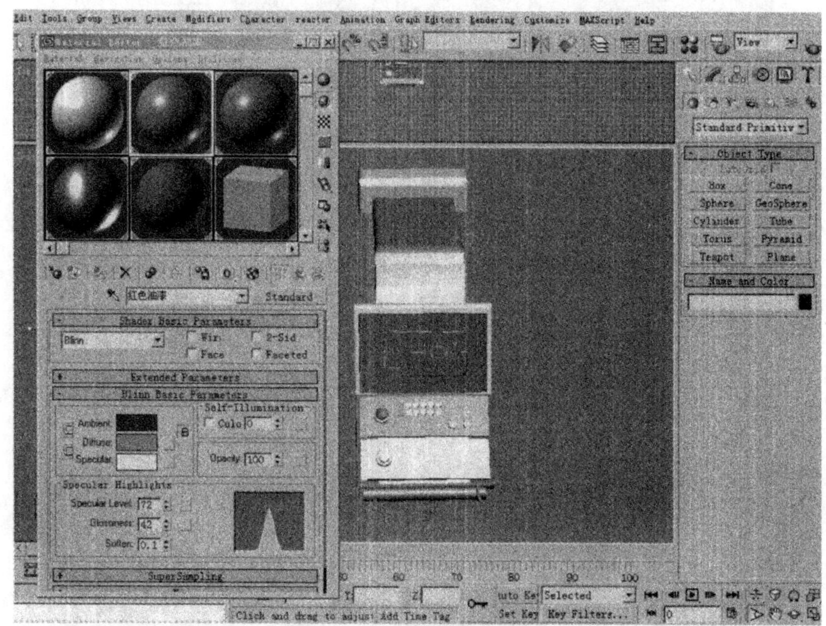

图 4-16　场景示意图 2

(2)显示屏材质仿真

同步骤(1)，选取显示屏，打开材质编辑器。

①选择一个材质球，命名为"显示屏材质"，单击材质编辑器中的 Assign material to selection 按钮，将此材质赋给显示屏，此时的场景如图 4-17 所示。

②编辑"显示屏材质"。与上例不同，在此例中，调节的不是色光材质模型中的基本参数，而是直接以一张图片来代替材质。单击 Diffuse 旁边的按钮，从弹出的材质浏览器中选择编辑好的一张图片。

改变材质球的形状为立方体，便于观察贴图状态。

调节图中的子物体 Gizmo 贴图投影面，映射类型等，如图 4-18 所示。观察场景中显示器的材质变化，选择合适的贴图坐标，并调整贴图位置。

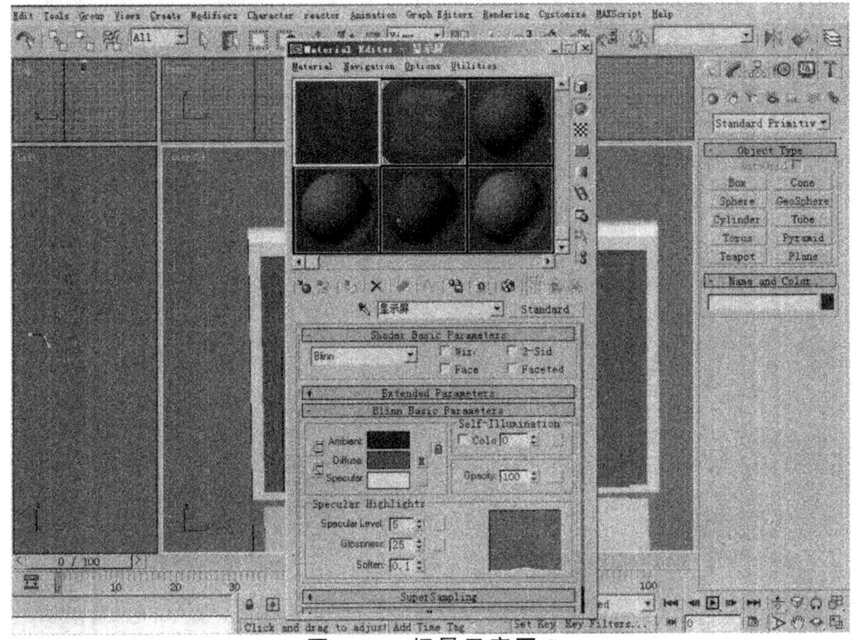

图 4-17　场景示意图 3

单击材质球下面的 Show Map In Viewport 按钮，将贴图材质在场景中显示出来，被编辑的显示屏上显示出此前选择的图片，如图 4-19 所示。

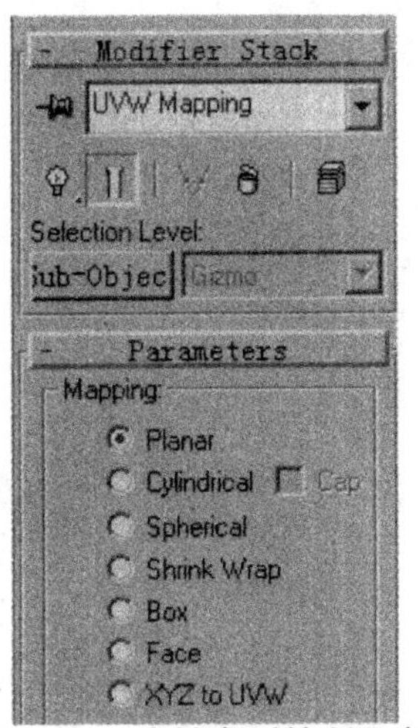

图 4-18　映射类型控制面板

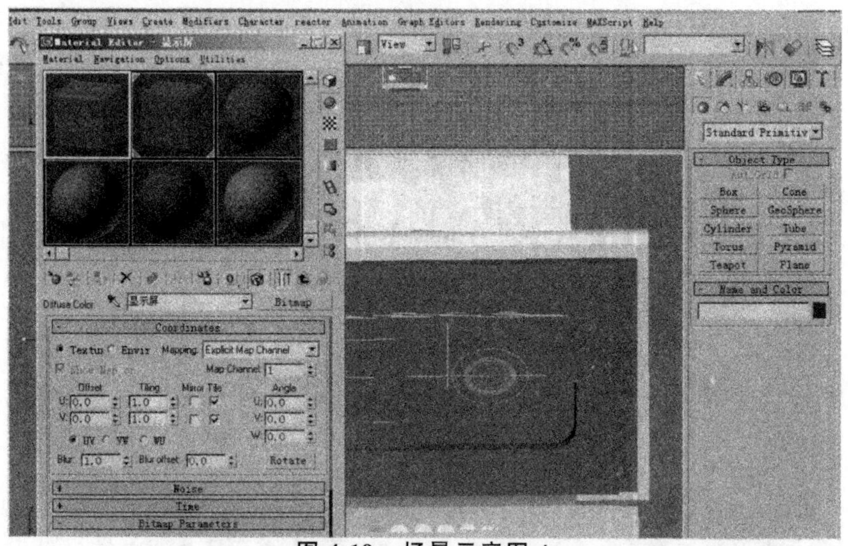

图 4-19　场景示意图 4

(3)把手材质仿真

①选取把手,打开材质编辑器。调节色光参数,如图 4-20 所示。

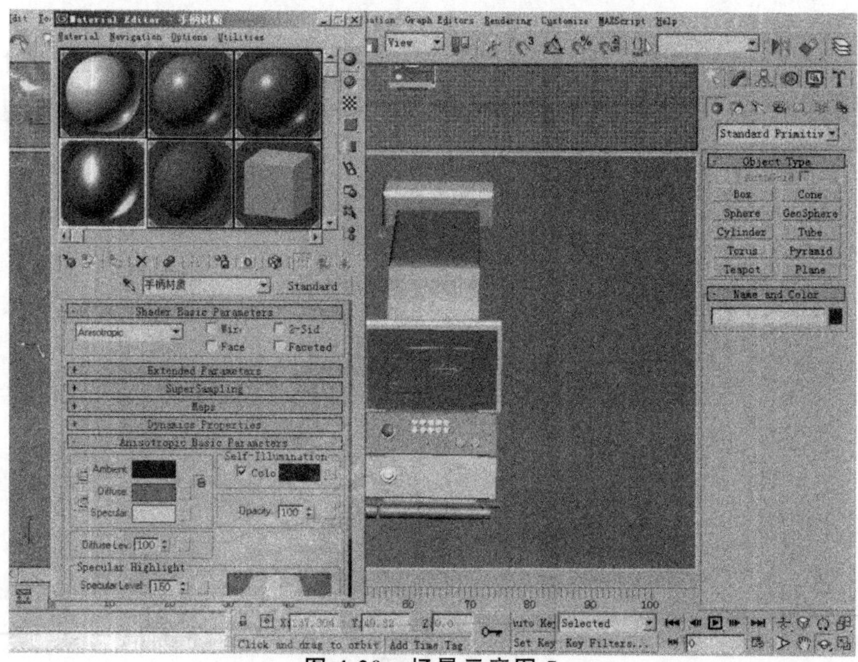

图 4-20　场景示意图 5

②添加反射贴图材质。打开贴图材质面板，单击 Reflection 旁边的按钮，浏览并选择所需要的图片，如图 4-21 所示。

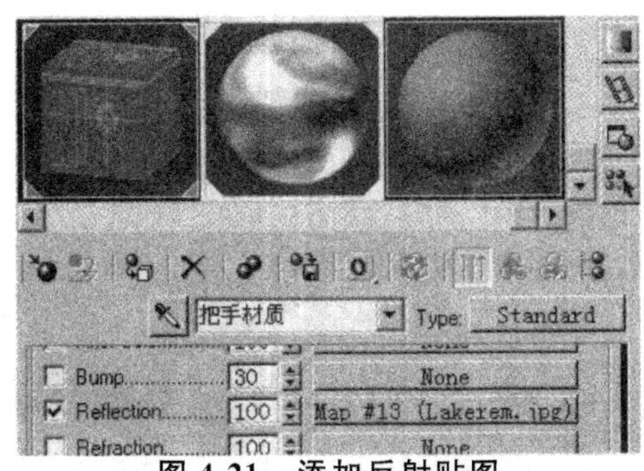

图 4-21　添加反射贴图

③进一步调整 Reflection 右边的微调按钮，可以混合基本材质与反射贴图材质的综合效果，从材质球上可以实时观察最终的材质效果，直至调整出光洁的金属材质效果。

④单击材质编辑器中的 Assign material to selection 按钮，将材质赋给把手。把手材质效果如图 4-22 所示。

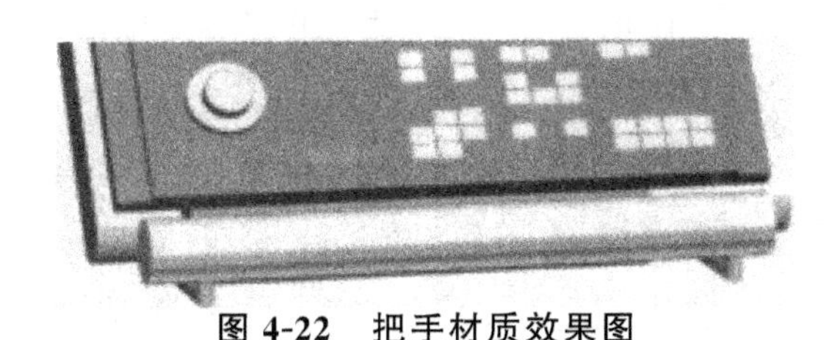

图 4-22　把手材质效果图

3.后期处理

经过评价，若此方案尚未达到预期目标，则进入后期处理程序。在后期处理过程中，可根据产品材质设计细则进行详细修改。

需要说明的是，机械地去学习、记忆材质设计软件中的各种参数是非常困难的，初学者一定要在理解材质设计的基本理论的基础上多加实践，才能掌握材质设计方法。

二、计算机辅助工业设计的色彩

(一)色彩概述

1.色彩的属性

色彩是一种光的现象,物体的色彩是光照的结果(图 4-23)。

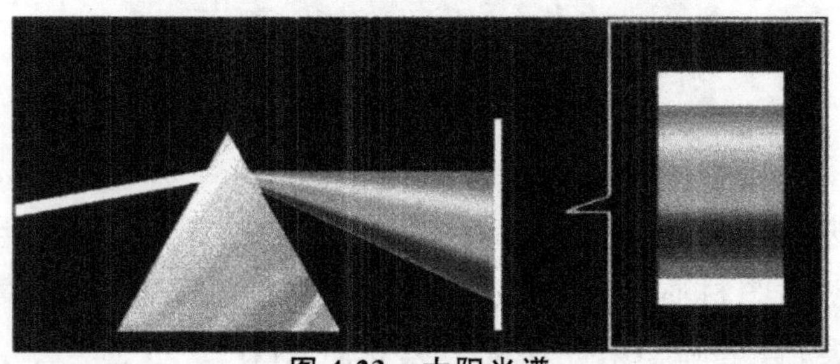

图 4-23 太阳光谱

(1)色相

色相是指色彩不同的相貌。最初的基本色相为:红、橙、黄、绿、蓝、紫。在各色中间插入一个中间色,其头尾色相,按光谱顺序为:红、橙红、橙、黄橙、黄、黄绿、绿、绿蓝、蓝、蓝紫、紫。基本色相间取中间色,即得十二色相环,再进一步便是二十四色相环(图 4-24)。在色相环的圆圈里,各彩调按不同角度排列,则十二色相环每一色相间距为 30°,二十四色相环每一色相间距为 15°。[1]

在设计中,设计师在一个色系中找到合适的色相是要仔细斟酌的。甚至在直觉性选择之外不得不借助理性地分析,才能做出决定。比如红色在设计中的使用,朱红、大红、深红等各种红色之间存在相当大的差别。

(2)明度

色彩的明度指的是色彩的明暗程度,也称光度、深浅度。

---

[1] 萧冰,李雅.设计色彩[M].上海:上海人民美术出版社,2009

为了更有效地使用色彩，我们应该知道每种颜色的标准明度。这种标准明暗在色轮上看得很清楚，色轮上的颜色按照中性明度的水平从黑到白依次排列。

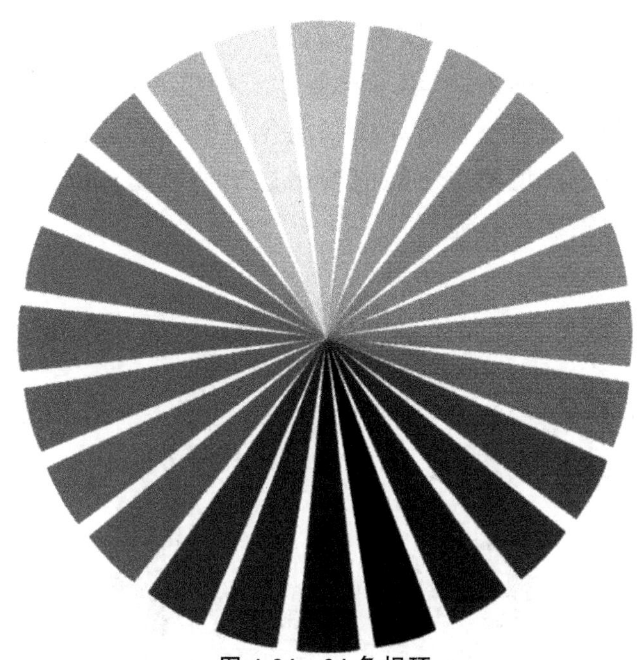

图 4-24 24 色相环

(3)纯度

色彩的纯度又称饱和度，它是指色彩的鲜艳浓度和纯净度。纯度的高低决定了色彩包含标准色成分的多少。在自然界，人类视觉能辨认出有色相感的色，都具有一定程度的鲜艳度。然而，不同的光色、空气、距离等因素，都会影响到色彩的纯度。比如，近的物体色彩纯度高，远的物体色彩纯度低，近的树木的叶子色彩是鲜艳的绿，而远的则变成灰绿或蓝灰等(图 4-25)。

图 4-25 同一色相之间的色彩度变化

2.色彩的混合

(1)加色混合

加色混合也称为光的混合,是色光与色光的混合方法。混合的色光越多,混出的色明度就越高。

将太阳光中的朱红、翠绿和蓝紫三种色光等量混合后可以得到白光,而且,用这三种色光可以混合出所有的其他无数种色光,但是用其他任何色光也不能混合出这三种色光。因此,红、绿、蓝色光被称为三原色色光。

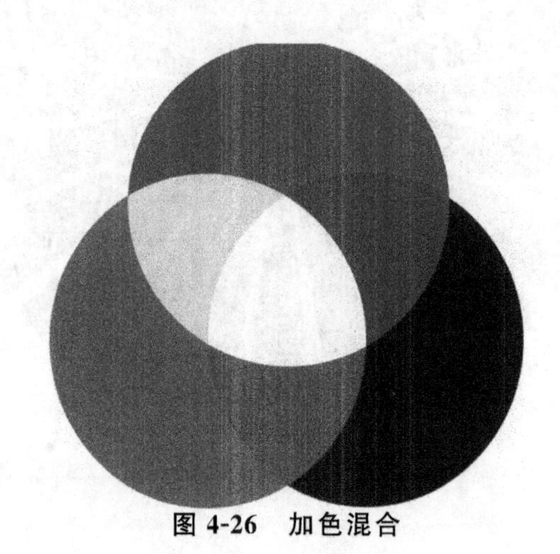

图 4-26　加色混合

(2)减色混合

减色混合即色料或物体色之间的混合,指物质性的、吸收性的色彩混合,主要分颜料混合和叠色混合两种形式。

①颜料混合。颜料混合三原理混合关系如下。

品红色+柠檬黄色=橙色

三原色　柠檬黄色+蓝绿(青)色=黄绿色　三间色

蓝绿(青)+品红色=紫色

色料的直接混合因其加入混合色料的增多,混合出的色明度就会降低,越混合颜色就越接近灰色,而被称为减色混合,这也是它区别于色光混合的主要特征。

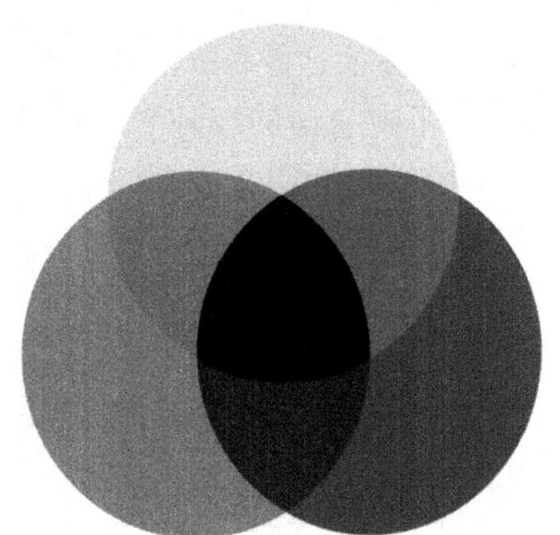

图 4-27 减色混合

②叠色混合。除发光物体给人以色感之外,投射光也可以给人色感,如我们常用的彩色透明玻璃,印刷油墨等。当上述物体相叠时也可以产生新色,这种方法称为叠色。

(3)中性混合

中性混合色有两种,一种是旋转混合色,一种是空间混合色。

①旋转混合。将色彩等面积地涂于色盘上,利用机械力量使其转动,并使它们迅速旋转,即可以将色彩混合起来产生新色。图 4-28 红、绿两块颜色的旋转,混合生成橙红色。

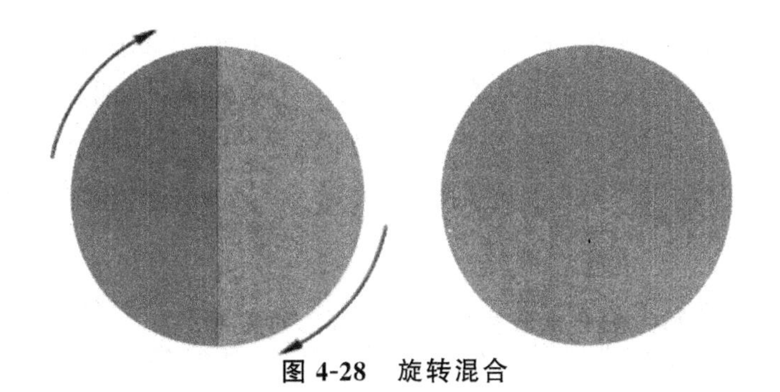

图 4-28 旋转混合

②空间混合。将不同的色彩并置,我们的眼睛在一定范围之外观看时会将其混合成新色。这种因视觉与空间的变化混合色彩的方法称为空间混合,简称空混。

在平日里，我们会看到许多美观的画报、杂志和广告，会为上面绚丽的色彩而感叹，实际上这些色彩丰富的印刷品也是根据这个原理制作、生产的。印刷油墨的三原色，它们分别由英文字母Y(Yellow 黄)，M(Magenta 品红)，C(Cyan 青)三色表示，常用的四色印刷，就是在三原色的基础上加 K(Black 黑)形成四色版，经过叠印成为全彩图像。我们从印刷好的纸表面见到的是色点反射光，把印刷品的一部分用放大镜放大，便可看到这当中既有黄、品、青三色，也有这三色叠印后的红、绿、紫、黑等色，而我们所看到的是一种在空间上混合后的效果。

(二)计算机色彩表达

1.色彩定性表达

(1)视觉语言定性表达

人类能够辨别 200 多万种色彩，而自然语言能直接表达的色彩非常有限，一般限于生活中常用的色彩。例如用红、橙、黄、绿、青、蓝、紫表达自然界所有色彩时，红色表达具有红色色相的所有色彩；用红、黄、蓝表示三原色时，红特指纯红色颜料或单指红色色相。尽管使用红、橙、黄、绿、青、蓝、紫等色彩名称把色彩分成了 7 个不同的色彩区域，但它们表示的色彩范围较大，具有模糊、不确定甚至歧义性。自然语言的组合性与逻辑性特点是对其模糊、不确定性的弥补，例如可以用枣红、火红、暗红、通红直接表达色彩，也可以用比较红、太红、不够红等逻辑性语言在特定场合下表达色彩信息。

(2)心理语言定性表达

语言除了能表达色彩的色相、明度、饱和度三属性，还能够表达更深层面的生理和心理色彩信息。从认知学角度看，色彩心理语言(语义)表达的深度分三个层次。

①共感觉(Synesthesia)。色彩心理语义表达的第一个层次是共感觉。色彩的共感觉存在广泛，常见的有色彩温度感、色彩距离感、色彩轻重感、色彩强弱感以及色彩味觉、色彩嗅觉等，因

此，色彩感觉可以通过其他感觉描述。例如，色彩可以用冷暖感觉描述：红色给人温暖的感觉，可以用温暖、热、暖色来表达；蓝色给人凉爽、冰冷的感觉，可以用凉爽、冷、冷色来表达。

②联想（Association of ideas）。色彩心理语义表达的第二个层次是联想事物。色彩感觉本身以及感觉与某些事物有联系，从而形成丰富的联想。例如，血是红色的，看到红色会联想到鲜血；红色是暖的、热的，这是色彩温度感，又因为暖、热，从而联想到火、太阳。对同一色彩的联想事物往往因人而异，这种色彩联想的个性差异取决于性别、年龄、文化程度、个人经验等。另外，色彩的联想也受历史文化、自然风物的影响，在某一特定地域存在很大的共性。作为一名设计师，在设计产品色彩时，需要权衡色彩联想的个性与共性的作用。

③象征（Symbol）。色彩心理语义表达的第三个层次是象征。一旦某种色彩联想与该社会的文化紧密结合，就会被固定为一种象征符号，色彩象征比联想有更多的文化和社会性。例如在中国，红色象征革命、喜庆，白色被视为不吉利、恐怖或悲哀，因此结婚庆典上多用红色，丧事多用白色；在日本传统婚礼上，新娘通体挂白，白冠、白屐，新郎浑身披黑，左右胸前绣白花。色彩象征在不同社会、不同国度表现不同，具有歧义性。古代中国曾用青、朱、白、玄（黑）象征四季和四方，故有“青春、朱夏、白秋、玄冬”以及“东为青龙，南为朱雀，西为白虎，北为玄武”之说。色彩象征具有广泛的社会性、民族性，在产品中使用象征色时需要谨慎选择。

2.色彩定量表达

为了使色彩表达更直观，易于辨识，人们根据色彩建立了相应的量化表达体系，并建立了量化模型，也称色立体或色彩空间。在计算机软件中，根据不同的需要可选用不同的色彩空间来记录、显示、传递色彩信息。常见的色彩模型包括 RGB（图 4-29），CMYK，Lab 以及 HSB。

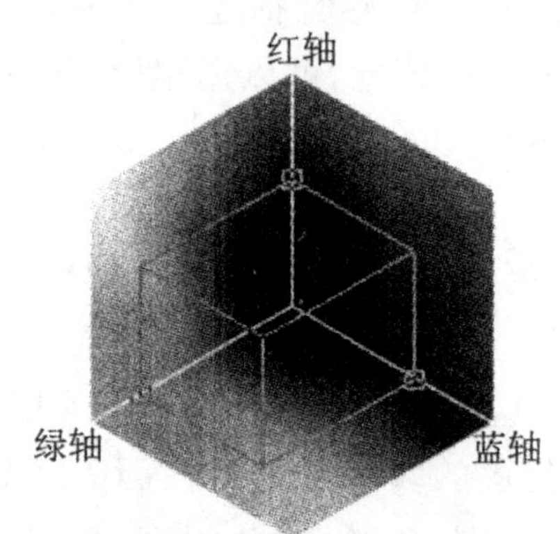

图 4-29 RGB 色彩空间模型

（三）计算机色彩后期处理

1.图像色彩效果显示与处理

（1）图像的概念

矢量图是用数学的方式来描述一类图形。编辑这种矢量图形的软件通常称为绘图程序，如 Autodesk 公司开发的 AutoCAD 软件，Corel 公司开发的 CorelDRAW 软件。矢量图可以分解为点、线、面等基本几何元素。图形元素可以被移动、缩放、旋转、复制、改变形状、改变属性（如线条的宽窄、色彩等）。

（2）色彩深度

色彩深度，又称位深度或像素深度、图像深度，是指位图中记录的每个像素点所占的位数，即某色彩编码所占地址位数目。显示深度表示显示缓存中记录屏幕上一个点的位数（Bit），与计算机系统设置的显示模式有关。

（3）色彩分辨率

①图像分辨率。图像分辨率指组成一幅图像的像素点的密度，用每英寸的像素点数表示。对于同一尺寸的图像，像素点数越多，像素点的密度越大，图像数据量越大。位图可以通过对自然图像进行模数转换（模拟信号转换成数字信号）的方式来获取，这个过程称为图像的数字化。

②显示分辨率。不管矢量图还是位图，最终都需要通过显示器显示。显示分辨率是指显示屏幕上显示图像的区域的像素点数目。

③分辨率与图像文件大小。分辨率越高，细节表现越细腻，色彩层次越丰富，相应的图像数据量(即图像容量)也越大，大小可用下面的公式来计算：图像数据量＝图像的总像素×图像深度/8(Byte)。例如，一幅 640 像素×480 像素、真彩色的图像，其文件大小约为 640×480×24/8＝1(MB)。

由于图像数据量很大，因此，数据的压缩就成为图像处理的重要内容之一，人们研究出多种图像压缩方法并定义对应的文件格式。

在图像色彩设计与处理过程中要考虑的重要因素：一是图像的容量，二是图像显示或打印输出的色彩效果。图像的分辨率越高、图像深度越深，数字化后的图像效果越逼真、图像数据量越大，同时图像占用的存储空间和计算时间以及其他计算机资源也越多。因此，在工业设计色彩效果输入、输出、处理、表达或展示时，更应考虑好图像容量与色彩效果的关系。

2.图像模式用法

计算机监视器上显示的色彩由红、绿、蓝 3 种色光混合产生。在进行色彩设计时应该使用 RGB 色彩模式，如使用 PhotoShop 图像处理软件输出，可在图像上方标题栏内显示这一信息；如果是其他模式，可在 Mode 菜单中单击 RGB 命令。对于待打印的图像，用 RGB，Lab，HSB 或 Indexed Color 作为图像色彩模式均不合适，原因在于：Lab 模式仅限于 Level2 postscript 等几种打印机，一般的彩色打印机均不能识别；Indexed Color 模式是一种比较差的色彩模式，它将一幅图像的色彩限制在 256 种；RGB 和 HSB 是视频专用色彩模式，显示色彩空间比打印色彩空间要宽，提供给打印机一些无法准确表示的色彩；只有 CMYK 是一种分离图像，适合印刷、打印使用。

第三节　装饰设计的前提、流程与处理

一、装饰设计的前提

（一）装饰设计的概念

装饰泛指一切装饰行为和装饰现象，是给物体加一些附属物，使其美观的创造性活动。装饰设计作为一种艺术方式，它要求秩序化、规律化、程式化、理想化，改变或美化事物，形成合乎人类需要、与人类审美理想统一、和谐的美的形态。

装饰设计又是社会文化发展到一定阶段，进入一个相对成熟阶段的一种产物，因而装饰设计也成为文化的构成要素，成为区分不同文化类型和文化层次的主要参照。装饰具有文化的所有品格，它能以文化的方式艺术化。

装饰设计也是人类从事创造性设计的一种思维和活动，它和工业设计的关系非常紧密。产品的装饰设计是工业设计全过程的一部分，是产品设计过程的外观处理阶段。但是装饰设计由于其本身所涉及的范围广泛，因而并不完全属于工业设计的研究领域，如手工艺品、纯艺术品的装饰设计则属于另一类设计范畴。

用CAID理论、方法和系统辅助的装饰设计，称为计算机辅助工业设计装饰设计，即对产品外观加以装饰和美化。计算机辅助工业设计的装饰设计是一个复杂的过程，它和形态设计、色彩设计、材质设计等常常交互进行，而它本身又是一个以设计师为主导的循环迭代过程，需要反复修改，直到完善。

（二）装饰设计分类

装饰设计按其空间的分类见表4-2。

表 4-2　装饰设计分类

分类	内涵	表现形式	归属类别	与装饰设计相关的 CAD 技术
二维装饰	材质、肌理、图案等	二维图形	表面装饰	图像技术
三维装饰	产品造型的线型、样式、风格等	三维装饰	形态装饰	建模、纹理映射、贴图、灯光等三维图形技术
四维装饰		环境布置		
无装饰的装饰	材质、结构、功能等	材质、结构、功能等特质	无装饰的装饰	建模、纹理映射、贴图、灯光等三维图形技术

在设计中，对不同的设计目标需要采用不同的方法和手段。例如线型装饰这一问题需要采用布尔运算和放样等技术，标志装饰则会使用到纹理映射、贴图等方法。针对这一特点，按照形、色、质三方面不同的特征，同时考虑装饰的工艺特性，可将计算机辅助装饰设计方法归结为表面装饰、形态装饰以及无装饰的装饰三大类。

表面装饰包括色带装饰、标志装饰、纹理装饰、面板装饰等。

形态装饰包括明线装饰和暗线装饰。

所谓无装饰，就是不用故意外加饰物，只利用产品自身物性表现美的一种设计方法。无装饰设计作为一种客观的形式，其审美价值和特点是极具优势的，无装饰的产品设计最大限度地发挥了设计创意与产品功能在创作中的可能性，抛弃了纯装饰的诱惑，摆脱了繁杂多余的累赘。通过产品造型的语意功能、使用功能和人性化结构的优势，利用各种美学原理和造型手法来进行产品创新设计，最大限度地体现出设计的理念与创造性，做到设计的理性和创意的浪漫相结合，开拓崭新的设计观念及表现形式，把设计元素升华成充满无限创意的视觉语言、产品语言以及空间语言。

传统的信息传达方式以及人们的审美习惯都随着时代的更替而发生着变化，现代产品设计中的装饰意味“逐渐淡化”，对简洁、有效的视觉元素的运用以及视觉效果与个性化设计的有机组合，形成了信息化时代无装饰设计的一大特征。无装饰设计与设计的新观念、新思维、新理念密不可分。

二、装饰设计的流程

计算机辅助装饰设计系统如图 4-30 所示。其中,表面装饰在产品设计中比较常见,如在表面添加色带、标志等,以达到装饰美化的效果。表面装饰主要有以下几种方法:色带装饰、标志文字装饰、表面纹理装饰、面板装饰。另外,在机械产品艺术造型设计中,为配合产品主体的几何造型,加强总体造型的统一、协调,常在产品上添加一些附件进行装饰,即形态装饰。这种装饰方法仅在小范围内改变产品的形态,往往能起到画龙点睛的作用。本章将介绍形态装饰中的线型装饰,它能够加强总体造型的统一、协调、分割、联系、平衡等艺术效果。其装饰方法主要有明线装饰和暗线装饰。

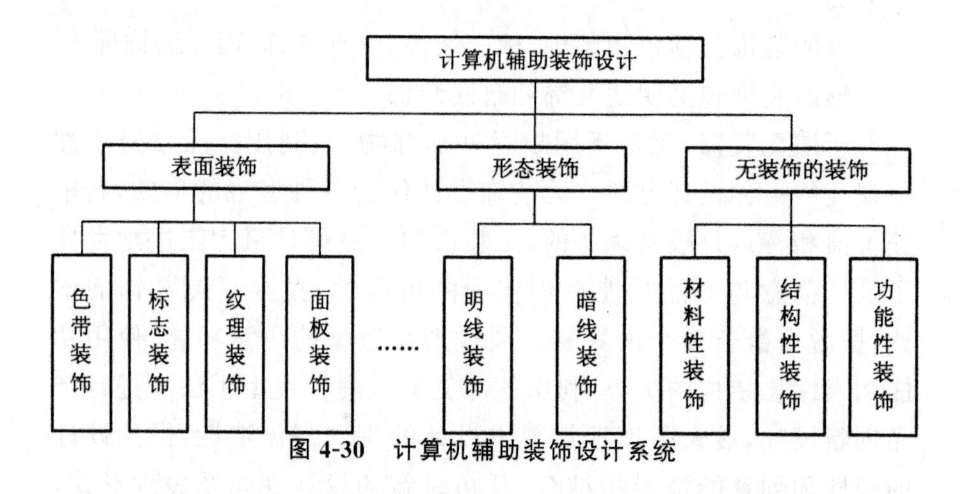

图 4-30　计算机辅助装饰设计系统

计算机辅助装饰设计,即把工业设计中,不同类型的装饰设计利用计算机辅助工具来表达。而工业设计的范围广泛,不同的设计目的、设计主体、设计领域都有不同的设计特点,其设计流程不能一概而论,因为设计流程与设计过程紧密联系,装饰设计流程既有普遍性又相对独立,有各自设计的特征。

三、装饰设计的处理

（一）装饰方法及装饰元素调整

装饰设计方案的优劣，是通过设计评价决定的：评价结果符合设计目标，说明装饰设计方法正确，装饰元素恰当，方案合理。而产品、视觉传达和环境设计三大领域的内容不同，所采用的设计元素、装饰设计方法及方案也各不相同，自然，在后期处理阶段也应分别对待。

（二）装饰设计效果调整

1.技术及软件方面导致的效果调整

一套完整的效果图，包括材质的体现、空间角度的选择、总体的构图关系等很多方面，利用辅助设计完成的效果图往往不是一件成功、完整的作品。受到所使用技术以及软件等的限制，直接得到的效果图往往存在画面黯淡、噪点多、画面缺乏层次、偏色等问题。

2.不可预知的设计效果调整

由于一些刚开始制作效果图时没有预测到问题的存在，而导致在作品快要完成或已经完成的时候，还要对作品不断地修改、调整。例如在环境设计中，要权衡绿化是不是到位，人物摆放的位置是否合适，还有没有其他的摆设，远景和近景的层次关系是否明确等。

鉴于此，需要对设计文件进行后期处理。可以通过Photoshop等专业图像软件对所得到的效果图进行色彩、明暗对比度、亮度等方面的调整和各种处理。

四、装饰设计实例

（一）产品装饰设计实例

图示说明以产品装饰设计导则为指导，按产品装饰设计流程，在选用的 3DS Max 中进行机床标志装饰设计的步骤。

首先，在 3DS Max 中打开机床模型，选择需要添加标志的部位。将选中的部位(件)用白色边框包围，如图 4-31 所示。

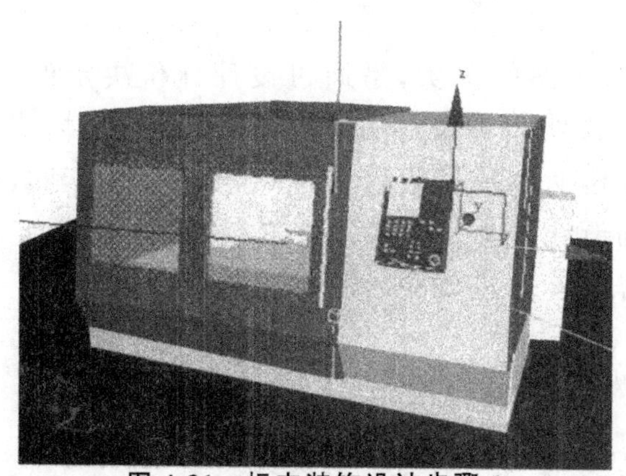

图 4-31　标志装饰设计步骤 1

要将标志图形贴在产品表面，就要去掉标志图形周围的背景。因此，打开材质编辑器，单击漫反射光模型右侧的方形按钮，选择 Mask 贴图类型，如图 4-32 所示。

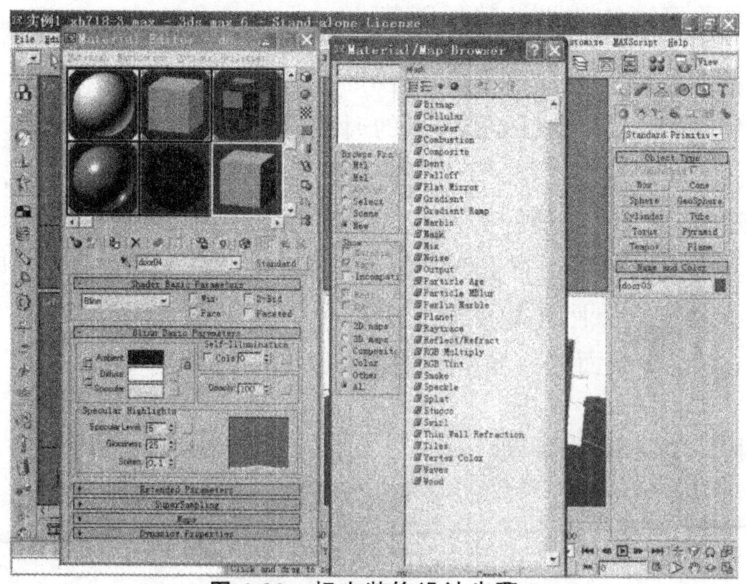

图 4-32　标志装饰设计步骤 2

添加 Map 和 Mask。如图 4-33 所示。

在 3DS Max 贴图类型中选择导入位图的贴图类型 Bitmap，导入标志图形。如图 4-34 所示。

根据装饰设计细则选定参数，选择标志蒙板图形，完成 Mask 贴图后的参数，如图 4-35 所示。

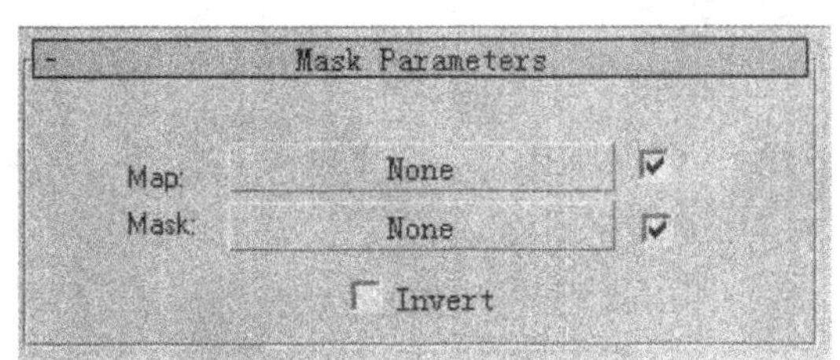

图 4-33　标志装饰设计步骤 3

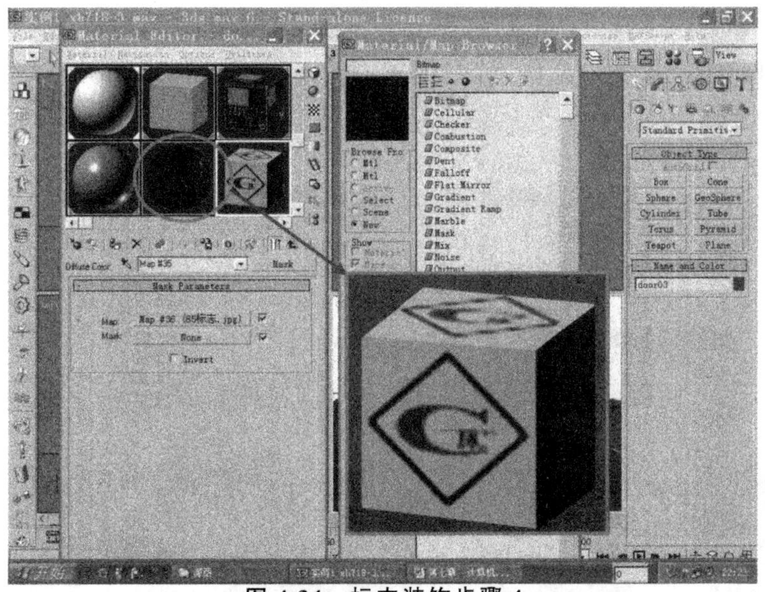

图 4-34　标志装饰步骤 4

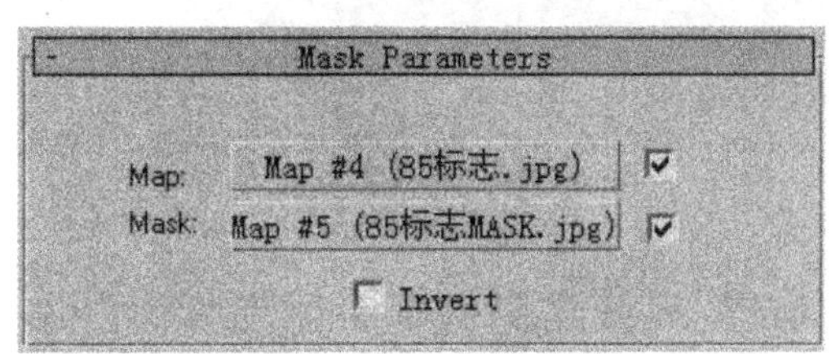

图 4-35　标志装饰步骤 5

贴图后的机床模型如图 4-36 所示。

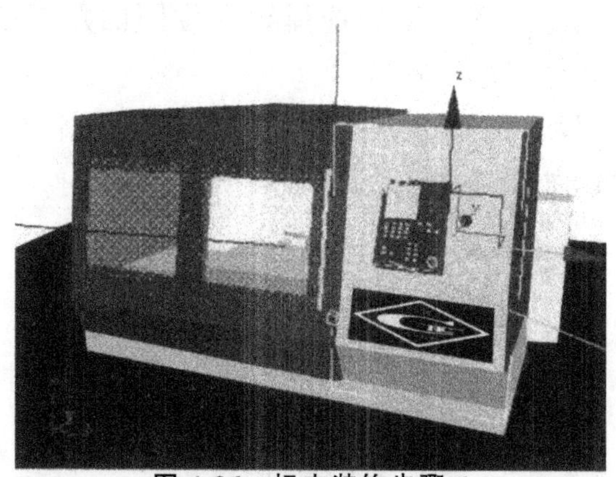

图 4-36　标志装饰步骤 6

依据装饰设计基本导则的形式美法则的比例与尺度等诸条导则,按标志设计流程,依据面板构图调整贴图 Gizmo,结果如图 4-37 所示。

图 4-37　标志装饰步骤 7

经过以上步骤,最终完成机床上标志装饰的添加。如图 4-38 所示。

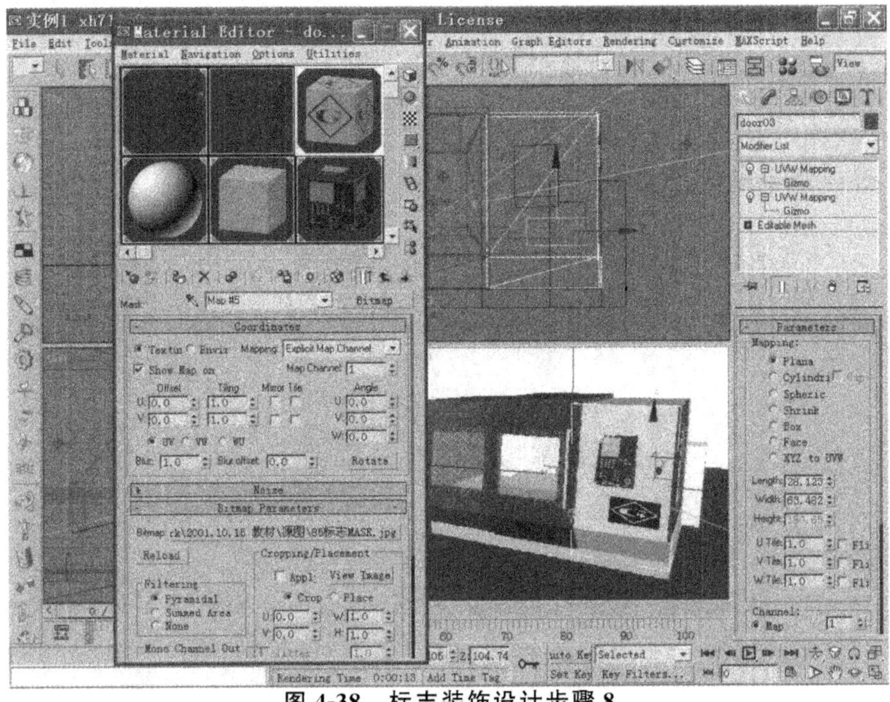

图 4-38 标志装饰设计步骤 8

根据形式美法则,整体协调各因素,渲染,如图 4-39 所示。

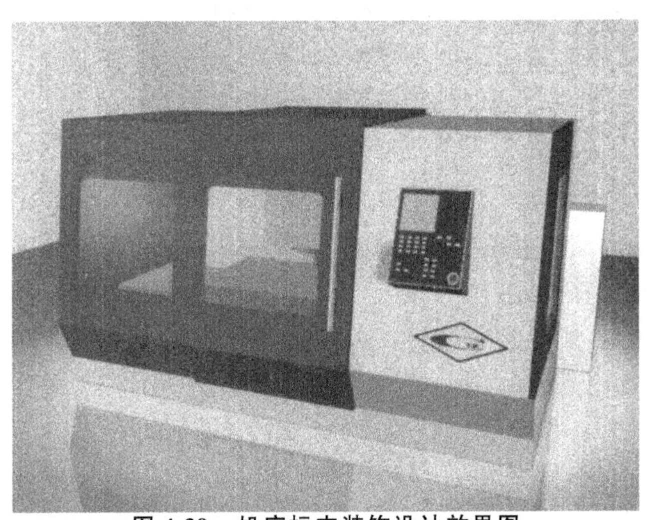

图 4-39 机床标志装饰设计效果图

经过评价看到现有设计结果尚未尽如人意，故需作后期处理。

依据软件选用导则，按照产品装饰设计流程，选择运行 Adobe Photoshop 软件，单击“文件”—“打开”命令，按路径打开要进行后期处理的效果图，如图 4-40 所示。

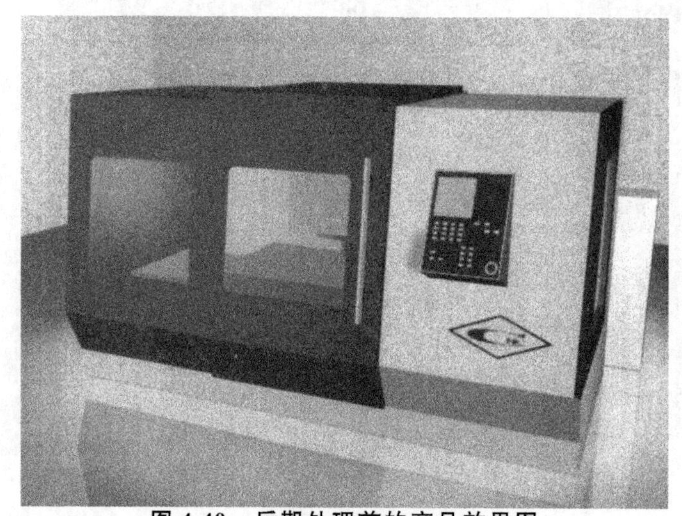

图 4-40　后期处理前的产品效果图

①裁切图像。在工具面板中选择裁切工具，裁切图像中多余的部分，微调整效果图的取景及画面。

②调整图像。依照形式美原则，使色彩平衡。

饱和度、亮度以及色彩平衡处理。单击“图像”—“调整”—“色阶”、“色彩平衡”与“色相饱和度”命令，在弹出的对话框中移动滑块，提高饱和度、亮度，调整色彩使其平衡。

柔光及模糊处理。

▲单击“图层”—“新建图层”命令创建新图层，调整所复制的图层亮度和对比度。

▲拼合图层。设置“图层 0 副本”层的混合模式为“柔光”，将“图层 0”和“图层 0 副本”层拼合为“图层 0”。

▲模糊新图层。为使色彩自然生动再次复制图层，单击“滤镜”—“模糊”—“高斯模糊”命令，在弹出的“高斯模糊”对话框中

移动滑块，模糊“图层 0 副本”层。

③转换图像。

将图像转换为 Lad 模式。单击“图像”—“模式”—“Lad 颜色”命令，进入“通道”选项卡，在通道上进行 USM 锐化，单击“滤镜”—“锐化”—“USM 锐化”命令，在弹出的“USM 锐化”对话框中移动数量的滑块，设置锐化数量。

在 A 通道使用高斯模糊，单击“滤镜”—“模糊”—“高斯模糊”命令，在弹出的“高斯模糊”对话框中移动半径的滑块，设置参数。

在 B 通道使用高斯模糊，单击“滤镜”—“模糊”—“高斯模糊”命令，在弹出的“高斯模糊”对话框中移动半径的滑块，将半径设置为 1.1。

单击“图像”—“模式”—“Lad 颜色”命令，将图像还原为 RGB 模式，效果图如图 4-41 所示。

图 4-41 经过后期处理的机床效果图

图 4-42 是后期处理前后效果图的局部放大图对比，很明显，经过处理的效果图解决了画面黯淡、噪点多、缺乏层次、偏色等问题，基本上达到了预期装饰水平，设计结束。

(a)

(b)

图 4-42　产品效果图局部放大图

(a)后期处理前;(b)后期处理后

(二)视觉传达装饰设计实例——标志设计

对于标志设计制作,依据软件选用导则,一般选用CorelDRAW设计软件,在CorelDRAW环境下,从草图的创意开始,进行标志设计、编辑与制作,下面是西北工业大学工业设计研究所为攻关项目标志重新设计,根据视觉传达装饰设计细则,依照视觉传达装饰设计流程,设计(制作)如下。

1.基本造型

按视觉传达装饰设计的标志装饰设计导则,标新立异,用文字变形作标志的基本型,作图形化,采用半包含的包围构图(构图导则:形式美法则)方式,执行形式美法则的对称与均衡、轻巧与稳定法则使构图均衡,所以整体造型采用菱形。

首先,导入草图,利用多边形工具画出菱形轮廓,然后进行倒圆角处理。拉出标尺定位,用文字工具写上CNC后,利用节点工具对其变形编辑,如图 4-43 所示。

2.文字输入

根据构图导则,优选对应流程,用文字工具书写相应的文字内容。如图 4-44 所示。

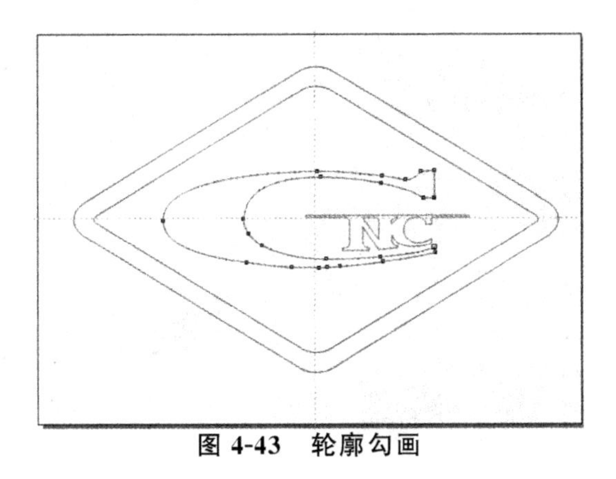

图 4-43　轮廓勾画

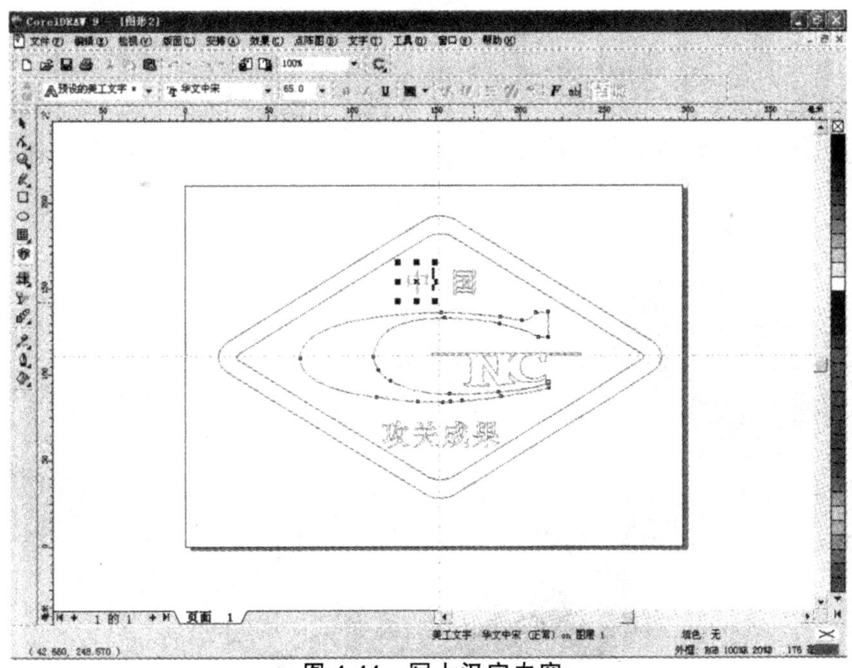

图 4-44　写上汉字内容

3.图形视觉调整

依据形式美法则，按视觉传达装饰设计流程。编辑修改过程构图，其结果如图 4-45 所示。

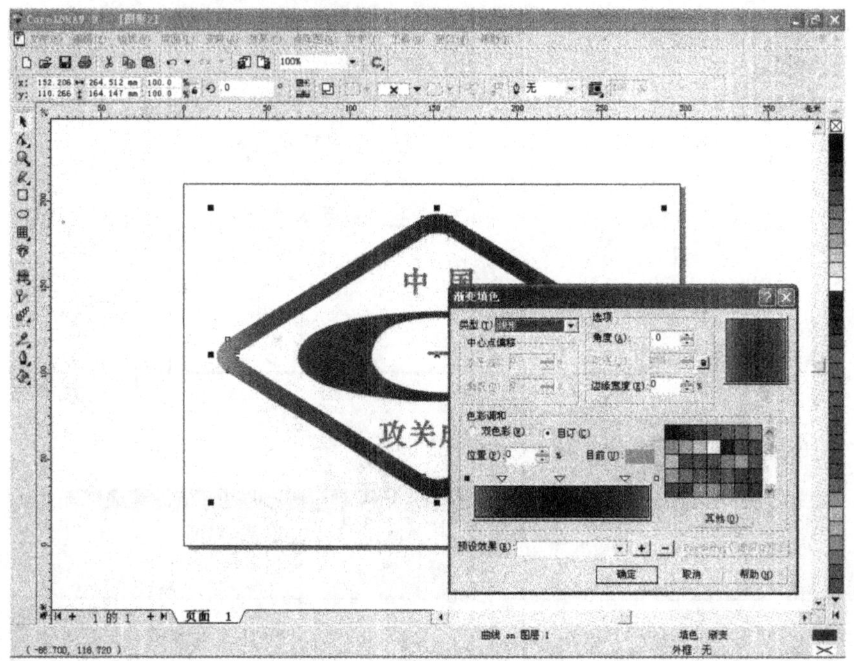

图 4-45　最终标志效果图

4.最终样稿

设计完成的标志如图 4-46 所示。

图 4-46　最终标志设计效果图

5.后期处理

依据软件选用导则，按照产品装饰设计流程，在 Adobe Photoshop 环境下，对设计基本完成的标志进行各种必要的处理，例如标志的立体化、浮雕、发光、肌理、材质等效果，都可由后期处理来完成。

(1)增加浮雕效果

选择标志图形的有效区域，反选，删除其余部分。

单击"图层"—"图层样式"—"斜面浮雕"命令，在弹出的对话框中将"样式"设为浮雕效果，移动滑块，调整参数。

(2)增加肌理效果

在标志图层上方增加新图层，打开用作肌理的图像，复制至新图层，使得肌理的图像大于标志图像。

在肌理图层单击"图层"—"与前一图层编组"命令，实现肌理效果。还可以通过"滤镜"—"渲染"—"灯光"命令，调整标志的光影效果。最终完成的标志如图 4-47 所示，达到预期效果，停止设计。

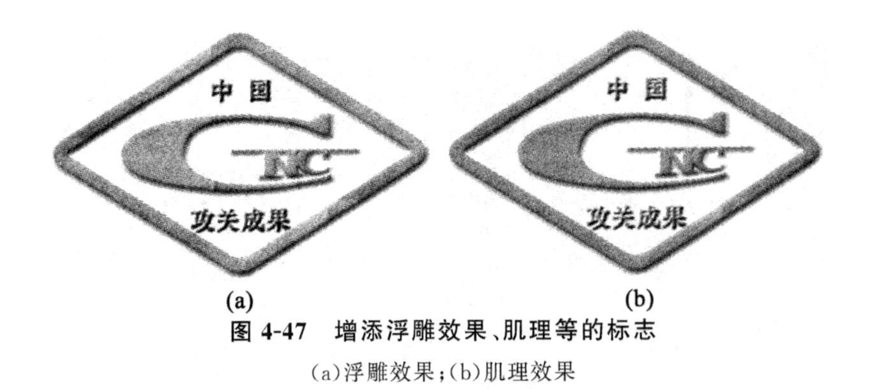

图 4-47　增添浮雕效果、肌理等的标志

(a)浮雕效果；(b)肌理效果

(三)环境装饰设计实例

现以环境装饰设计导则为指导，依照环境装饰设计流程，对西北工业大学蒋氏基金中心室内环境装饰重新设计如下。

(1)按照所限定的空间，应用软件选用导则优选软件系统，按选用流程导则，选用 3DS Max 软件，创建室内环境基本模型。

(2)依据装饰设计总则、基本导则以及环境装饰设计细则，按环境装饰设计流程，增加基本装饰设计部件，修改基本模型。

(3)依据装饰设计总则、基本导则以及环境装饰设计细则，创建灯光，增加贴图，初步渲染的环境效果如图 4-48 所示。

图 4-48 初步渲染图

(4)依据装饰设计总则、基本导则以及环境色彩与照明装饰设计细则，增加软装饰部件、灯光，赋材质，如图 4-49 所示。

图 4-49 室内环境效果图

(5)依据相应装饰设计总则、基本导则以及环境装饰设计细则，调整灯光(不同色调)，调整渲染视角，结果如图 4-50 所示。

图 4-50　室内环境效果图——调整

(6)环境装饰设计后期处理环境设计后期处理,主要调整、修正渲染效果图像的装饰效果,按软件选用导则优选 Photoshop 软件,借助滤镜效果,进行图像细节处理。参考产品装饰设计后期处理思路得到经过后期处理的效果图,如图 4-51 所示。

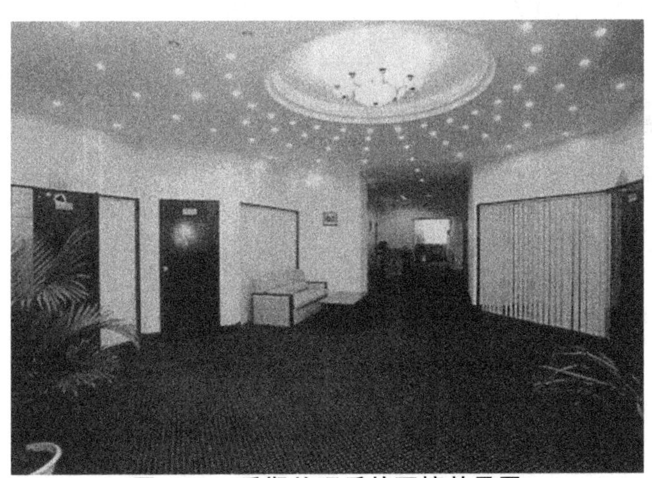

图 4-51　后期处理后的环境效果图

同理,最后需要经过评价,若已实现预期目标,即可结束设计;否则,就要返回相关阶段修改设计,直到制作出最佳效果,才能将设计交给下一设计阶段,如人机工程设计等。

第四节　计算机辅助工业设计的人机工程学与设计

一、人工工程 CAD 系统的内涵

人机工程 CAD 系统(Computer Aided Ergonomics Design System,CAEDS),由计算机硬件和能协助人进行人机工程设计的软件共同构成。

由于硬件的飞速发展,原来只能在工作站上运行的 CAD 软件如今可以在 PC 上流畅运行,应用桌面操作系统(工作站上的 CAD 软件需运行于 UNIX 操作系统),并大幅度降低售价,使得人机工程 CAD 系统的桌面化和普及成为现实。

人机工程 CAD 的软件,则在近年呈现加速发展的趋势。

(一)人机工程 CAD 软件的基本功能

人机工程 CAD 软件,一般具有工作空间及产品建模、三维人体建模、人体活动范围生成与分析、视听觉分析等人机工程功能。所建立的人体模型,是在计算机生成空间(虚拟环境)中人的几何与行为特性的表示,也叫虚拟人(Virtual Human)。设计者应用上述功能,可以对建立的产品或工作空间进行人机分析,考察评估其适宜性,调整设计,使它符合人机学安全、舒适、高效的要求。

(二)人机工程 CAD 的优越性

1.节约时间和成本,提高设计效率

人机工程设计的基本理论、方法和常用资料,包括人体尺寸数据、肢体活动范围以及人的视觉、听觉、肢力、体力特性等,都已经包含在人机工程 CAD 软件之内,可以作为基本 CAD 数据嵌入

到数字设计流程中去，从而可大大提高设计效率，缩短产品开发周期，节约成本。

由于提供了一个进行人机工程设计的工作平台，使得人机工程设计的工作负担得以减轻，可省略很多查找数据资料、核对技术标准等具体工作。

2.降低人机测试经费，避免人员和设备事故

一些重大设计项目常需投入巨额人机试验经费，且关涉人身和设备的安全，例如载人航天、核反应堆维护、新武器系统设计研制、多兵种军事演练、医疗手术的模拟与训练、交通车辆事故分析等。传统方法是用真人实物进行实验测试，获取生存空间、技术参数与人身安全、工作效率的关系，为此要耗费巨额人力物力与时间，而且可能造成设备损毁、人员伤亡的后果。采用计算机模拟方法研究这些问题，利用虚拟的产品"模型"和"虚拟人"进行"实验测试"，则安全、快捷、经济，可从根本上避免真人实物不幸事故的发生。对中小型的产品、设备、设施与工作生活空间设计，人机工程 CAD 的这一优越性同样是明显的。

二、CATIA 人机工程模块功能与操作[1]

(一)人体建模(Human Builder)模块

打开 CATIA V5 软件，在菜单栏中逐次单击下拉式菜单中的选项：Start(开始)—Ergonomics Design & Analysis(人机工程设计与分析)—Human Builder(人体建模)，由此进入人体建模设计界面，见图 4-52。

运用人体建模模块可以实现以下功能。

[1] 阮宝湘等.工业设计人机工程[M].北京：机械工业出版社，2010

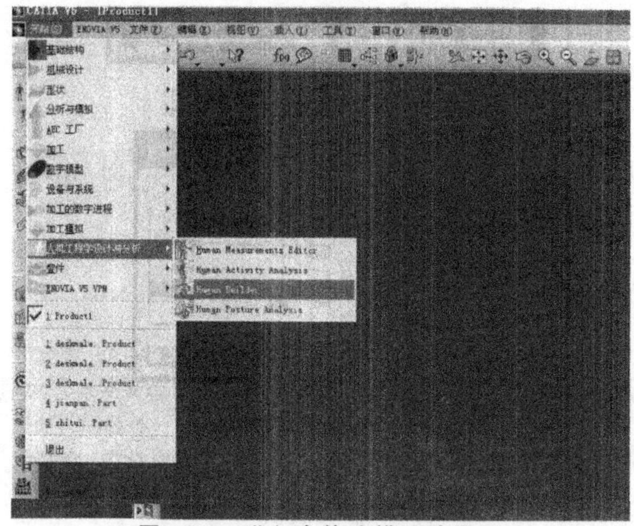

图 4-52　进入人体建模设计界面

1.建立标准人体模型

在菜单栏中,逐次单击 Insert(插入)—New Manikin(新建人体模型)菜单(图 4-53)。或在 Manikin Tools(人体模型工具)工具栏(图 4-54)中单击 Insert a New Manikin(插入新人体模型)图标,弹出如图 4-55 所示的对话框。该对话框中有两个选项栏,分述如下。

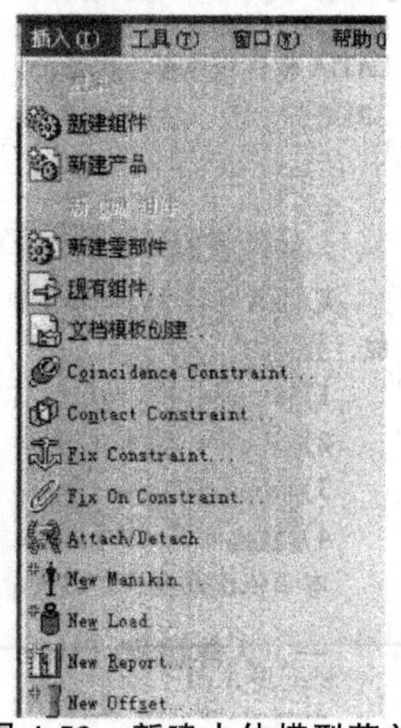

图 4-53　新建人体模型菜单

图 4-54 人体模型工具栏

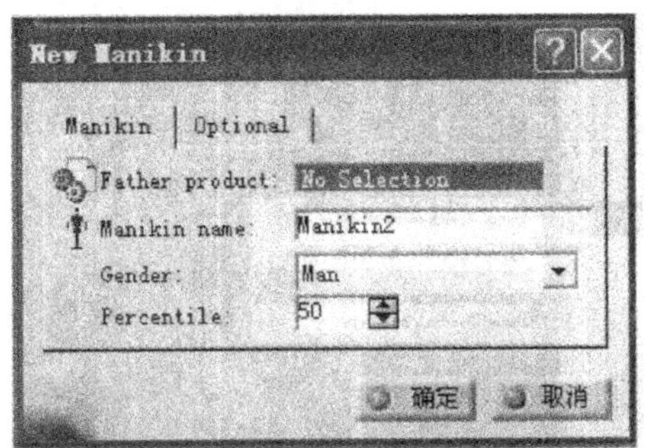

图 4-55 新建人体模型对话框

(1)Manikin(人体模型)栏

①Father product(父系产品)。要求用户选择新建人体模型时的位置、地面、设施等元素,这些元素一般要求事先建立,在树状目录中点选。

②Manikin name(人体模型名称)。用户可以自定义人体模型名称。模型的默认名称是 Manikin1、Manikin2、Manikin3 等。

③Gender(性别)。可选择 Man 或 Woman。

④Percentile(百分位)。由用户确定人体模型的百分位数,供选择或输入的范围为 0.01~99.99。

(2)Optional(选择)栏

①Population(人群)。用户可在下拉列表中选择设计所针对人群的国籍。

②Model(模型)。选择所要建立的模型类型,如 Whole Body(全身)、Right Forearm(右前臂)、Left Forearm(左前臂)等。

③Referential(参考点)。选择人体模型的基准点,如 Eye Point(眼睛)、Left Foot(左脚)、Right Foot(右脚)等,见图 4-56。

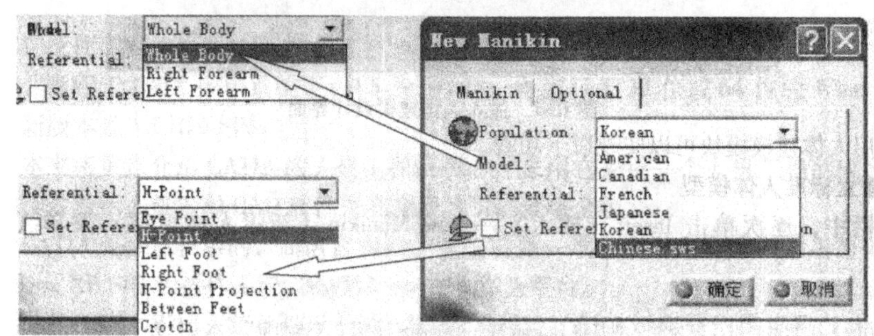

图 4-56　Optional(选择)栏

2.设置人体模型姿态

处理某些人机工程问题,需预先设定人体模型的姿态,此时可用 Manikin Posture(人体姿态)工具栏(图 4-57)实现。

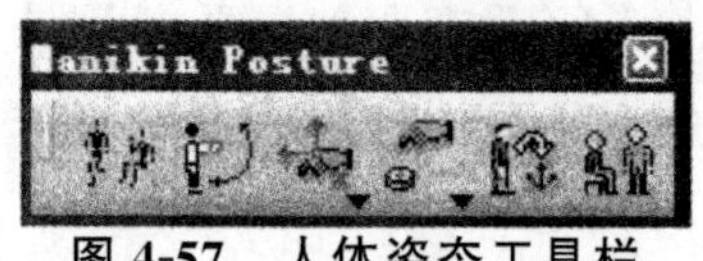

图 4-57　人体姿态工具栏

在树状目录中点选人体模型,单击 Posture Editor(姿态编辑)图标,弹出 Posture Editor(姿态编辑)对话框,见图 4-58。在该对话框的 Segments 栏内选择部位,选择相应部位的自由度,在 Value 栏内设置好百分位数,即可对人体模型选中的部位进行姿态编辑。

在 Manikin Posture(人体姿态)工具栏中单击 Forward Kinematics(向前运动)图标,在人体模型上选择要分析的肢体,按住鼠标左键,前后拖动,则选中的肢体就会沿着箭头方向绕相应关节前后摆动。软件中的人体模型与人体骨骼关节结构的实际情况一致,各肢体的运动均有其极限位置。如果需要左右摆动,首先在人体模型的某一肢体上(例如左臂)单击右键,在菜单中选择 DOF2,按照上述操作方法即可实现左右摆动。

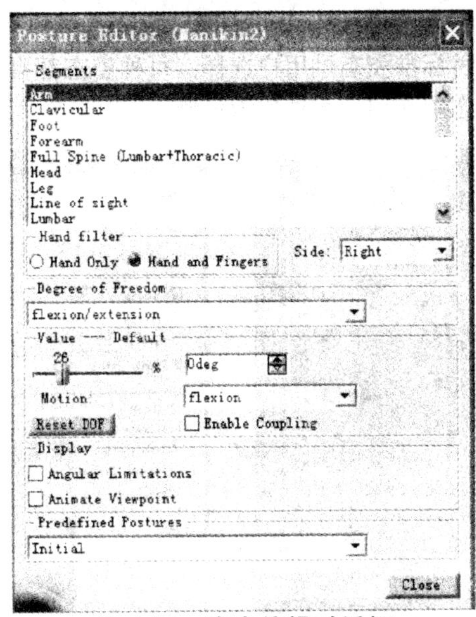

图 4-58　姿态编辑对话框

单击 Standard Posture(标准姿态)图标，在树状目录中选择人体模型，随后弹出如图 4-59、图 4-60 所示的对话框。

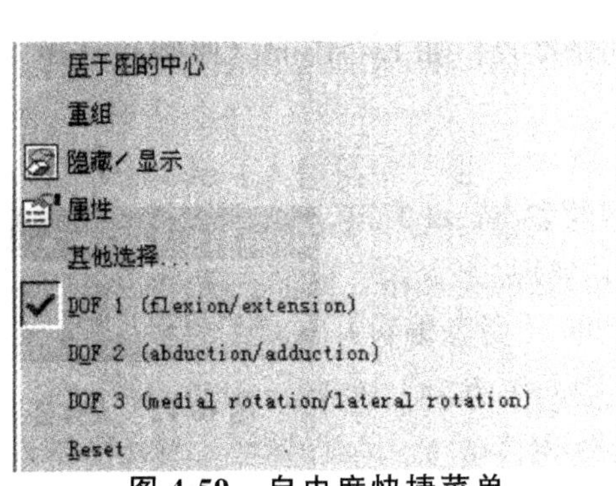

图 4-59　自由度快捷菜单

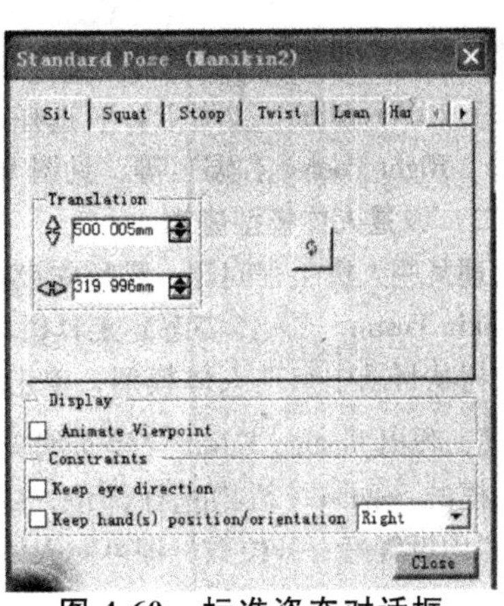

图 4-60　标准姿态对话框

对话框中列出 7 种标准姿态供用户选择，每种姿态都有高度和角度的调整栏。图 4-61 中给出了 7 种标准姿态中常用的 5 种作为示例。

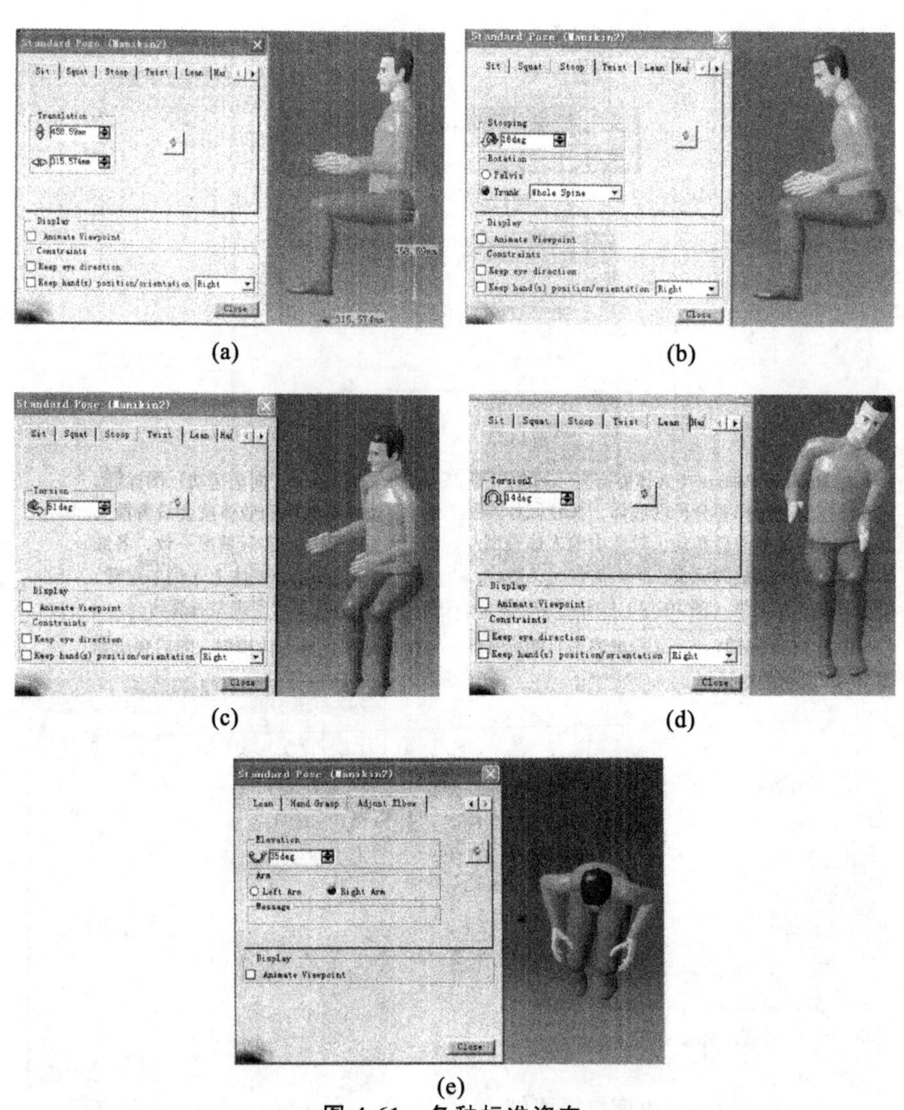

图 4-61　各种标准姿态

(a)Sit(坐姿)；(b)Stoop(弯腰)；(c)Twist(扭腰)；
(d)Lean(侧弯)；(e)Adjust Elbow(肘部调整)

3.人体模型的属性编辑

仅以改变部位颜色为例进行说明，其余属性设置方法相同。

选中要改变颜色的部位（按住<Ctrl>键可同时选中多个部位），在菜单栏中逐次点击 Edit（编辑）（或在所选部位右击）—Properties（属性）菜单，见图 4-62。在弹出的属性对话框内 Surface Color 栏中，单击颜色框的下拉箭头，随后出现各种颜色，见图 4-63，选定颜色后单击“确定”按钮。

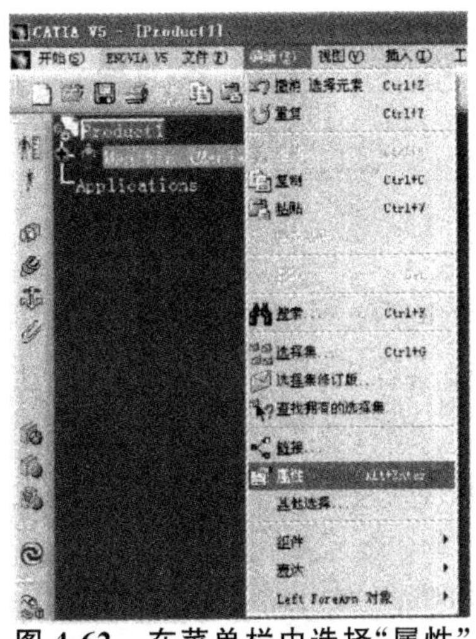

图 4-62　在菜单栏中选择“属性”

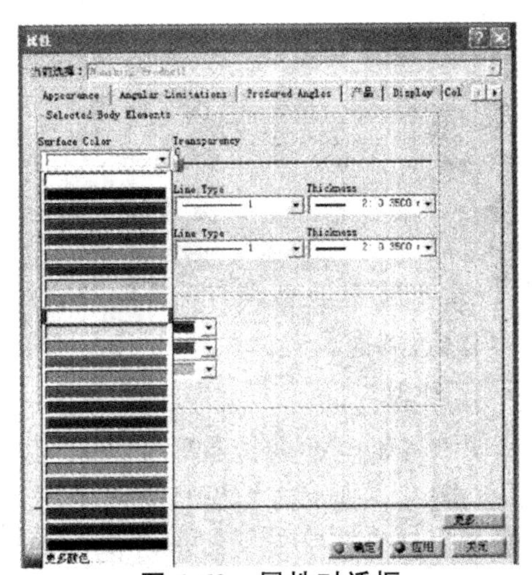

图 4-63　属性对话框

4.人体模型的高级设置

（1）干涉检验、终止干涉

人和机器在空间各占据一定位置，二者不得互相干涉。为避免产生干涉，需要进行检验。图 4-64 所示的 Clash Detection（干涉检验）工具栏有此项功能。

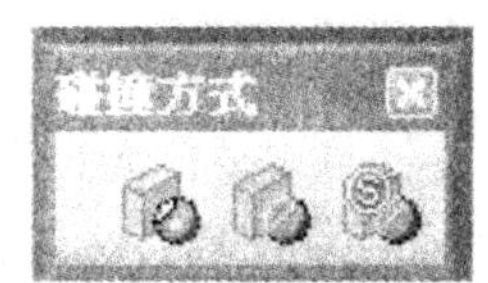

图 4-64　干涉检验工具栏

检验前要进行相应的设置。在主菜单逐次单击 Tools(工具)—Options(选项)菜单,弹出 Options(选项)对话框。在左侧树状目录中选中 Digital Mockup(数字模型)—DMU Fitting(DMU 配置),然后在 DMU Manipulation(DMU 操作)栏的 Clash Feedback(干涉反馈)选项中激活 Clash Beep(干涉报警),见图 4-65。

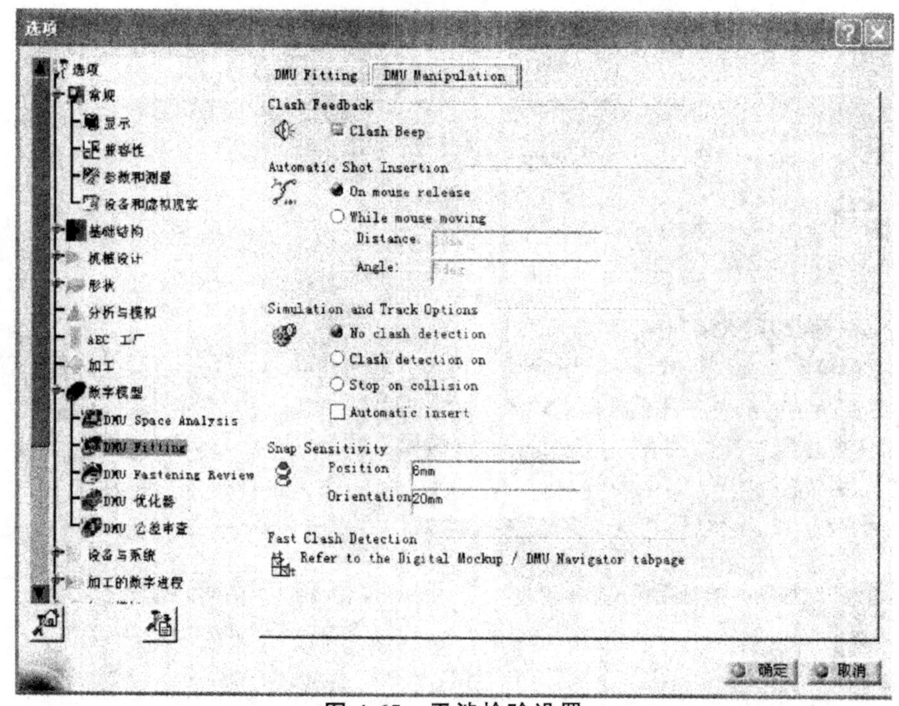

图 4-65　干涉检验设置

设人体模型和设备间有一定距离。双击 Clash Detection On(干涉检验)图标,使其高亮。用罗盘拖动人体模型,当人体模型与设备出现重合干涉,则干涉部分变成高亮轮廓,见图 4-66。

欲使人体模型和设备避免干涉,则双击 Clash Detection Stop(终止干涉)图标,使其高亮。用罗盘拖动人体模型向设备靠近,一旦人体与设备接触,人体即停止向前移动。继续拖动罗盘,只显示干涉部分的高亮轮廓,见图 4-67。如果不需要再进行干涉检验,可双击 Clash Detection Off(关闭干涉检验)图标,此时再重复上述操作，干涉问题不再显示。

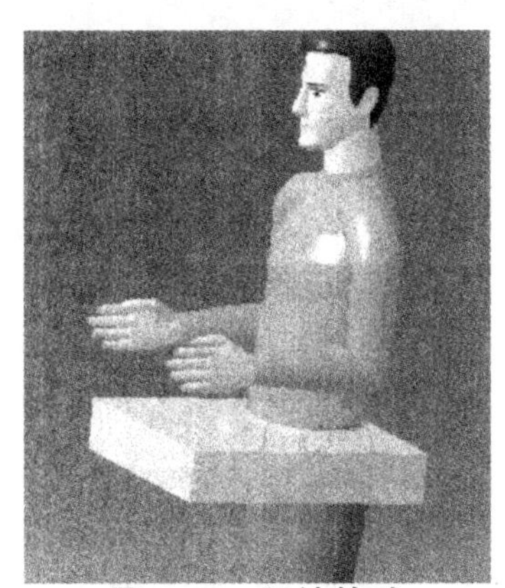
图 4-66　干涉检验

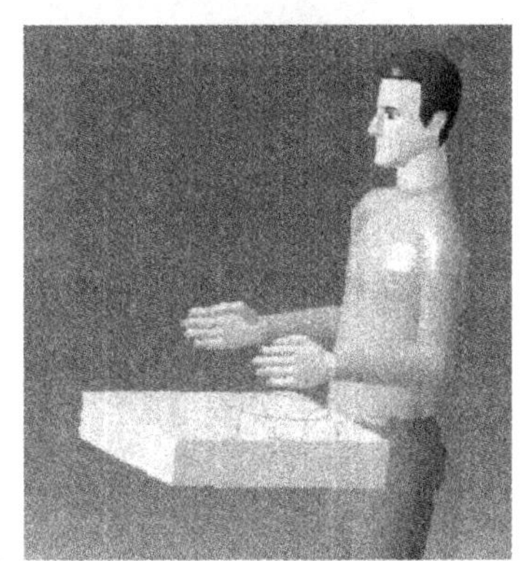
图 4-67　终止干涉

(2)放置人体模型

设人体模型原来站在地板的一角，见图 4-68(参考点在左脚)，操作者可将人体模型转移放置到任意位置。

在 Manik Posture(人体姿态)工具栏内单击 Place Mode(放置模式)图标，将罗盘移至需要的位置(图 4-69)，在树状目录中单击人体模型，则人体模型自动移至罗盘所在的位置(图 4-70)。拖动罗盘可使人体模型作各方向的移动或转动(图 4-71)，再次单击图标，人体模型放置完毕。

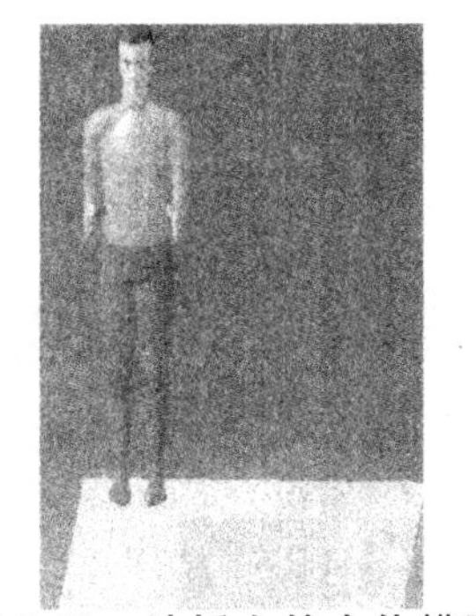
图 4-68　地板上的人体模型

图 4-69　移动罗盘

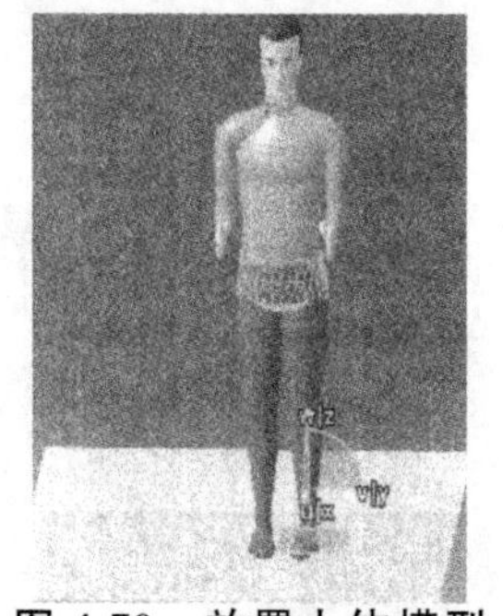

图 4-70 放置人体模型

图 4-71 转动人体模型

(3)视野

设空间中有人体模型和物体,欲显示人体模型视野中的图像,操作过程如下:单击 Maniki Tools(人体模型工具)工具栏中的 Open Vision Window(打开视野窗口)图标,弹出的视野窗口见图 4-72。右击视野窗口,出现视野窗口菜单(图 4-73)。图 4-73 中的 Capture(捕获)选项,即可用来对视野窗口以图片的形式进行删除、保存、打印、复制等操作。单击 Edit(编辑)菜单,出现 Vision window display(视野窗口显示)对话框,见图 4-74。激活其中不同的选项,可实现不同的功能。单击 View modes 按钮,会出现图 4-75 所示的 Customize View Mode(定制视野模式)对话框,其中有不同的选项,对应视野窗口不同的显示图像。

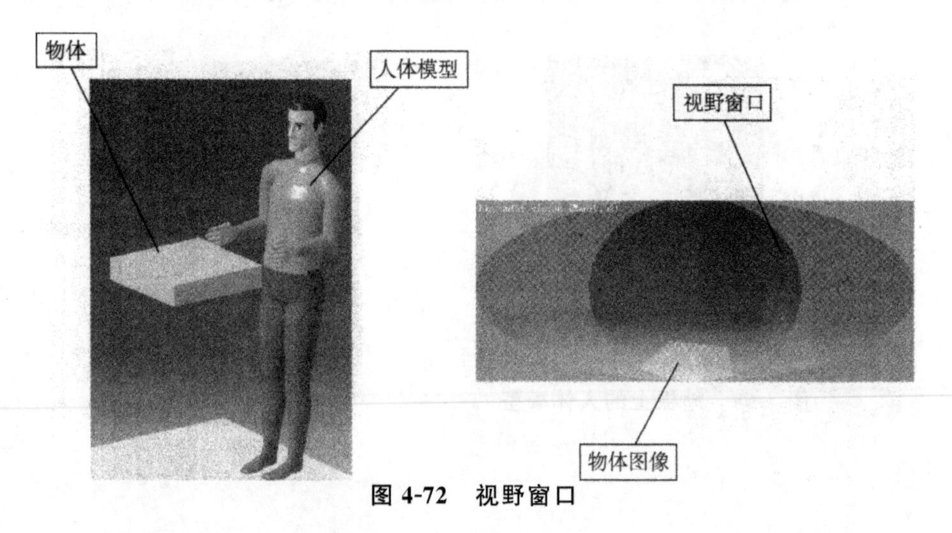

图 4-72 视野窗口

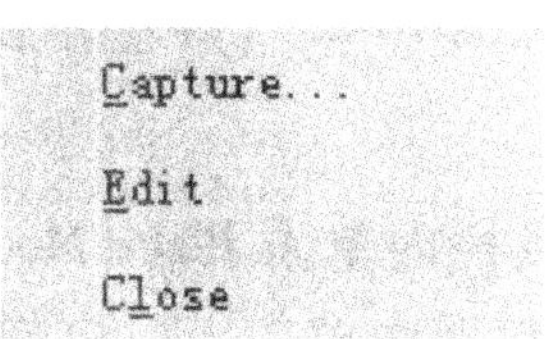

图 4-73 视野窗口菜单

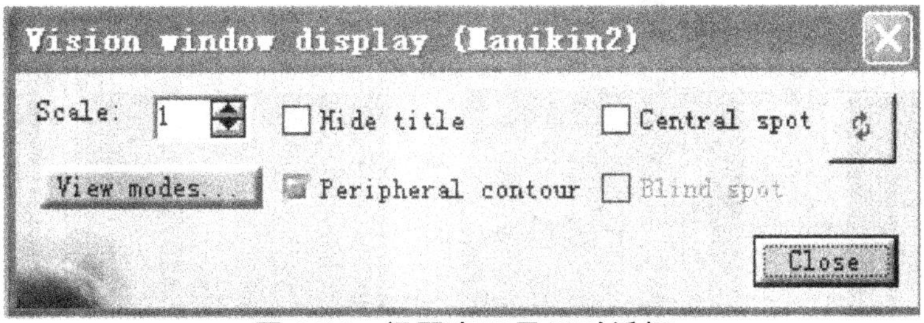

图 4-74 视野窗口显示对话框

在属性菜单(图 4-76)的树状目录上右击 Vision 条目,然后在弹出的菜单上选择 Properties(属性)菜单,弹出 Properties(属性)对话框。

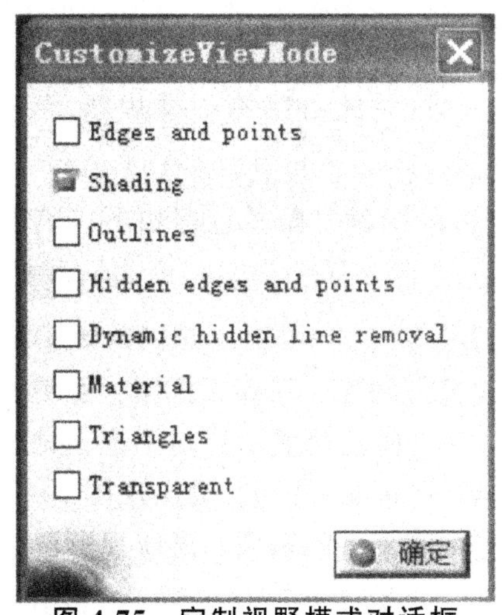

图 4-75 定制视野模式对话框

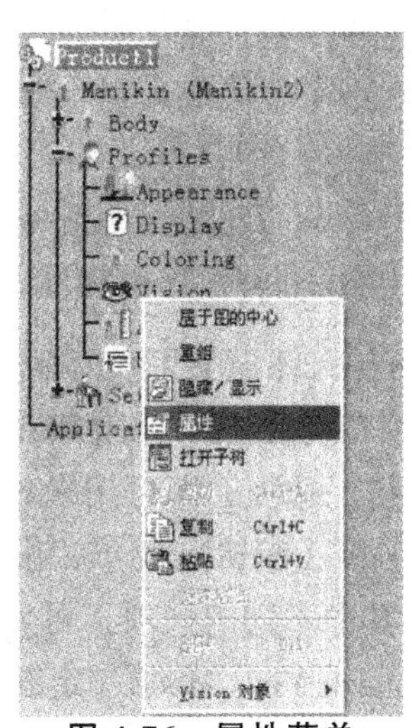

图 4-76 属性菜单

该对话框中 Type 栏列出了双眼、左右合一、右眼、左眼、立体 5 种视野类型可供选择。还有 Field of View(视野范围)栏、Distance(距离)栏提供相应选择。距离栏中常用的是 Focus distance

（焦点距离）。

（4）上肢伸展域

上肢伸展域是工作空间设计的基本依据。

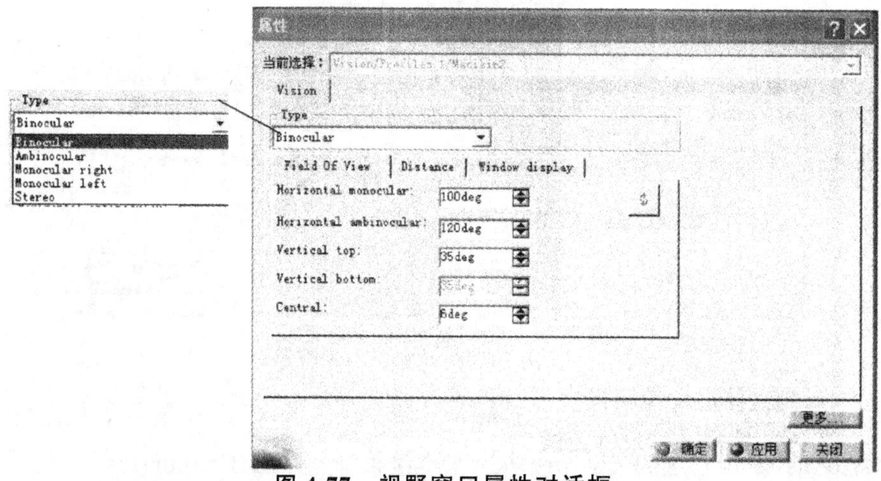

图 4-77　视野窗口属性对话框

在 Manikin Tools（人体模型工具）工具栏内单击 Computes a Reach Envelop（计算伸展域）图标，再单击人体模型的手或手指（只限于手或手指），例如左手，则展现左手的伸展域，见图 4-78。接着可对人体模型进行姿态编辑，伸展域将随人体姿势的变化而移动，图 4-79 是人体姿态编辑后的左手伸展域。在伸展域上右击，并在菜单中逐级选择 Left Reach Envelope Object（左手伸展域）—Delete（删除），则伸展域被删除。

（二）人体尺寸编辑（Human Measurements Editor）模块

在菜单栏中逐次单击下拉菜单的选项：Start（开始）—Ergonomics Design & Analysis（人机工程设计与分析）—Human Measurements Editor（人体尺寸编辑）（图 4-80），进入人体尺寸编辑界面。

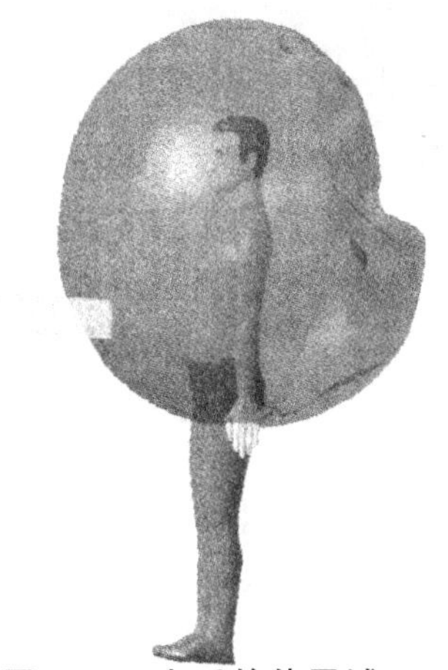

图 4-78 左手的伸展域

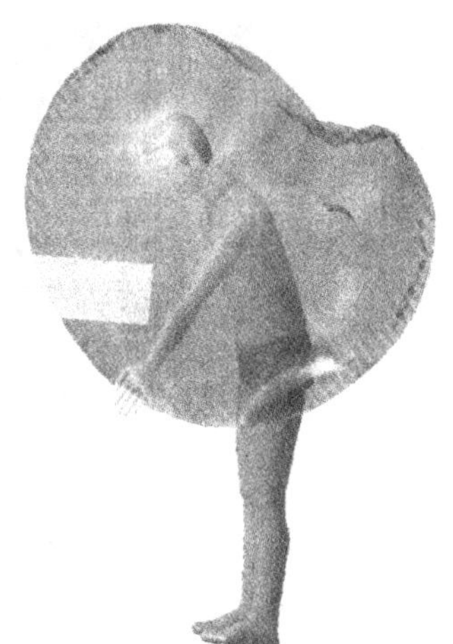

图 4-79 人体姿态编辑后的左手伸展域

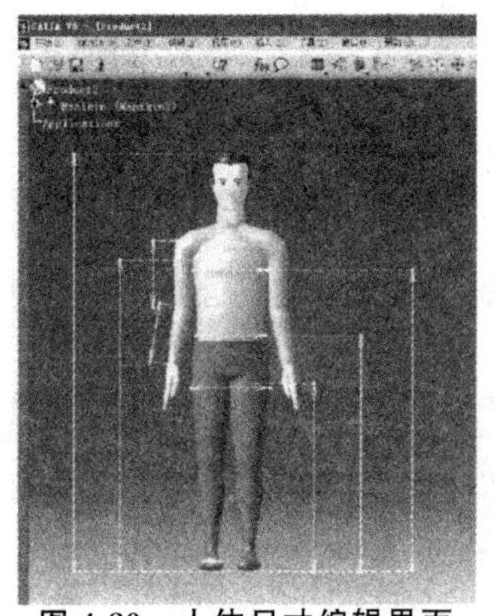

图 4-80 人体尺寸编辑界面

运用人体尺寸编辑模块可以实现的功能如下。

1.编辑人体尺寸变量

从 Anthropometry Editor(人体尺寸编辑)工具栏(图 4-81)中单击 Display the Variable List(显示变量列表)图标，弹出图 4-82 所示的 Variable Edition(变量编辑)对话框。选择任一变量，即激活该变量，显示该变量的数值，它在界面上的颜色由黄变紫。

例如选定身高变量，显示的尺寸编辑界面见图 4-83。

图 4-81 人体尺寸编辑工具栏

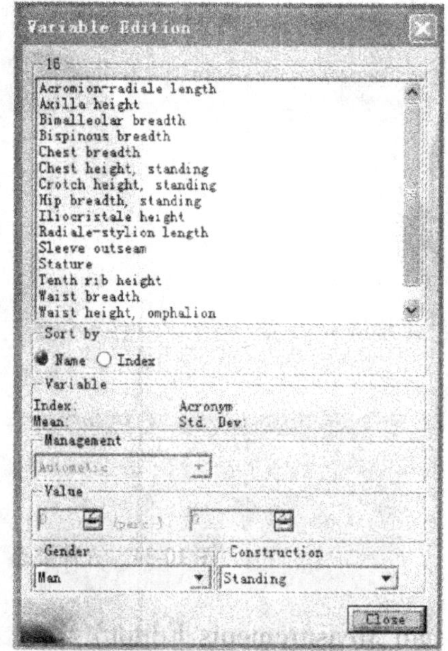

图 4-82 变量编辑对话框

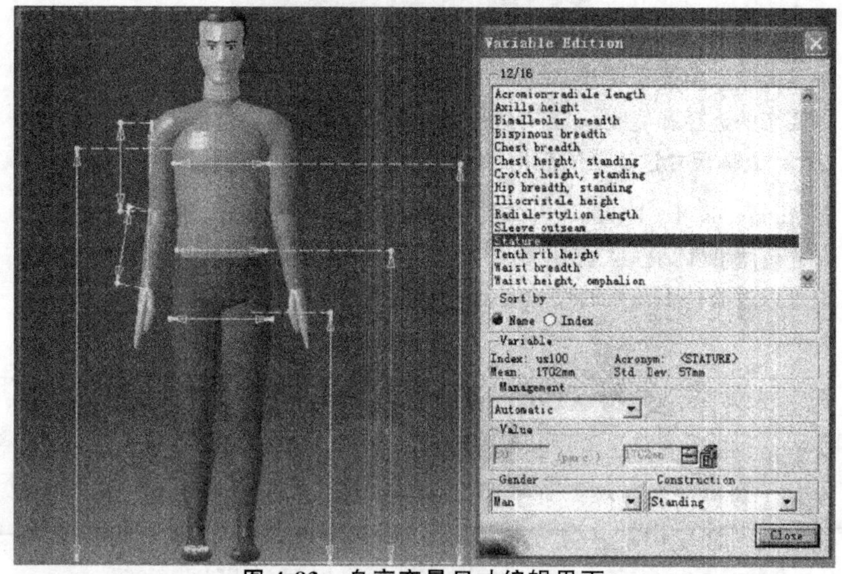

图 4-83 身高变量尺寸编辑界面

2.输入新的数值

进行变量编辑时可手动修改人体尺寸数值。在图 4-84 的 Management(操作)中选取 Manual(手动),可用如下几种方法修改人体尺寸数值:

在 Value(数值)栏 perc.(百分位)中输入一个新的百分位数,该变量即自动设置为相应的数值,见图 4-85。

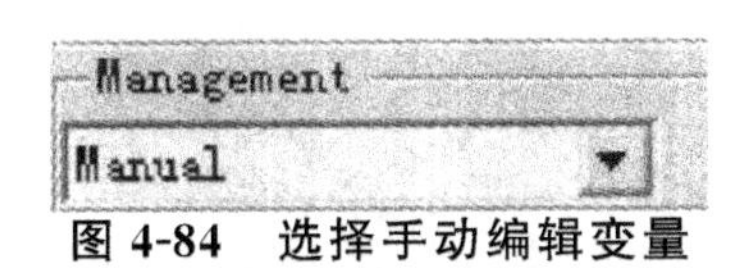

图 4-84　选择手动编辑变量

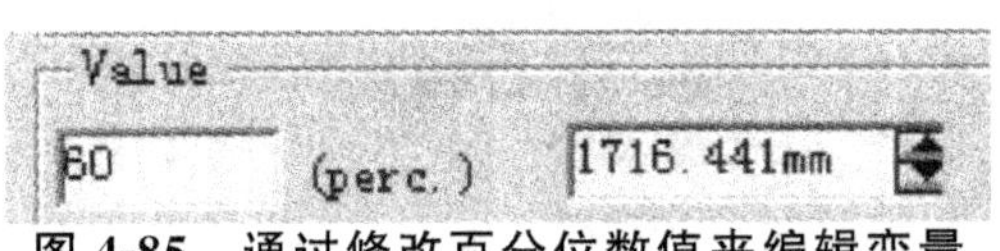

图 4-85　通过修改百分位数值来编辑变量

直接在后面的变量栏中输入新数值,前面的百分位数也会发生相应变化。

通过鼠标左键单击数值栏中的上下箭头一步步增加或减少数值大小。

直接操纵三维视图中的红色箭头来编辑人体尺寸的数值。

3.更改人体模型

性别在 Gender(性别)对话框下拉菜单中选择 Man 或 Woman,见图 4-86。

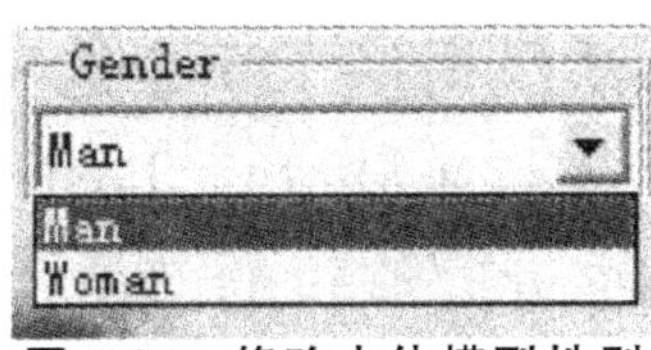

图 4-86　修改人体模型性别

4.恢复初始设置

通过 Anthropometry Editor(人体尺寸编辑)工具栏中的图标 ,可将手动修改后的人体尺寸恢复为初始的设置。

5.预设人体姿态

人体尺寸模型有三种预设的姿态:Stand(立姿)、Reach(前平举)、Span(侧平举)。可在 Anthropometry Editor(人体尺寸编辑)工具栏中点击倒三角箭头展开 Posture(姿态)工具栏,见图 4-87,进行人体姿态的选择和更改。

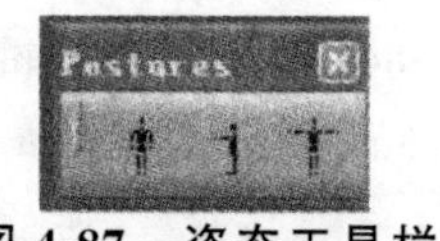

图 4-87 姿态工具栏

6.人体尺寸过滤器的应用

在 Anthropometry Editor(人体尺寸编辑)工具栏中单击 Filter(过滤器)图标 ,弹出人体尺寸过滤器对话框,见图 4-88。对话框中显示了与当前分析相关的人体尺寸变量。通过点选可以过滤掉不需要的尺寸变量。单击 Reset 按钮,将回到初始的默认设置状态。

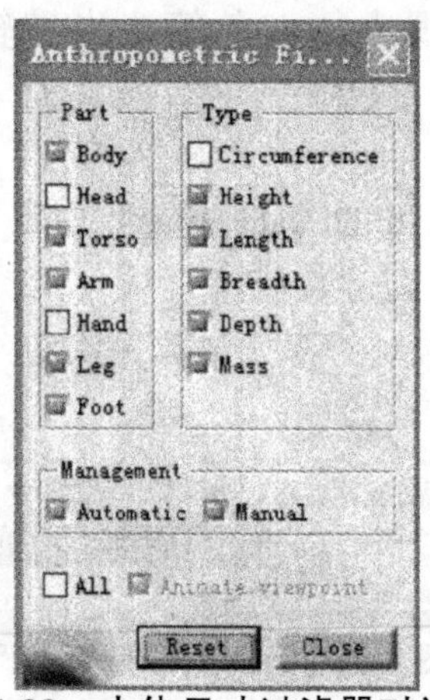

图 4-88 人体尺寸过滤器对话框

(三)人体姿态分析(Human Posture Analysis)模块

在菜单栏中逐次单击下拉式菜单中的选项:Start(开始)—Ergonomics Design & Analysis(人机工程设计与分析)Human Posture Analysis(人体姿态分析)选项,再单击要编辑的人体模型任意部位,进入人体模型姿态分析界面,见图 4-89。

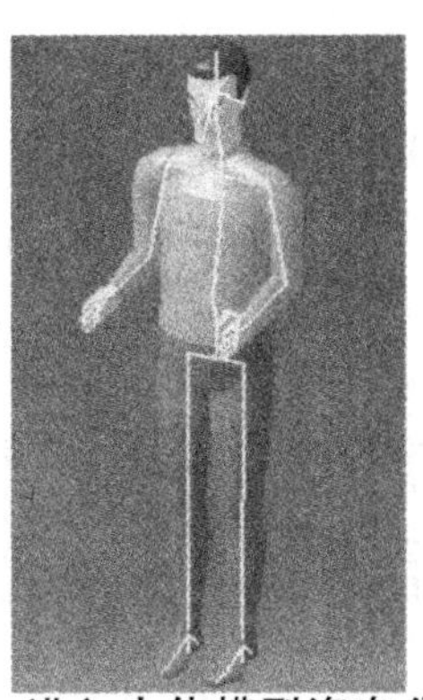

图 4-89 进入人体模型姿态分析界面

人体模型姿态分析有以下 4 种功能:

①姿态的编辑。

②自由度的选择与编辑、角度界限的编辑与显示。

③优选角度的编辑。

④姿态评估与优化。

1.姿态编辑

单击工具栏中的 Posture Editor(姿态编辑)图标,选中要编辑的部位,打开姿态编辑器对话框,见图 4-90。对话框提供了 5 个选项:Segments(部位)、Degree of Freedom(自由度)、Value(数值)、Display(显示)、Predefined Postures(预设姿态)。

Segments 选项中列出了所有可以编辑的部位,其中具有对称结构的部位,可以在 Side 项中选择 Right 或 Left。

Degree of Freedom(DOF)包含屈/伸、外展/内收、外旋/内旋 3 个下拉选项。选中后,拖动 Value 中的数值滑动器,可对选中部位进行姿态编辑。

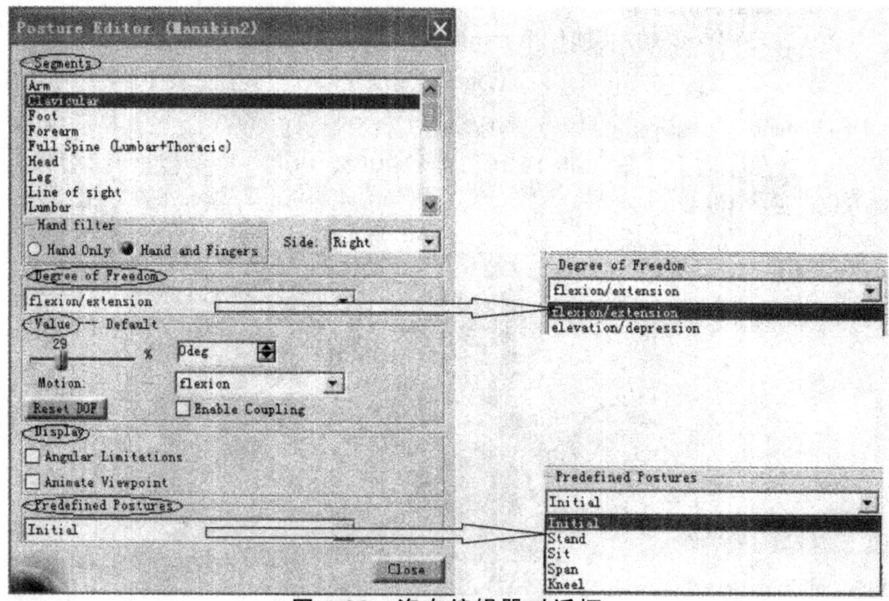

图 4-90　姿态编辑器对话框

Value 选项可用来精确定位人体某一部位转动的角度。

Display 栏有 2 个选项：Angular Limitations（角度界限）和 Animate Viewpoint（动画视角）。选择 Angular Limitations 选项，可使每个自由度在隐藏（默认状态）或显示角度界限间转换，图 4-91 为角度界限的显示状态。其中，绿色箭头表示旋转角度的上极限，黄色箭头表示下极限，蓝色箭头表示当前位置。

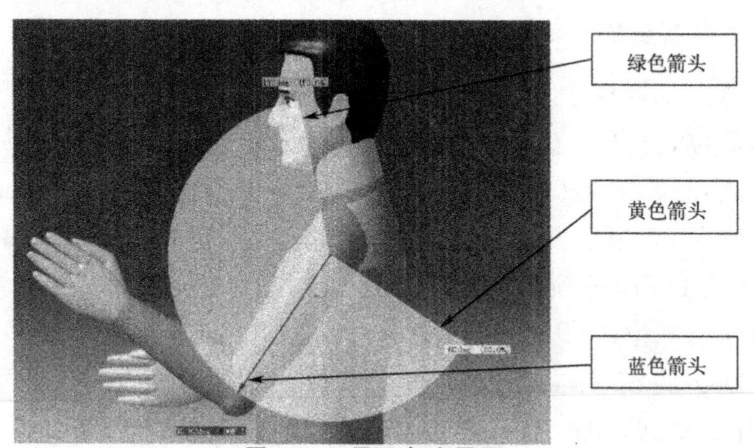

图 4-91　显示角度界限

Predefined Postures 的下拉菜单中有 5 种姿势可供选择。

2.自由度的选择

以人体模型左臂为例说明操作方法如下。

选择模型左臂，在 Angular Limitations（角度界限）工具栏（图 4-92）中单击 Edit Angular Limitations（编辑角度界限）图标，左臂会显示角度界限，默认显示 DOF1 上的角度界限。在左臂上右击（图 4-93），可切换至 DOF2、DOF3。系统会显示左臂各自由度的最佳方位，见图 4-94。

图 4-92　角度界限工具栏

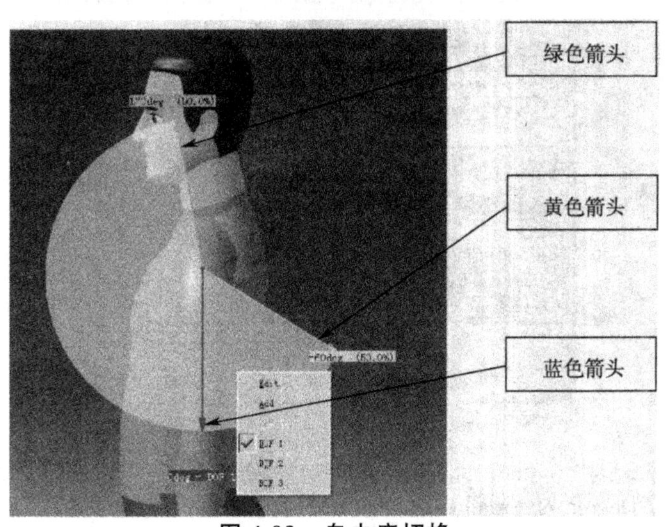

图 4-93　自由度切换

3.角度界限编辑

在图 4-95 中双击黄色或绿色箭头（或右击黄色或绿色箭头选择 Edit），打开 Angular Limitations（角度界限）对话框，对话框显示所编辑部位的名称、自由度形式、极限角度值等。在对话框中按下 Activate manipulation（激活操作）按钮，激活对话框，即可通过鼠标拖动百分位滑动按钮或调节微调控制箭头来重设角度的上下限。

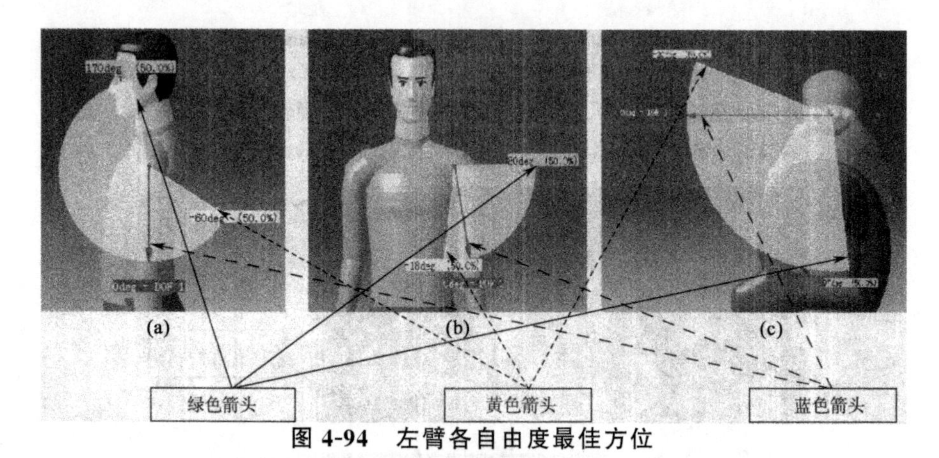

图 4-94　左臂各自由度最佳方位

(a)DOF1 最佳方位；(b)DOF2 最佳方位；(c)DOF3 最佳方位

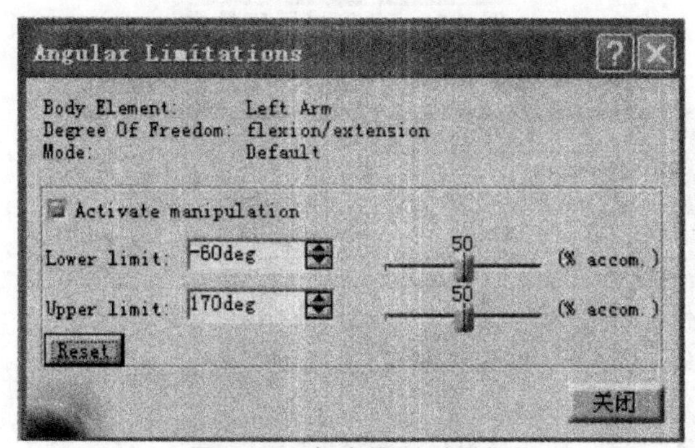

图 4-95　角度界限对话框

4.优选角度编辑

人体模型各部位均有一定活动范围，可针对当前的姿态进行合理性评定。

仍以左臂 DOF1 为例，选择模型左臂，单击 Edit Angular Limitations（编辑角度界限）图标，系统显示编辑部位的活动范围。右击灰色区域打开快捷菜单，选择 Add 项，可添加划分区域（系统默认把活动区域按 50%划分），同时显示 Preferred angles（优选角度）对话框，见图 4-96，在该对话框中可以进行优选角度的编辑。

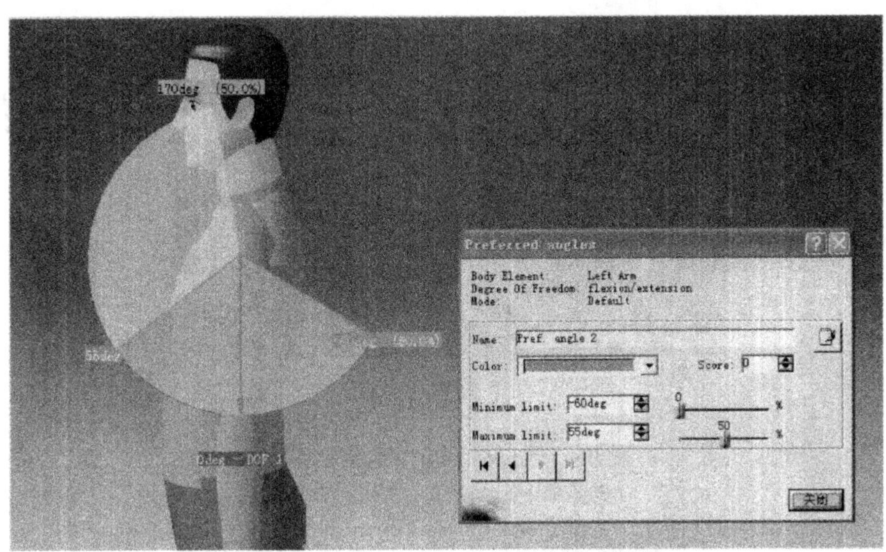

图 4-96 划分区域并进行优选角度编辑

5.姿势评估与优化

确定人体模型各部位的优选角度后，即可进入人体模型的姿态分析阶段。例如编辑人体模型左臂、右臂和左肩的优选角度后，在工具栏中单击图标，打开 Postural Score Anal-ysis(姿态评估)对话框，见图 4-97。

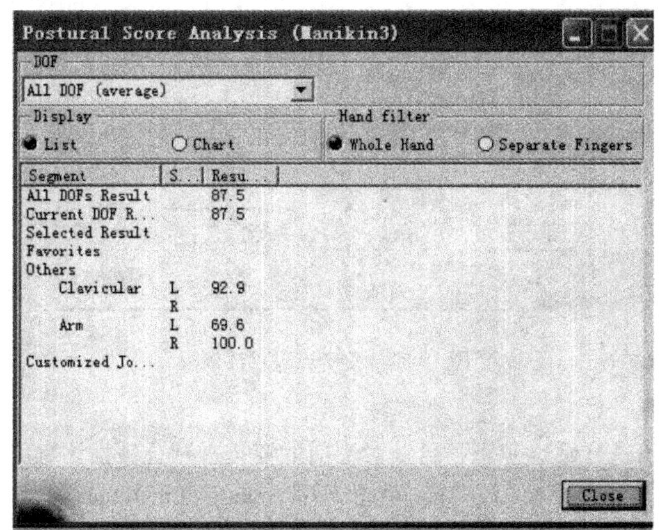

图 4-97 划分区域并进行优选角度编辑

单击 Find Best Posture(寻找最佳姿态)图标，人体模型即处于最佳位置，人体模型各部位将处于优选角度分值最高的区域，见图 4-98。

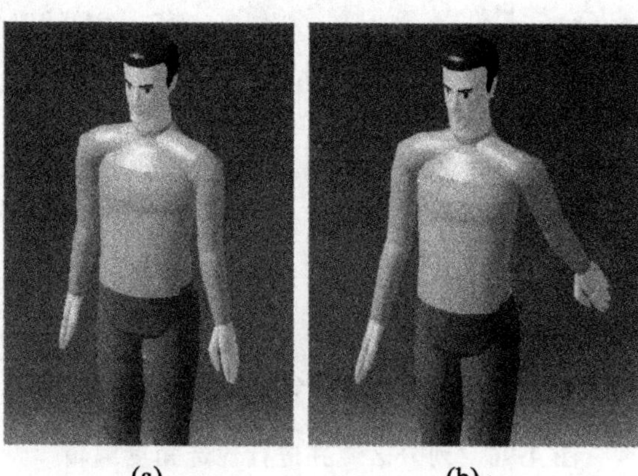

(a) (b)

图 4-98 人体模型姿态优化

(a)进入最佳姿态前;(b)进入最佳姿态后

(四)人体行为分析(Human Activity Analysis)模块

1.上肢评价

若上肢在某个姿势下承受一定的负荷，本模块能对此给出人机工程的评价。假设人体姿势如图 4-99 所示，在 Ergonomics Tools(人机工程工具)工具栏(图 4-100)中，单击 RULA Analysis (快速上肢评价分析)图标，弹出 RULA Analysis 对话框，见图 4-101。

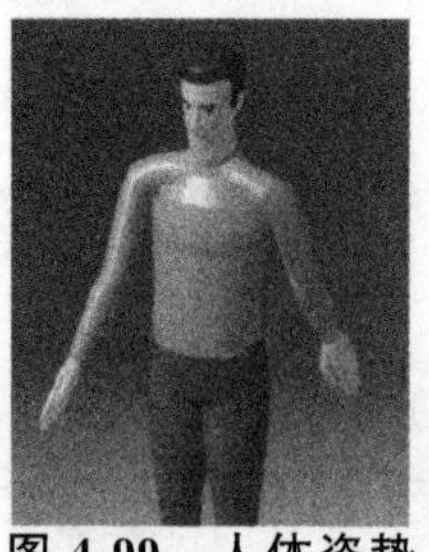

图 4-99 人体姿势

图 4-100 人机工程工具栏

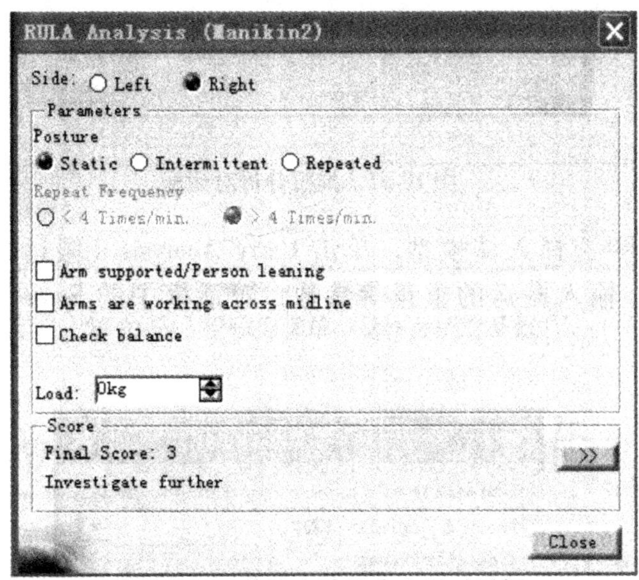

图 4-101　快速上肢评价分析对话框

在 RULA Analysis 对话框中输入工作负荷参数，如静负荷或循环负荷、负荷的频率（每分钟 4 次以上或以下）、负荷量值（千克数）等，即可得到人机工程分析的得分，显示在 Score 栏内，同时有彩块直观显示得分情况。1～2 分为绿色，表示可接受，对话框中提示“Acceptable”；3～4 分为黄色，表示应研究该姿势是否加以改变，对话框中提示“Investigate further”；5～6 分为橙色，表示要尽快研究和改变姿势，对话框中提示“Investigate further and change soon”；7 分为红色，表示要立即研究并改变姿势，对话框中提示“Investigation and change immediately”。

2.推拉分析

分析推拉式工作负荷对人体是否适宜，得出结论。

在树状目录中选择人体模型，单击 Push-Pull Analysis（推拉分析）图标，弹出 Push-Pull Analysis 对话框，输入推拉的力值（牛顿数）、推拉距离等参数，对话框中的 Score 栏内给出分析结果，见图 4-102。

Push-Pull Analysis (Manikin2)
Guideline
Snook & Ciriello 1991
Specifications
1 push every: 7s
Distance of push: 2133.6mm
Distance of pull: 2133.6mm
Population sample: 50%
Score
Maximum acceptable initial force:
Push 339.294N
Pull 269.99N
Maximum acceptable Sustained force:
Push 186.87N
Pull 159.432N
Close

图 1-102　推拉分析对话框

3.搬运分析

分析搬运的重量对人体是否适宜,得出结论。

在树状目录中选择人体模型,单击 Carry Analysis(搬运分析)图标,弹出 Carry Analysis 对话框,输入搬运的重量等参数,对话框中的 Score 栏会给出分析结果,见图 4-103。

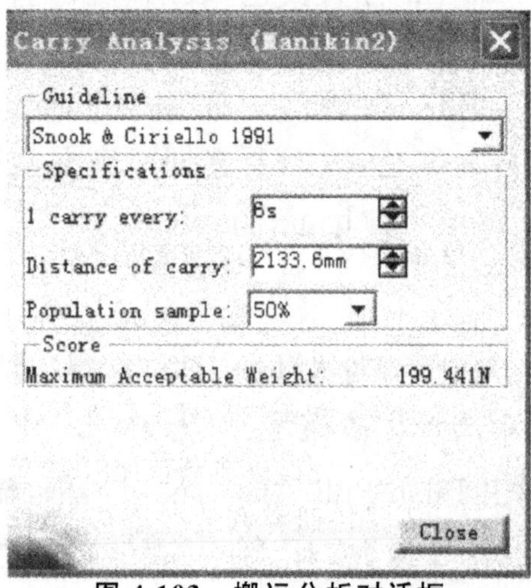

图 4-103　搬运分析对话框

4.生物力学单一动作分析

基于人体生物力学的研究，在人体单一动作方面已经发布了很多数据资料，例如腰椎的合理负荷、人体关节受力和运动的适宜量值等，它们已经存储在 CATIA 的 Ergonomics De-sign & A-nalysis(人机工程设计与分析)模块中。因此调出生物力学单一动作分析对话框(图 4-104)，根据给定的姿态，输入工作数据，即可获得评分结论。

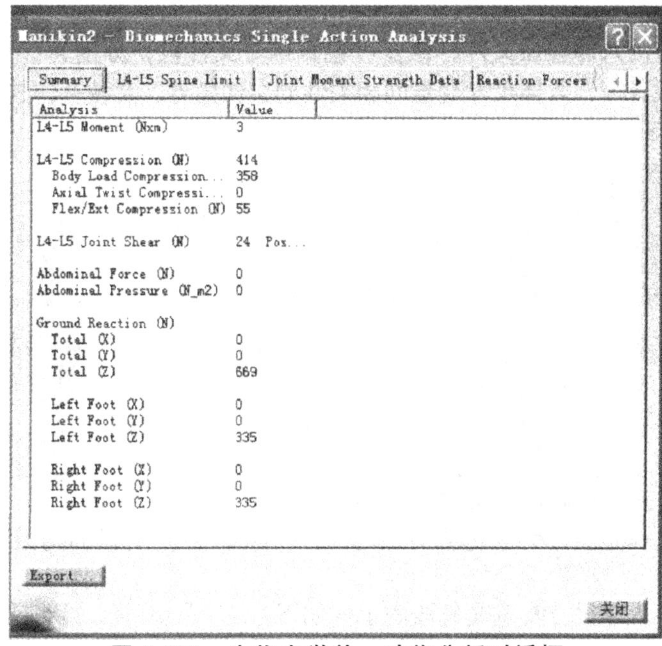

图 4-104　生物力学单一动作分析对话框

三、人机工程设计实例[1]

(一)产品人机工程设计

机床的控制面板是操作者与机床打交道的操作核心，也是人

[1] 杨海成，陆长德，余隋怀.计算机辅助工业设计[M].北京：北京理工大学出版社，2009

机工程设计的典范。控制面板上的各种操纵器很多(各种按钮、旋钮等),为使操作者明确其功能,不发生误操作,操纵器的布局要整齐。操纵器的编码设计也很重要,不同的操纵器在设计时要标识编码,对于急停按钮,要放在最醒目的位置上,色彩上以醒目的橘红色为主,其大小为其他操纵器的 3 倍以上。

依据产品人机设计导则,操纵器放置的角度、高度都跟人的高度以及视野范围有关。根据产品人机流程,设计过程如下。

第一,导入由依据形态设计导则完成的机床模型,如图 4-105 所示。

第二,制作并导入成年男子第 50 百分位数下的人体模型,如图 4-106 所示。

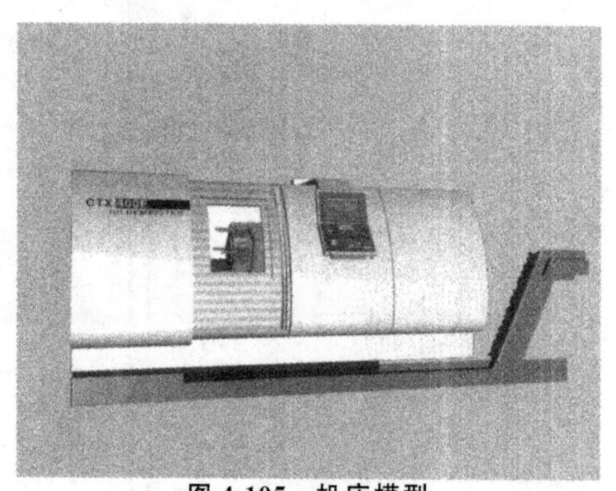

图 4-105　机床模型

图 4-106　第 50 百分位数下的成年男子人体模型

第三,根据视觉显示装置设计与布局导则,调整人体模型的视觉范围。作业者在操纵控制面板时,会同时监视机床玻璃门内机器的运转状态,因此操纵控制面板应与玻璃门平面平行,以确保操作者的视野范围(视平线向下 10°左右为最佳);调整控制面板的高度不仅要保证操作者的视野范围,还要满足作业者站姿操作时手臂的操作范围(略低于肘部高度为最佳)。调整人体模型的操作姿态(手臂高度),使其呈最佳操作姿态,调整控制面板的高度使其在人体模型的操控之下，如图 4-107 所示。

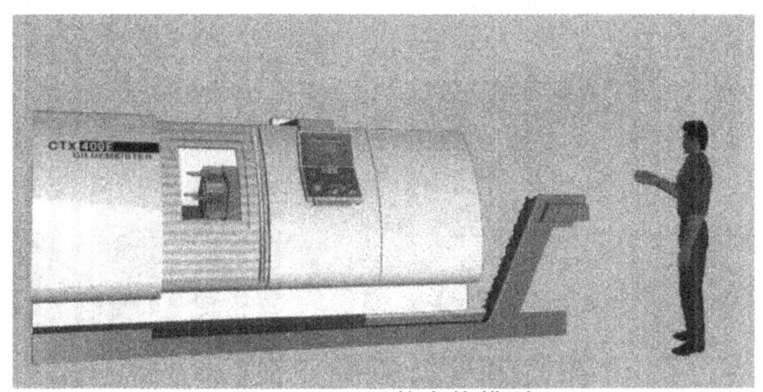

图 4-107 调整人体模型

第四，在上述调整过程中，一旦发现机床模型无法满足人体模型的尺寸要求，就要对其进行修改，并重新测试调整，直至满意为止，最后输出最佳方案，如图 4-108 所示。

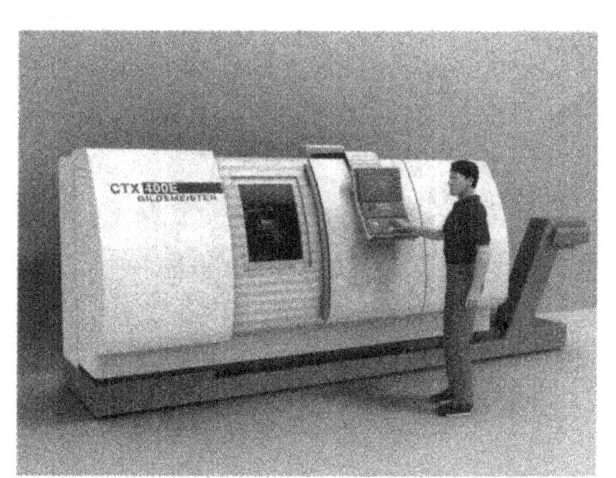

图 4-108 机床的人机工程设计最佳方案

（二）视觉传达人机工程设计

标志符号作为一类典型的信息常被用于表示机器的功能、运转状态或指示方向、标识产品名称等。因此在标志符号的设计中，不仅要注意其设计的形状美观，色彩的搭配也应符合人的视觉要求。这里以西北工业大学工业设计研究所博士生导师陆长德教授为“八五”公关成果设计的标志为例，介绍人机工程学准则在标志符号设计中的应用。

该标志在 CorelDRAW 软件中完成。在色彩搭配设计中，首先用填色工具为该标志填充黄色前景色和白色背景，如图 4-109 所示。

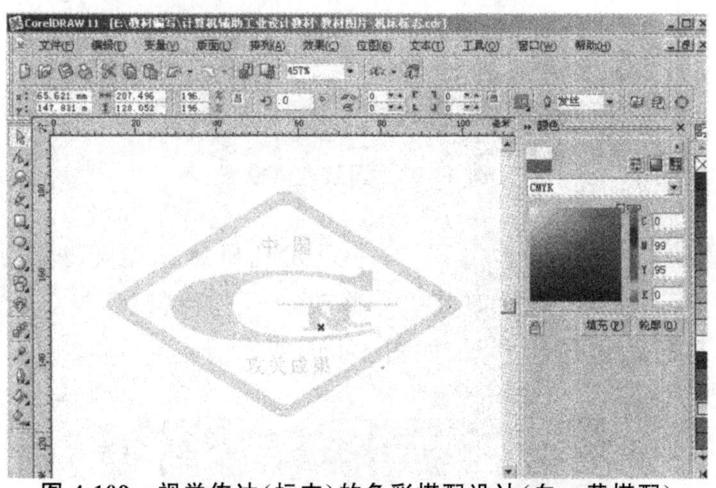

图 4-109　视觉传达（标志）的色彩搭配设计（白—黄搭配）

用填色工具为标志填充黄色前景色和黑色背景。

根据人机工程学关于色彩搭配的设计导则，白—黄搭配是模糊的配色关系，而黑—黄搭配则是一对醒目的色彩搭配。因此通过比较，我们选择图 4-110 所示的色彩方案。

再看其他色彩的配色方案。用填色工具为标志填充红、蓝两色前景色，背景选择黑色，如图 4-111 所示。

（1）在图 4-112 中，标志的色彩不变，仍为蓝、红色，背景改为白色。

（2）根据人机工程学关于色彩搭配的设计导则，黑—红、白—红都是较醒目的色彩搭配，而黑—蓝搭配是模糊的配色关系，白—蓝搭配是一对醒目的色彩搭配。

标志作为符号信息的一种，其标示的位置也应符合视觉规律，以达到美观、醒目的目的。这里仍以机床的标志为例进行布局设计。

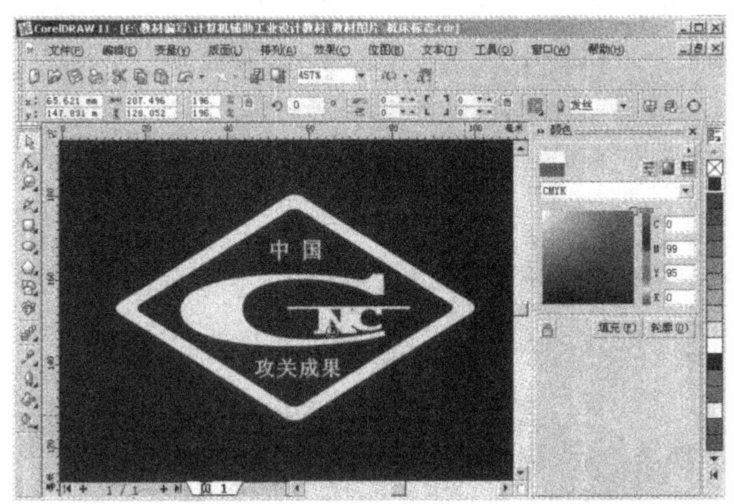

图 4-110　视觉传达(标志)的色彩搭配设计(黑—黄搭配)

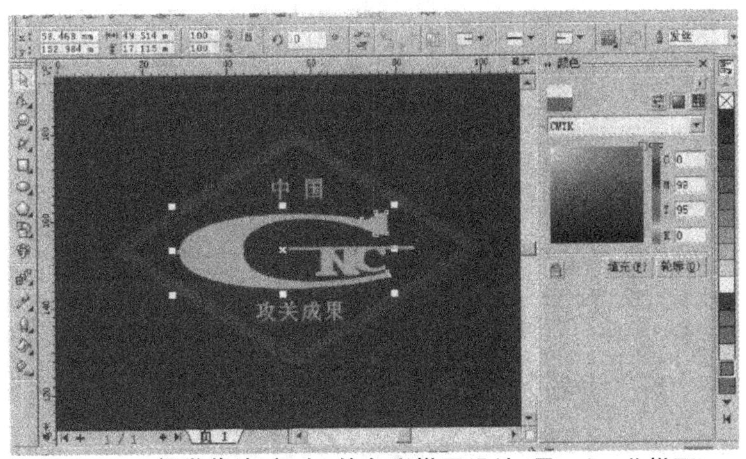

图 4-111　视觉传达(标志)的色彩搭配设计(黑—红、蓝搭配)

根据人机设计流程,分别将标志作为贴图贴在 3DS Max 软件中机床的左上(图 4-113)、右上(图 4-114)、左下(图 4-115)、右下(图 4-116)位置。根据视觉显示装置设计导则中的视觉规律,左上角位置是最佳观察范围,因此选定左上角为最佳方案。

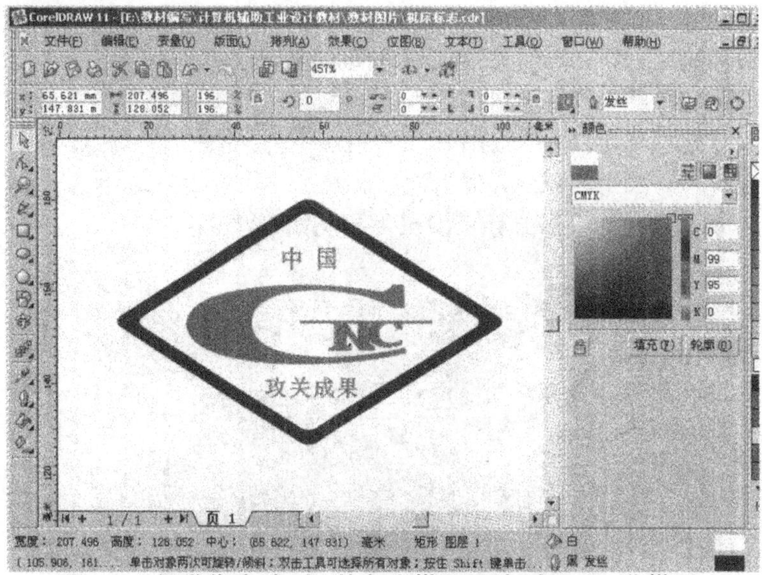

图 4-112 视觉传达(标志)的色彩搭配设计(白—红、蓝搭配)

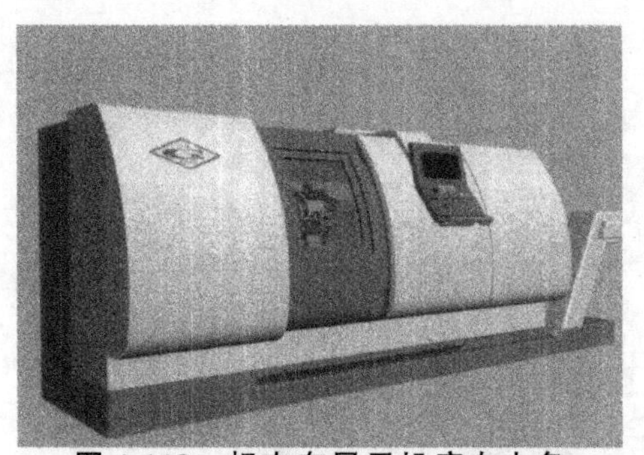
图 4-113　标志布局于机床左上角

图 4-114　标志布局于机床右上角

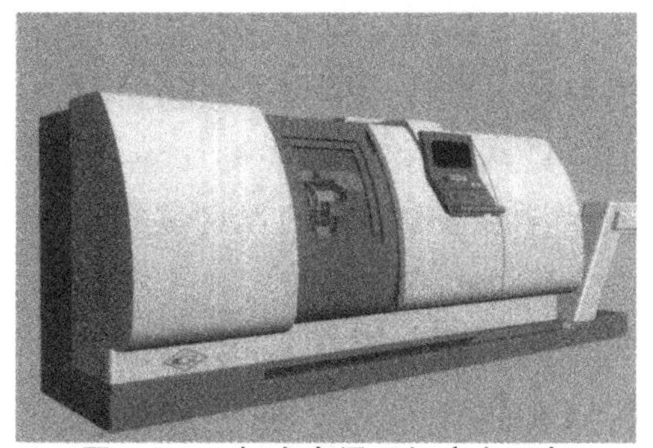

图 4-115　标志布局于机床左下角

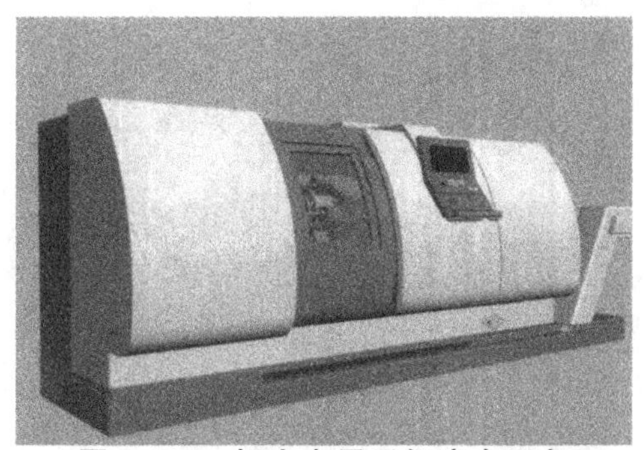

图 4-116　标志布局于机床右下角

（三）环境人机工程设计

通过人体模型在空间中的活动模拟，可以合理地设计接待台的高度（由模型的站姿肘高决定）、座椅的高度（由于经常起立，因此接待员可选择站姿或座面较高的座椅）。根据作业空间的设计方法和导则，接待台的人机设计过程如下。

根据接待工作性质，确定其使用人群为青年女性。

根据国标人体测量数据，采用人体模型软件制作青年女性的虚拟人体模型，如图 4-117 所示。

图 4-117　青年女性的虚拟人体模型

采用 VR 软件或其他产品建模软件建立接待台模型，并将青年女性的人体模型导入接待台模型虚拟场景中。

调整模型的姿势，根据作业姿势设计导则检测接待台与人体模型之间是否发生碰撞，接待台的尺寸是否满足人体模型的需求，如图 4-118 所示。

实时修改或更换不适合的方案，进一步完善设计，最终输出满意的作业空间设计方案，如图 4-119 所示。

图 4-118　将人体模型导入接待台场景中并调整姿势

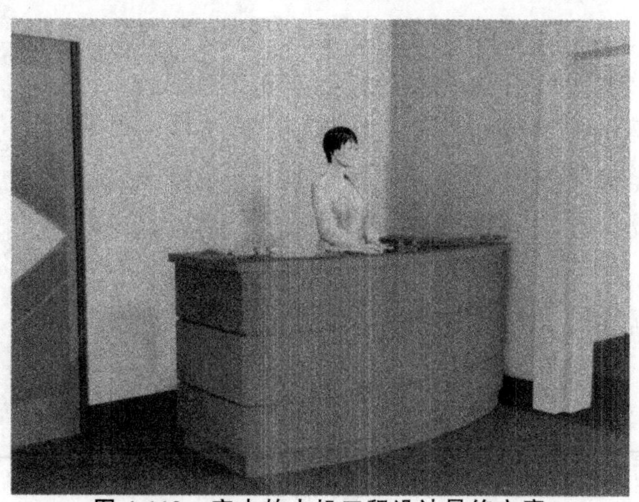

图 4-119　室内的人机工程设计最终方案

第五章

虚拟现实技术的特征与系统分类

虚拟现实技术作为一项综合性的信息技术，具有想象性、交互性、沉浸感等特征，因为它融合了数字图像处理、计算机图形学、多媒体技术、计算机仿真技术、传感器技术、显示技术和网络并行处理等多个信息技术分支。本章重点对虚拟现实技术进行介绍，同时归纳虚拟现实技术的特征，以及系统构成。

第一节　虚拟现实技术的界定与特征

一、虚拟现实技术的界定

（一）虚拟现实技术的发展

世界上第一台 VR 设备出现在 1962 年，这款名为“Sensorama”的设备需要用户坐在椅子上，把头探进设备内部，通过三面显示屏来形成空间感，从而形成虚拟现实体验。[1]

1968 年，有着“计算机图形学之父”美称的著名计算机科学家 Ivan Sutherland 设计了第一款头戴式显示器“Sutherland”。但是由于受当时技术的限制，整个设备相当沉重，如果不跟天花板上的支撑杆连接是无法正常使用的，而其独特的造型也被用户戏称

[1] 王寒等著.虚拟现实：引领未来的人机交互革命[M].北京：机械工业出版社，2016

为悬在头上的“达摩克利斯之剑”。

图 5-1 sensorama

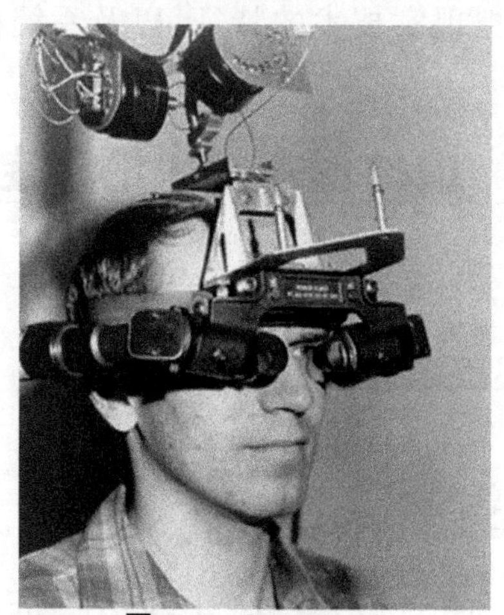

图 5-2 Sutherland

美国 VPL 公司创建人杰伦·拉尼尔(Jaron Lanier),被业界称为“虚拟现实之父”,这位集计算机科学家、哲学家和音乐家三种身份于一身的天才在 1987 年提出了 VR 概念。

他首先提出了虚拟现实的概念:利用电脑模拟产生一个三维虚拟世界,提供使用者关于视觉、听觉、触觉等感官的模拟。作为数字化时代的缔造人之一,拉尼尔提出虚拟现实概念时才 20 岁,此时的他正沉浸在第一代硅谷梦想家和人工智能幻想家结成的小圈子里。而他本人也拼装了一台价值 10 万美元的虚拟现实头盔。很多与其志同道合的人在 20 世纪 80 年代中期聚集到硅谷，在租下的破旧平房里工作，将虚拟现实技术转化成成果。因为年代久远，这款头盔的造型已经找不到了，但是这套虚拟现实系统是第一款真正投放市场的 VR 商业产品。

图 5-3　Jaron Lanier

从 20 世纪 80 年代到 90 年代，虽然人们一直在科幻电影中幻想虚拟现实的到来，可是 1991 年一款名为"Virtuality 1000CS"的虚拟现实设备充分地为当时的人们展现了 VR 产品的尴尬之处：外形笨重、功能单一以及价格昂贵，虽然被赋予希望，可依然是概念性地存在。

后来任天堂发布了名为"Virtual Boy"的虚拟现实主机，但步子大了，太过超前的思维有时候很难支撑起残酷的现实。被时代周刊评为"史上最差的 50 个发明之一"的任天堂主机"Virtual Boy"仅仅在市场上生存了 6 个月就销声匿迹了。

Virtual Boy 由横井军平设计，是游戏界对虚拟现实的第一次尝试。之前 VB 计划以头罩式眼镜方式实现户外娱乐的可能性。山内溥在 1995 年 5 月突然独断决定将 VB 于 7 月 15 日投放市场，为了赶在预定时间推出，最终不得不把 VB 之前的头罩式眼镜设计改为三角支架平置桌面的妥协设计。

VB 称得上是任天堂最革命的产品，横井军平试图用一种突破性的创意来改变游戏的发展方向，可惜由于理念过于前卫以及当时本身技术力的局限等原因被唾弃。

图 5-4　Virtual Boy

在之后这十几年里，或许是受到 VB 失败的影响，VR 设备似乎再没有掀起过热潮。除了任天堂之外，敢再次在 VR 这块儿出大手笔动作的还有谷歌。

2012 年 4 月 5 日，谷歌发布了一款“拓展现实”的眼镜 Google Glass，它具有和智能手机一样的功能，可以通过声音控制拍照、视频通话和辨明方向，以及上网冲浪、处理文字信息和电子邮件等。相较于之前的 VR 设备，谷歌眼镜有着小而强大的特点，并且兼容性高，又有多款不同的颜色，这对于爱时尚的用户而言，绝对是一款一流的装饰品。

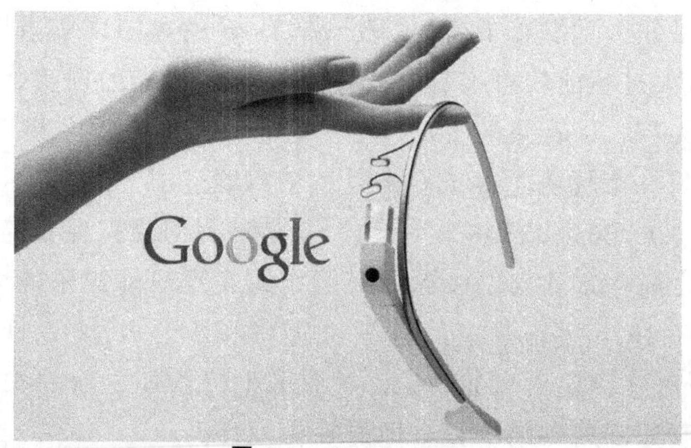

图 5-5　Google Glass

虽然这跟我们普遍意义上的 VR 有些区别，可以把之归结在 AR（增强现实）产品的范畴，但是在人机交互、开阔全新的现实视野上，谷歌眼镜又掀起了一阵风潮。

人们追求虚拟现实的理由很简单：新鲜感。没有人喜欢一成不变的生活，但碍于现实情况，大部分人无法体验到周游世界的美妙或是太空旅行的新奇，也无法成为中世纪战士或是超级英雄。所以，在互联网、智能平台迸发的年代，科技厂商们重拾虚拟现实的概念，Oculus Rift 等设备便应运而生了。

Oculus Rift 显然是真正让普通消费者开始关注虚拟现实设备的功臣，这个于 2012 年登录 Kickstarter 众筹平台的虚拟现实头戴显示器虽没有能成功集资，但获得了 1600 万美元的风投，完成了首轮资本累积。后来 Facebook 在 2014 年 3 月花费 20 亿美元收购了这家公司。

图 5-6　Oculus Rift

Oculus Rift 目前仍处于开发阶段，其第二版开发包面向开发者和核心用户发售，仍未出现在零售市场中。第二版开发包主要的改进在于减少恶心眩晕感、改进了 OLED 显示屏效果等，摄像头也能够更好地捕捉用户头部动作。

另一个极受关注的虚拟现实显示器则是索尼在 2014 年 GDC 游戏者开发大会上如期公布的 PlayStation 专用虚拟现实设备

Project Morpheus。

其实从2011年开始,索尼就开始发布自己的头戴式显示器HMZ系列,这系列设备也仅仅是作为屏幕的作用而出现。没有体感和重力感应的它大多数时候只是给玩家提供了一块看起来很巨型的3D屏幕而已。后来在PROTOTYPE-SR上加装了摄像头和陀螺仪,能够将过去的影像和当前的影像进行融合的实验性设备。最后终于到了 Project Morpheus(现已更名为:PlayStation VR)登场的时间。

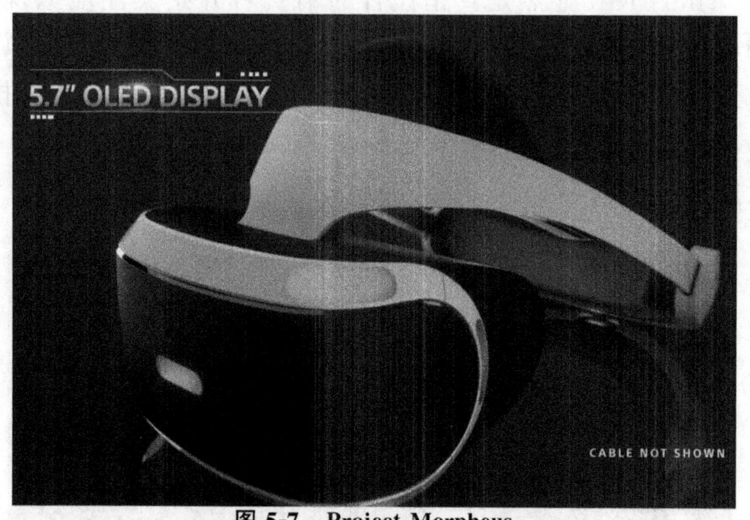

图 5-7 Project Morpheus

相对于Oculus Rift的跨平台兼容性,PlayStation VR面向索尼的PS4游戏机,更像是一款垂直的游戏周边。当然,其优势也在于PS4的用户数量、更强的购买力和众多游戏厂商的支持,在2015年多个游戏展上的成功演示似乎让玩家们看到了虚拟现实游戏的未来。

不得不提的还有 HTC Vive,这是一款 HTC 和 Valve 在2015年3月巴塞罗拉世界移动通信大会上合作推出的一款VR游戏头盔,Valve手里有全球最大的综合性数字发行平台Steam(主要发行PC游戏)。最新的数据显示Steam有1.25亿注册用户,最高同时在线用户数超过1000万。这是一个相当巨大的用户群。其入侵 VR 领域的气焰也是势不可挡。HTC Vive 于 2016 年 2 月接受预订,4 月正式登场。

图 5-8　HTC Vive

(二)虚拟现实技术的构成

虚拟现实技术(VR)是以计算机支持的仿真技术为前提的,对设计、加工、装配、维护等,经过统一建模形成虚拟的环境、虚拟的过程、虚拟的产品,其组成如图 5-9 所示。

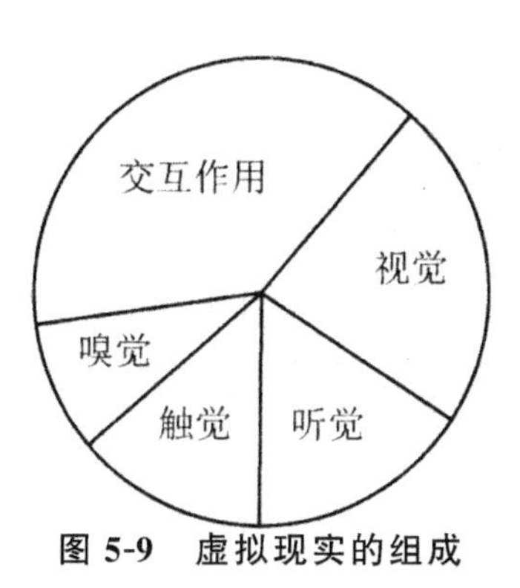

图 5-9　虚拟现实的组成

虚拟现实技术,是基于自然方式的人机交互系统,利用计算机生成一个虚拟环境,并通过多种传感设备,使用户有身临其境的感觉。它是产品设计开发的测试床。像真实的产品生产过程一样,虚拟设计技术包括工程分析、虚拟制样、网络化协同设计、虚拟装配及设计参数的交互式可视化等。

二、虚拟现实技术的特征

虚拟现实技术的基本特征可描述为3I:Imagination、Interaction、Immersion。

(一)Imagination(想象)

虚拟设计系统中可以通过语音控制系统、配合数据手套等设备控制设计的过程,从而摆脱现在很多设计软件、设计信息的反馈等条件的束缚,更能发挥出设计人员的想象力。

(二)Interaction(交互式)

虚拟设计系统具有友好的交互界面,视觉输出、语音输入、触觉反馈等系统改变了现在的一些设计软件复杂的菜单、命令,使得设计人员不必花大量的时间去熟悉软件的使用,也可以不必受软件的格式、命令的约束。

(三)Immersion(沉浸感)

虚拟设计系统可以使设计者身临其境地设计产品,沉浸在虚拟设计系统中,这是虚拟设计最大的特点。

美国科学家Burdea G.和Philippe Coiffet在1993年世界电子年会上发表了一篇题为"Virtual Reality System and Applications"(虚拟现实系统与应用)的文章,该文章首次提出了虚拟现实技术的3个特性,即沉浸性、交互性和想象性。这3个特性不是孤立存在的,它们之间是相互影响的,每个特性的实现都是依赖于另两个特性的实现。

正如上面所提及,虚拟现实技术具有的交互性、沉浸性、想象性,使得参与者能在虚拟环境中沉浸其中、超越其上、进退自如并自由交互。它强调了人在虚拟系统中的主导作用，即人的感受在整个系统中最重要。因此交互性和沉浸性这两个特征，是虚拟现实与其他相关技术（如三维动画、科学可视化及传统的多媒体图像技术等）本质的区别。简而言之，虚拟现实是人机交互内容和交互方式的革新。

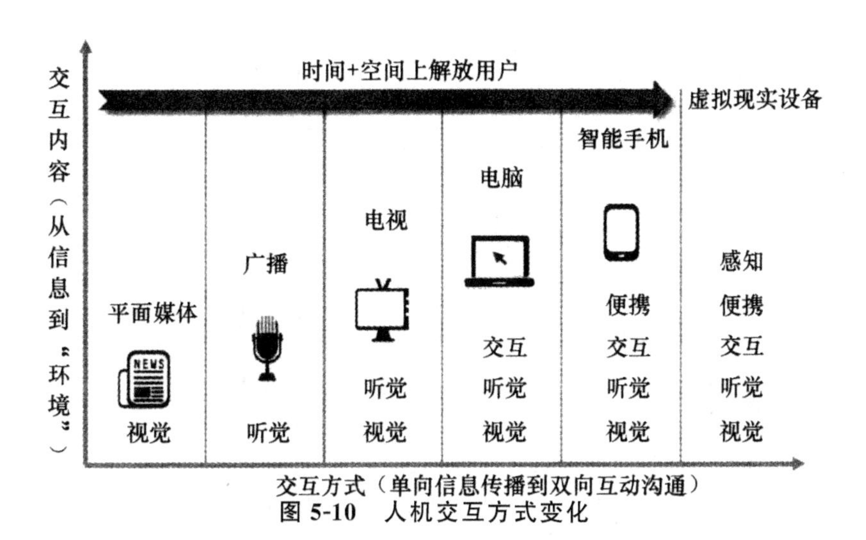

图 5-10 人机交互方式变化

第二节 虚拟现实技术系统分类研究

一、虚拟现实技术系统的构成

将虚拟技术应用于产品的开发设计，称为“虚拟设计”。虚拟设计系统按照配置的档次可以分为两大类：一类是基于 PC 机的廉价设计系统；另一类是基于工作站的高档产品开发设计系统。两种设计系统的构成原理是大同小异的。图 5-11 是典型的虚拟设计系统的结构示意图。

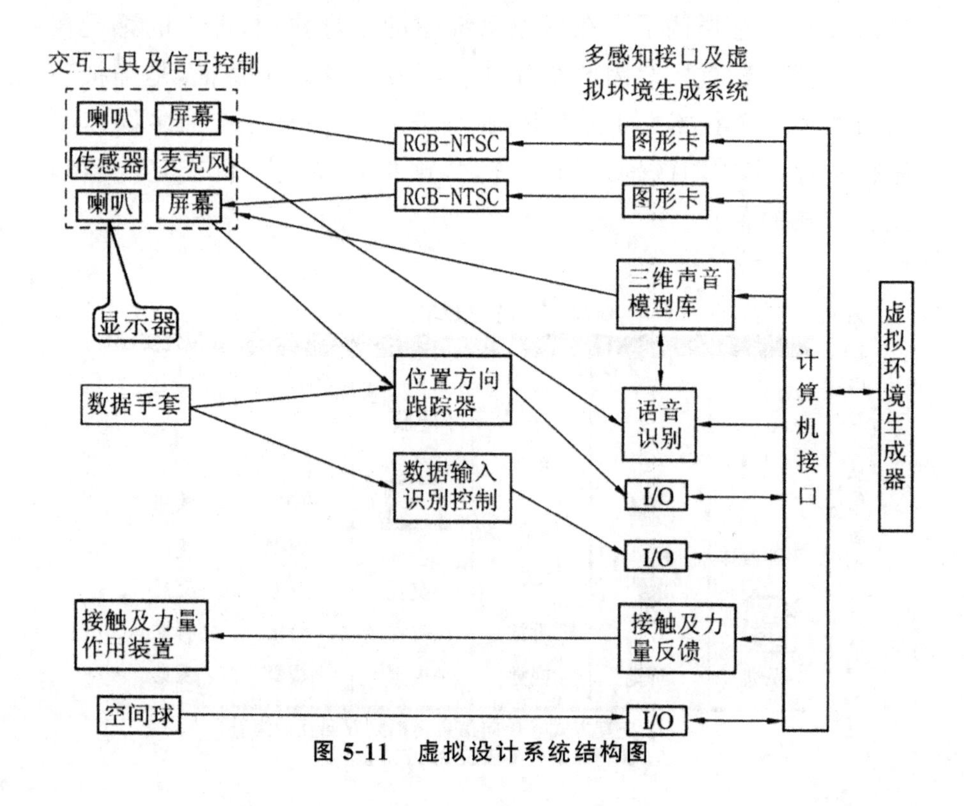

图 5-11 虚拟设计系统结构图

二、虚拟现实技术系统的四大类

(一)桌面式虚拟现实系统

桌面式虚拟现实系统(Desktop VR)是一套基于普通 PC 平台的小型虚拟现实系统,非常适合刚刚介入虚拟现实研究的单位和个人。

之所以说它更适合于刚刚介入虚拟现实研究的单位和个人,是因为桌面式虚拟现实系统缺乏完全沉浸式效果,桌面式虚拟现实系统的体系结构如图 5-13 所示。

图 5-12　桌面式虚拟现实系统

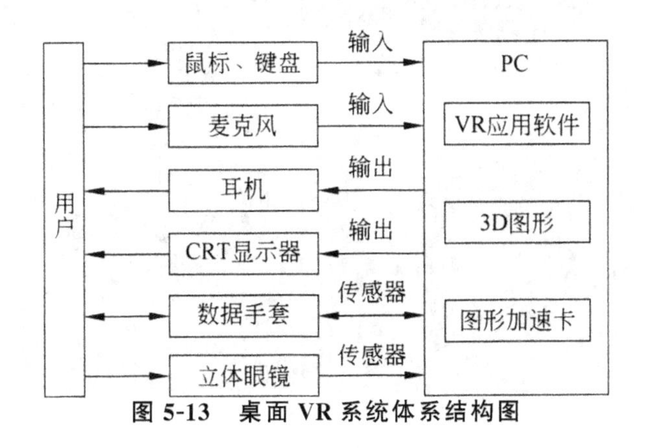

图 5-13　桌面 VR 系统体系结构图

（二）沉浸式虚拟现实系统

桌面式虚拟现实系统一般是采用 PC 显示器，而沉浸式虚拟现实常采用全封闭的投影，使人自然感觉身在其中。

目前，人们喜闻乐见的电影也在不断从技术上追求沉浸感效果，并充分利用了虚拟现实技术的成果。电影从传统的 2D 进入了 3D，由于有了物体对象的深度感，给人们留下了深刻的印象，然而技术并没有止步，现在又有了 4D、5D 甚至 7D 电影。

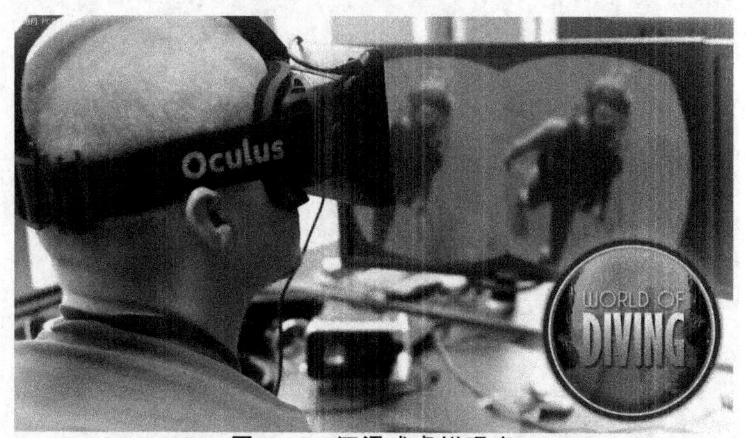

图 5-14　沉浸式虚拟现实

图 5-15　虚拟现实 CAVE 系统

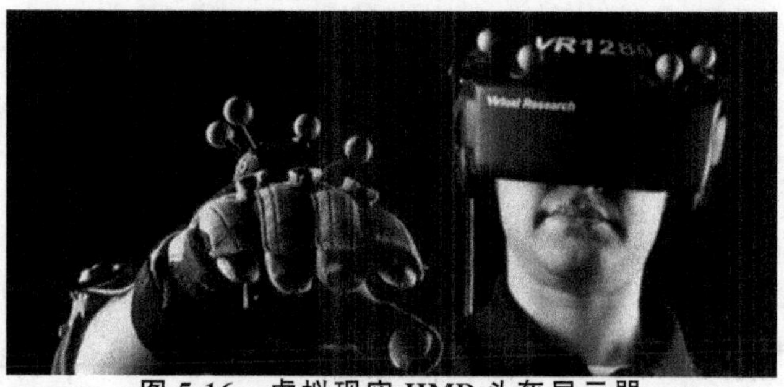

图 5-16　虚拟现实 HMD 头盔显示器

（三）增强式虚拟现实系统

增强式虚拟现实系统（Aggrandize VR）的产生得益于20世纪60年代以来计算机图形学技术的迅速发展，是近年来国内外众多知名学府和研究机构的研究热点之一。增强虚拟现实系统具有虚实结合、实时交互和三维注册的新特点，即把真实环境和虚拟环境组合在一起的一种系统，它既允许用户看到真实世界，同时也可以看到叠加在真实世界的虚拟对象，这种系统既可减少对构成复杂真实环境的计算，又可对实际物体进行操作，真正达到亦真亦幻的境界。

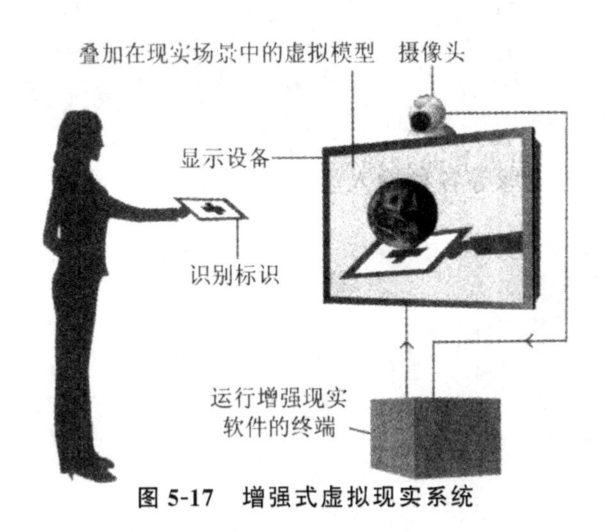

图 5-17　增强式虚拟现实系统

微软 Hololens 全息眼镜由 Microsoft 公司于北京时间2015年1月22日凌晨与 Windows 10 同时发布。可以投射新闻信息流、收看视频、查看天气、辅助 3D 建模、协助模拟登录火星场景、模拟游戏。其很成功地将虚拟和现实结合起来，并实现了更佳的互动性。使用者可以很轻松地在现实场景中辨别出虚拟图像，并对其发号施令。

不过从微软 Hololens 定价和产品策略来看，它更倾向于定位专业领域，即针对行业市场（企业市场）。而定价只有 Hololens 的三分之一的 AR 新贵 Meta，产品目标用户并非专业工作人员，而是数量更多的普通消费者。目前 Meta 2 开发者版本已经可以在90°视野下提供 2K 级别的 AR 画面输出，对 Mac 和 PC 的兼容非常良好。按照 Meta 公司最新的宣传，他们将在 Meta 3 实现与目前普通眼镜的大小，真正实现面向大众消费者。

图 5-18　微软 Hololens Ar 技术展示

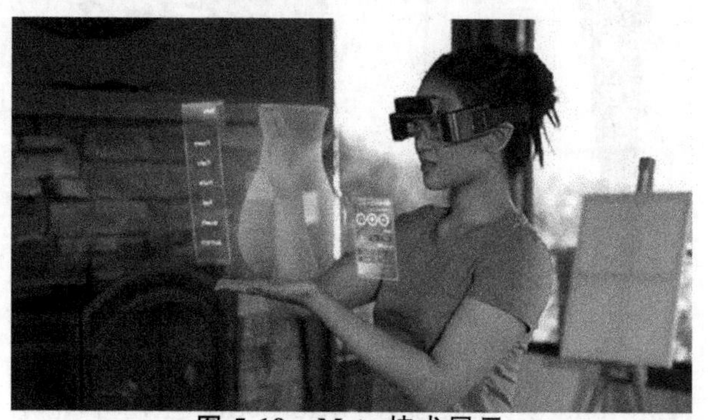

图 5-19　Meta 技术展示

（四）分布式虚拟现实系统

分布式虚拟现实系统是一个基于网络的可供异地多用户同时参与的分布式虚拟环境。

典型的应用领域有：

(1)教育应用。把分布式虚拟现实系统用于建造人体模型、电脑太空旅游、化合物分子结构显示等领域，由于数据更加逼真，大大提高了人们的想象力、激发了受教育者的学习兴趣，学习效果十分显著。同时，随着计算机技术、心理学、教育学等多种学科的相互结合、促进和发展，系统因此能够提供更加协调的人机对话方式。

图 5-20　分布式虚拟现实系统

（2）工程应用。当前的工程很大程度上要依赖于图形工具，以便直观地显示各种产品，目前，CAD/CAM 已经成为机械、建筑等领域必不可少的软件工具。分布式虚拟现实系统的应用将使工程人员能通过全球网或局域网按协作方式进行三维模型的设计、交流和发布，从而进一步提高生产效率并削减成本。

（3）商业应用。对于那些期望与顾客建立直接联系的公司，尤其是那些在他们的主页上向客户发送电子广告的公司，Internet 具有特别的吸引力。分布式虚拟系统的应用有可能大幅度改善顾客购买商品的经历。例如，顾客可以访问虚拟世界中的商店，在那里挑选商品，然后通过 Internet 办理付款手续，商店则及时把商品送到顾客手中。

（4）娱乐应用。娱乐领域是分布式虚拟现实系统的一个重要应用领域。它能够提供更为逼真的虚拟环境，从而使人们能够享受其中的乐趣，带来更好的娱乐感觉。

第六章

虚拟现实系统的综合与研究现状

目前，虚拟现实技术、理论分析和科学实验已经成为人类探索客观世界规律的三大手段。虚拟现实系统在运作过程中，通常需要处理来自各种设备的大量感知信息、模型和数据，因此，本书重点分析虚拟现实系统的相关技术，软件硬件系统组成，并对国内虚拟技术和国外虚拟技术所取得的成就展开探讨，从目前BAT的举措来看，3家的发力点还是紧紧围绕自身的核心业务。百度选择了从视频内容平台入手，阿里巴巴选择了与外部合作，而腾讯则继续围绕社交和娱乐投入重兵，都选择在虚拟现实领域展开追逐。除此之外，华为、联想、奥飞动漫、联络互动等互联网企业也相继选编进军虚拟现实领域。

第一节　虚拟现实系统的相关技术研究

一、立体显示技术

两只眼睛的视差是实现立体视觉的基础。为了实现立体显示效果，首先需要对同一场景分别产生相应于左右眼的不同图像，让它们之间具有一定的视差；然后，借助相关技术，使双眼只能看到与之相应的图像。这样，用户才能感受到立体效果。

从时间特点上来讲，目前的立体显示技术可以分为同时显示(frame parallel)技术和分时显示(frame sequential)技术两类。同时显示是指，在屏幕上同时显示出对应于双眼的两幅图像；分时显示是指，以一定的频率交替显示两幅图像。

从设备特点上来讲，立体显示技术可以分为立体眼镜、立体头盔、裸眼立体三类。其中，立体眼镜又可细分为主动立体眼镜和被动立体眼镜两类。主动立体眼镜是指有源眼镜，它通过“快门”来控制镜片的透光性；被动立体眼镜是指无源眼镜，它通过滤波技术来控制镜片的透光性。下面具体说明各种立体显示技术。

（一）彩色眼镜法

这种眼镜属于被动立体眼镜，主要用于同时显示技术中。它的基本原理是，将左右眼图像用红绿两种补色在同一屏幕上同时显示出来，用户佩戴相应的补色眼镜（一个镜片为红色，另一个镜片为绿色）进行观察。这样每个滤色镜片吸收来自相反图像的光线，从而使双眼只看到同色的图像。这种方法会造成用户的色觉不平衡，产生视觉疲劳。

（二）偏振光眼镜法

偏振光是一个光学名词，这种技术的原理是使用偏振光滤镜或偏振光片来过滤掉特定角度偏振光以外的所有光，让0°的偏振光只进入右眼，90°的偏振光只进入左眼。两种偏振光分别搭载两套画面，观众观看的时候需要佩戴专用的眼镜，而眼镜的镜片则由偏振光滤镜或偏振光片制作，从而完成第二次过滤。

这种眼镜同样属于被动立体眼镜，主要用于同时显示技术中。它的基本原理是，将左右眼图像用偏振方向垂直的光线在同一屏幕上同时显示出来，用户佩戴相应的偏振光眼镜（两个镜片的偏振方向垂直）进行观察。这样每个镜片阻挡相反图像的光波，从而使双眼只能看到相应的图像。

（三）液晶光阀眼镜法

这种眼镜属于主动立体眼镜，主要用于分时显示技术中。它的基本原理是，显示屏分时显示左右眼的视差图，并通过同步信号发射器及同步信号接收器控制观看者所佩戴的液晶光阀眼镜。当显示屏显示左(右)眼视差图像时,左(右)眼镜片透光而右(左)眼镜片不透光,这样双眼就只能看到相应的图像。这种方法的主要特点是,要求显示器的帧频为普通显示器的两倍,一般需要达到120Hz。

(四)立体头盔显示法

这种方法是在观看者双眼前各放置一个显示屏,观看者的左右眼只能看到相应显示屏上的视差图像。头盔显示器可以进一步分为同时显示和分时显示两种,前者的价格更加昂贵。这种立体显示存在单用户性、显示屏分辨率低、头盔沉重及易给眼睛带来不适感等固有缺点。

(五)裸眼立体显示法

这种方法不需要用户佩戴任何装置,直接观看显示设备就可感受到立体效果。这种方法又可细分为3类:光栅式自由立体显示、体显示、全息投影显示。

1.光栅式自由立体显示

这种显示设备主要是由平板显示屏和光栅组合而成。左右眼视差图像按一定规律排列并显示在平板显示屏上,然后利用光栅的分光作用将左右眼视差图像的光线向不同方向传播。当观看者位于合适的观看区域时,其左右眼分别观看到相应的视差图像,从而获得立体视觉效果。常见的光栅类型包括狭缝光栅和柱透镜光栅两类。

狭缝光栅包括前置式狭缝光栅和后置式狭缝光栅两种,观看者左右眼透过狭缝光栅的透光部分只能看到对应的左右眼视差图像,由此产生立体视觉。图6-1(b)中的狭缝光栅置于平板显示屏与背光源之间,用来将背光源调制成狭缝光源。当观看者位于合适的观看区域时,从左(右)眼处只能看到显示屏上的左(右)眼狭缝被光源照亮。所以,观看者左右眼只能看到对应的视差图像，由此产生立体视觉。

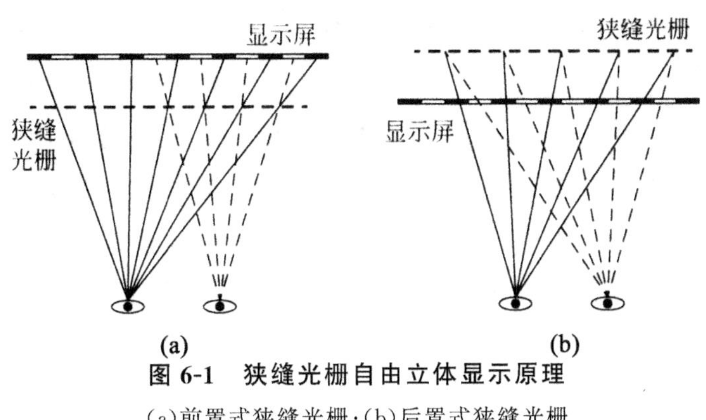

图 6-1　狭缝光栅自由立体显示原理

(a)前置式狭缝光栅；(b)后置式狭缝光栅

柱透镜光栅自由立体显示原理如图 6-2 所示，它利用柱透镜阵列的折射作用，将左右眼视差图像分别提供给观看者的左右眼，从而产生立体视觉效果。

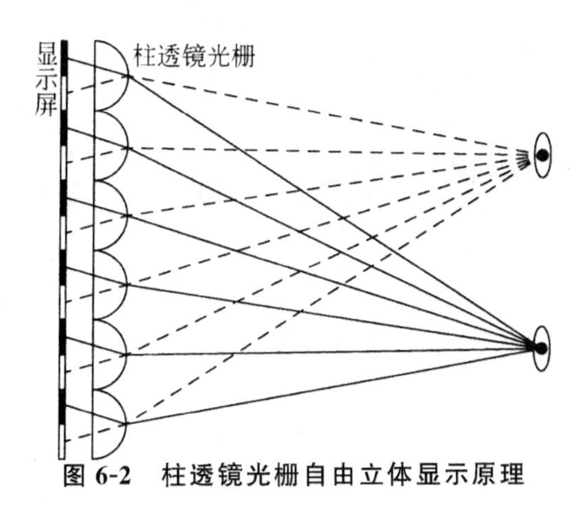

图 6-2　柱透镜光栅自由立体显示原理

可见，光栅式自由立体显示技术的本质是使用光栅等滤光器替代立体眼镜。但是，上述两种光栅都有一定缺陷。例如：狭缝光栅对光线具有遮挡作用，所以会导致立体图像的亮度损失严重；而柱透镜光栅基本不会造成亮度损失。由于在平板显示器上同时显示两幅视差图像，所以上述两种光栅都会导致立体图像的分辨率降低。

2.体显示

它的基本原理是，通过特殊显示设备将三维物体的各个侧面图像同时显示出来。图 6-3 说明了一种基于扫描的体显示方法。它以半圆形显示屏作为投影面，如果将其高速旋转起来，就形成了一个半球形的成像区域。在旋转过程中，投影机会把同一物体的多幅不同侧面的二维图像闪投在显示屏上。这样，由于人眼的视觉暂留原理，就会观看到一个似乎飘浮在空中的三维物体。

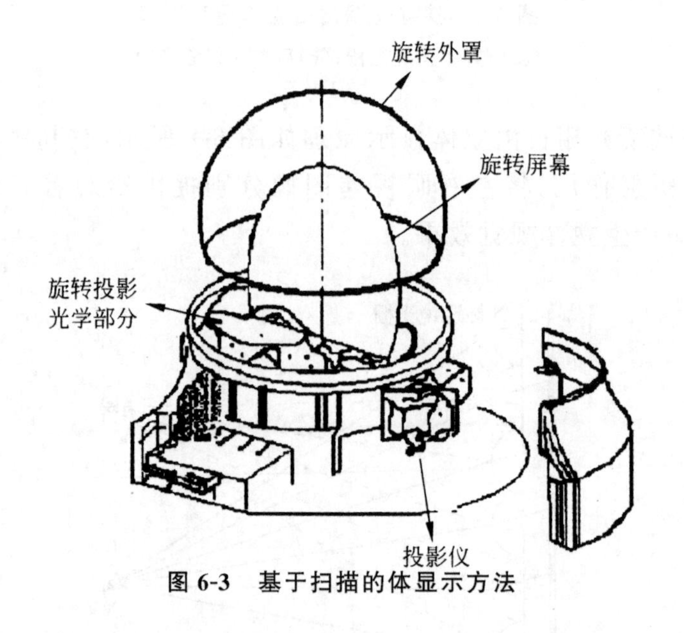

图 6-3 基于扫描的体显示方法

图 6-4 说明了一种基于点阵的体显示方法。图中所示立方体是添加了发光物质的透明荧光体，它是由一系列点阵组成的。如果水平和竖直方向的两束不可见波长的光线同时聚焦到了同一个荧光点上，那么该点就会发出可见光。显示立体图像时，首先需要把三维物体分解为一系列点阵，然后由两束光波依次扫描立方体中的各个荧光点，使得与三维物体相对应的荧光点发光，而其他荧光点不发光。这样，观看者就可以看到立体模型了。

上述体显示方法可供多个观看者同时从不同角度观看同一立体场景，且兼顾了人眼的调节和会聚特性，不会引起视觉疲劳。

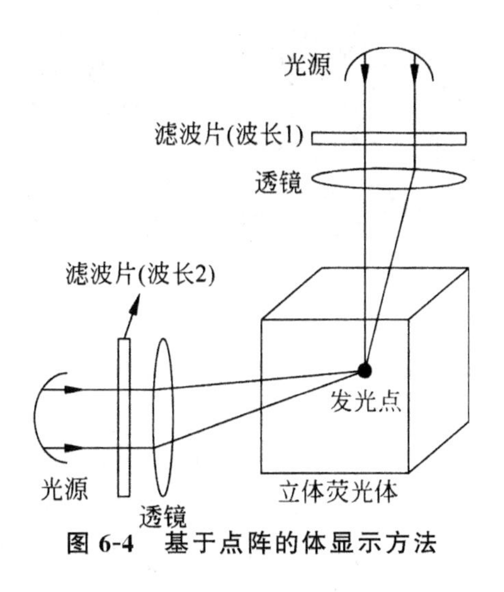

图 6-4　基于点阵的体显示方法

3.全息投影显示

全息投影技术是利用光的干涉和衍射原理记录并再现真实物体三维图像的技术。利用衍射原理再现物体光波信息，这是成像过程：当胶片冲洗完成后，它就记录了原始物体上每一点的衍射光栅。如果将参考光束重新照射胶片时，那么原始物体上每一点的衍射光栅都可以衍射部分参考光线，重建出原始点的散射光线。当原始物体上所有点的衍射光栅所形成的衍射光线叠加在一起以后，就可以重建出整个物体的立体影像了。

全息投影技术再现的三维图像立体感强，具有真实的视觉效应。观看者可以在其前后左右观看，是真正意义上的立体显示。图 6-5 为 HOLOCUBE 公司开发的一款桌面全息显示器。

图 6-5　HOLOCUBE 桌面全息显示器

二、环境建模技术

用户与虚拟现实系统的交互都是在虚拟环境中进行的,用户需要完全沉浸在虚拟环境之中,所以虚拟环境的建模是虚拟现实技术的核心内容。虚拟现实系统中环境的建模与传统的图形建模有相似之处,例如:都需要真实可信的三维模型。但虚拟现实系统中的环境建模还有其特殊要求,例如:虚拟环境中的物体种类繁多,需要各种几何模型的表示方法和建模技术;虚拟环境中的物体都有自己复杂的行为属性,而不是简单的静态物体;虚拟环境中的物体都有自己的交互特性,当用户与其交互时,它应该做出适当的反应。

所以除了三维模型的几何建模之外,虚拟现实系统中的环境建模还包括物理建模和行为建模。几何建模仅仅是对三维模型几何形状的表示,而物理建模则涉及物体的物理属性,行为建模还会涉及三维模型的物理本质及其内在工作机理。

(一)几何建模技术

几何建模技术的研究对象是物体几何信息的表示与处理,它涉及几何信息的数据结构及其操作算法。虚拟现实系统要求物体的几何建模必须快捷和易于显示,这样才能保证交互的实时性。

目前，在微观上，常用的几何模型表示方法包括体素表示法和面片表示法。体素表示法将几何模型细分为三维空间中的微小颗粒，这些颗粒可以是球体、四面体、立方体等。这种体素表示法能够描述模型的内部信息，便于表达模型在外力作用下的特征（变形、分裂等），但计算时间和空间复杂度较高。面片表示法用多边形面片表示模型的表面形状，一般采用三角面片。这种方法操作简单、技术成熟。

对于虚拟现实系统而言，很少会基于这些方法自己动手开发几何建模软件，而是借助一些现有的图形软件，例如：3DS Max、Maya、AutoCAD、Image Modeler 等；或者借助一些成熟的硬件设备，例如三维扫描仪等。需要注意的是，这些软件和硬件都有自己特定的文件格式，在导入虚拟现实系统时需要做适当的文件格式转换。

除此之外，很多程序语言本身就支持三维模型表示和绘制，例如：OpenGL、Java3D、VRML 等。这些语言对三维模型的表示和处理效率高，实时性好。

（二）物理建模技术

虚拟现实系统中的模型不是静止的，而是具有一定的运动方式。当与用户发生交互时，也会有一定的响应方式。这些运动方式和响应方式必须遵循自然界中的物理规律，例如：物体之间的碰撞反弹、物体的自由落体、物体受到用户外力时朝预期方向移动等。上述这些内容就是物理建模技术需要解决的问题，即：如何描述虚拟场景中的物理规律以及几何模型的物理属性。

三、真实感实时绘制技术

（一）真实感绘制技术

虚拟现实系统要求虚拟场景具有一定的真实感，这样用户才能有身临其境的感觉。所以，真实感绘制的主要任务就是模拟真实物体的视觉属性,包括物体表面的光学性质、纹理、光滑度等属性,从而使得最终画面的效果尽量接近真实场景。

传统的真实感绘制算法不考虑时间成本,只追求绘制画面的最终质量;而在虚拟现实系统中,绘制算法需要具有实时性。所以,虚拟现实系统常采用如下方法提高画面的真实感。

(1)纹理映射。纹理映射是将纹理图像贴在简单物体的几何表面上,以近似描述物体表面的纹理细节。它是一种改善真实性的简单措施。

(2)环境映射。环境映射是指将物体所处位置的全景图贴在其表面,从而表达出该物体表面的镜面反射效果和规则投射效果。

(3)反走样。走样是指由于光栅显示器的离散特性,引起几何模型边缘的锯齿性失真现象。反走样技术的目标就是消除这种现象。一个简单的方法就是,以两倍分辨率绘制图形,然后通过平均求值的方式计算正常分辨率的图形;另一个方法是对相邻像素值进行加权求和,得到最终像素值。

除了上述简单方法,其他复杂的真实感绘制技术还包括物体表面的各种光照建模方法,例如简单光照模型、局部光照模型、全局光照模型等。从绘制算法上看,还包括模拟光线实际传播过程的光线跟踪算法,模拟能量传播的辐射度算法等。

(二)实时动态绘制技术

实时动态绘制技术是指,利用计算机为用户提供一个能从任意视点及方向实时观察三维场景的手段。一般来说,实时动态绘制技术可分为基于图形和基于图像的两种绘制技术。

1.基于图形的实时动态绘制技术

为了保证图形显示的刷新率不低于 20～30 帧/秒,除了在硬件方面采用高性能的计算机外,还必须选择合适的算法来降低场景的复杂度(即降低图形系统处理的多边形数目)。目前,用于降低场景的复杂度,以提高三维场景的动态显示速度的常用方法有场景分块、可见消隐、细节层次模型等。

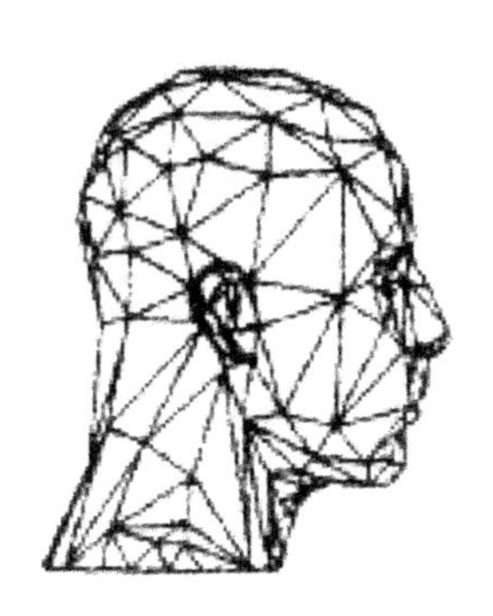
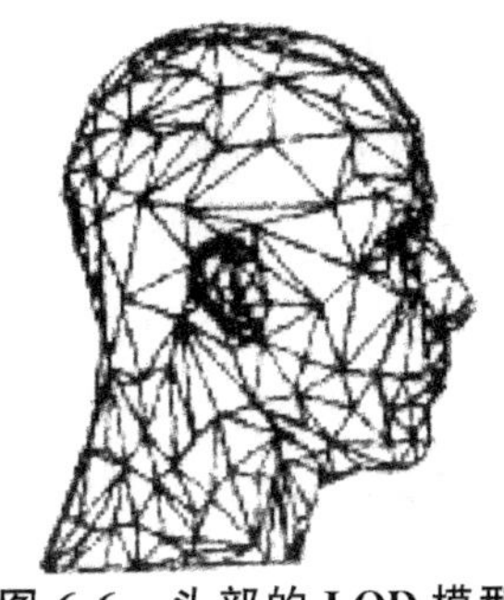
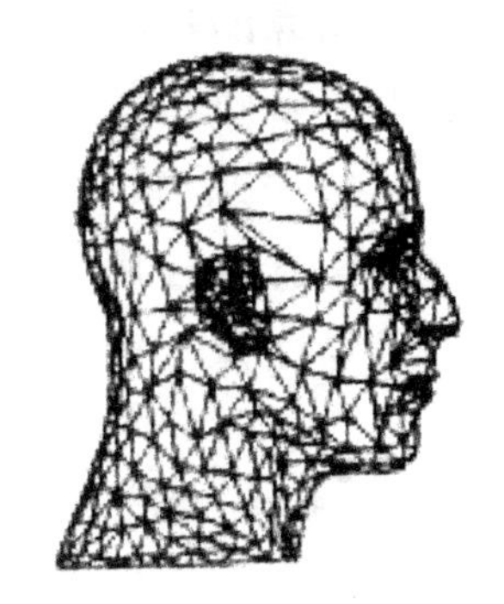

图 6-6　头部的 LOD 模型

2.基于图像的实时动态绘制技术

基于图像的实时动态绘制技术具有一定的优点，例如：观察点和观察方向可以随意改变，不受限制。但是，它同时也存在一些问题，如三维建模费时费力、工程量大；对计算机硬件有较高的要求；漫游时，在每个观察点及视角实时生成的数据量较大。因此，近年来很多学者开始研究基于图像的实时动态绘制技术。

基于图像的绘制技术（Image Based Rendering，IBR）是指：针对某一场景，首先准备好一系列预先生成的场景画面；在进行场景漫游时，系统对接近于视点或视线方向的场景画面进行变换、插值与变形，从而快速得到当前视点处的场景画面。可见，这种技术完全摒弃了先建模、后确定光照效果的绘制方法，而是直接由一系列已知图像生成未知视角的图像。

目前，基于图像的绘制技术主要包括全景技术、图像插值及视图变换技术。全景技术是指为一个场景中的某个观察点构造一幅全景图，用户在该观察点处浏览时，可以任意旋转视角，观察全景图的各个部分。全景图的准备可以采用图像拼接方法，例如：在观察点处用相机每旋转一定的角度拍摄一张照片，从而得到一组照片，再用各种工具软件将其拼接成一幅全景图。在场景浏览时，如果事先准备了多张全景图，那么还可以通过添加热点的方式进行视点切换。全景技术所形成的数据较小，对计算机配置要求低，适用于桌面式虚拟现实系统。

图像的插值及视图变换技术是指针对事先准备好的同一场景中的多张图像，计算出图像之间的关联关系，例如像素点之间的对应关系、像素点的深度信息、图像的投影参数等；然后，根据这些信息并采用像素插值或三维变换的方法，就可以构造出未知视点的图像。根据这个原理，还可实现多点漫游。

四、三维虚拟声音技术

虚拟现实系统中的三维虚拟声音，听者能感觉声音是来自围绕听者双耳的一个球形空间中的任何地方，即声音可能来自于头的上方、后方或者前方。如战场模拟训练系统中，当用户听到对手射击的枪声时，就能像在现实世界中一样准确而且迅速地判断出对手的位置。

（一）三维虚拟声音建模

虚拟现实系统经常采用耳机作为声音输出设备。我们希望耳机传出的声音具有如下特点：它在音色、音调、音量等效果上有高逼真性；它能以预订方式改变波形，体现三维虚拟声音的特征；它应该能够排除所有虚拟现实系统以外的声源，如真实环境的背景声音（用于虚拟现实系统），或者能够将虚拟声音和真实声音进行一定的组合（用于增强现实系统）。上述特点在虚拟现实系统中的实现是不容易的。

为了建立真实感的三维虚拟声音，一般可以先从一个最简单的单耳声源开始，然后让它通过专门的三维虚拟声音系统的处理，生成分离的左右信号，分别传入听者的左右耳机。这样便可以使听者准确定位声音的位置了。

然而，构建一个非常完善的三维虚拟声音系统是一个极其复杂的过程。在设计时，必须仔细考虑听者精确定位声源所需的声学信息，认真分析确定声源方向的理论，这样才能为三维虚拟声音系统建立正确的人类听觉模型。目前，常用的听觉模型包括头部相关传递函数、房间声学模型、增强现实中的声音显示。

1.头部相关传递函数

由于虚拟环境中的多数工作集中在无回声空间中，所以很少有人研究声音在环境中的反射，而是重点研究声源发出的声波是如何传输到人耳中的。声波由声源传到耳膜的过程中经过了一系列变换，它主要表现为人的头、躯干和外耳构成的复杂外形对声波产生的散射、折射和吸收作用。所以，可以将其看作是与头部相关的传递函数(Head Related Transfer Function，HRTF)。

由于每个人的头、耳的大小和形状各不相同，所以 HRTF 也因人而异。但这些函数通常是从一群人中获得的，因而它只是一组平均特征值。获取 HRTF 的一般方法是：通过测量外界声音及人耳鼓膜上的声音频谱差异，即可获得声音在耳附近发生的频谱波形；随后利用这些数据对声波与人耳的交互方式进行编码，便可得出 HRTF，并确定双耳的信号传播延迟特点。

在虚拟现实系统中，当无回声声音信号由 HRTF 处理后，再通过与声源缠绕在一起的滤波器驱动一组耳机，就可以在传统耳机上形成有真实感的三维声音了。

2.房间声学模型

如果在声音传输过程中能够模拟声音与虚拟场景的反射效果，那么即使只有少量的一阶和二阶反射，也可以增加声音效果的真实性。房间声学模型的目标就是计算第二声源的空间图，也就是为初始声源计算一组离散的第二声源(回声)。第二声源可以由 3 个主要特性描述：距离上有延迟；相对第一声源的频谱有改变(空气吸收，表面反射，声源方向，传播衰减)；与听者的入射方向有变化。

通常，找到第二声源的方法有镜面图像法和射线跟踪法。镜面图像法能够保证找到所有几何正确的声音路径，但是由于该算法是递归的，所以不容易改变尺度。射线跟踪法使用一系列射线的反射和折射寻找第二声源，它的缺点在于很难确定所需射线数目。它的优点在于:即使只有很少的处理时间,它也能产生合理的听觉效果;另外,通过调节可用射线的数目,它很容易以给定的帧频工作。

3.增强现实中的声音显示

在许多应用中需要将计算机合成的声音信号与采样的真实声音信号叠加在一起,这种系统称为声音增强现实系统。真实声音信号可以由定位麦克风采样得到,它可以来自当地真实环境,也可借助遥操作系统来自远地环境。

声音增强现实系统应能接收任何环境中麦克风接收的信号,以适应给定情况的方式变换这些信号,再把它们叠加到虚拟现实系统提供的声音信号上。当前,声音增强现实系统最典型的应用是:使沉浸在某种虚拟现实任务中的用户同时处理真实世界中的重要事件(如真实世界中的警告信号)。

(二)语音识别和语音合成技术

与虚拟世界进行语音交互是虚拟现实系统的一个高级目标,虚拟现实系统中的语音技术包括语音识别和语音合成。

语音识别(Automatic Speech Recognition,ASR)是指将人说话的语音信号转换为可被计算机程序所识别的文字信息,进而分析出说话人的语音指令和语意内容。语音识别一般包括参数提取、参考模式建立、模式识别等过程。当用户通过话筒将一个声音信号输入到系统中,系统把它转换成数据文件后,语音识别软件便开始将输入的声音样本与事先储存好的声音样本进行对比;声音对比工作完成之后,系统就会找到一个它认为最“像”的声音样本序号,由此可以知道输入者刚才念的声音是什么意义,进而执行此命令。

语音合成(Text To Speech,TTS)是指将文本信息转变为语音数据,并以语音方式播放。在语音合成技术中,首先需要对文本进行分析,并对它进行韵律建模,然后从原始语音库中取出相应的语音基元对语音基元进行韵律调整和修改,最终合成出符合要求的语音。

在虚拟现实系统中，采用语音合成技术可提高沉浸效果。当用户戴上一个低分辨率头盔显示器后，只能观看虚拟场景的图像信息，而很难看清屏幕上的文字信息。这时通过语音合成技术用声音读出必要的命令及文字信息，可以弥补视觉信息的不足。

在虚拟现实系统中，如果将语音合成和语音识别技术结合起来，可以使用户与计算机所创建的虚拟环境进行简单的语音交流，这也是真正的人机自然交互。因此，这种技术在虚拟环境中具有突出的应用价值。

五、人机自然交互技术

虚拟现实系统强调交互的自然性，即在计算机系统提供的虚拟环境中，人应该可以使用眼睛、耳朵、皮肤、手势和语音等各种感觉方式直接与之发生交互，这就是虚拟环境中的自然交互技术。

（一）手势识别技术

手势是一种较为简单、方便的交互方式。如果将虚拟世界中常用的指令定义为一系列手势集合，那么虚拟现实系统只需跟踪用户手的位置以及手指的夹角就有可能判断出用户的输入指令。

在虚拟现实系统的应用中，由于人类手势多种多样，而且不同用户在做相同手势时其手指的移动也存在一定差别，这就需要对手势命令进行准确定义。图 6-7 显示了一套明确的手势定义规范。在手势规范的基础上，手势识别技术一般采用模板匹配方法将用户手势与模板库中的手势指令进行匹配，通过测量两者的相似度来识别手势指令。

手势交互的最大优势在于，用户可以自始至终采用同一种输入设备（通常是数据手套）与虚拟世界进行交互。这样，用户就可以将注意力集中于虚拟世界，从而降低对输入设备的额外关注。

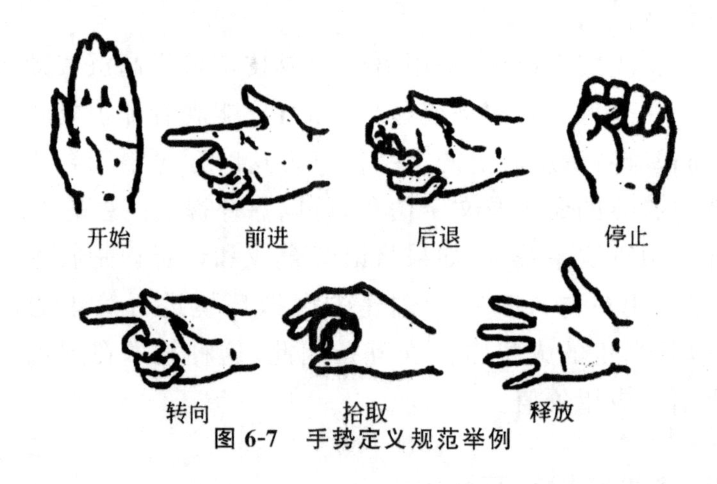

图 6-7 手势定义规范举例

(二)面部表情识别技术

目前,计算机面部表情识别技术通常包括 3 个步骤:人脸图像的检测与定位、表情特征提取、表情分类。

人脸图像的检测与定位就是在输入图像中找到人脸的确切位置,它是人脸表情识别的第一步。人脸检测的基本思想是建立人脸模型,比较输入图像中所有可能的待检测区域与人脸模型的匹配程度,从而得到可能存在人脸的区域。

表情特征提取是指从人脸图像或图像序列中提取出能够表征表情本质的信息,例如:五官的相对位置、嘴角形态、眼角形态等。表情特征选择的依据包括:尽可能多地携带人脸面部表情特征,即信息量丰富;尽可能容易提取;信息相对稳定,受光照变化等外界的影响小。

表情分类是指分析表情特征,将其分类到某个相应的类别。在这一步开始之前,系统需要为每一个要识别的目标表情建立一个模板。在识别过程中,将待测表情与各种表情模板进行匹配;匹配度越高,则待测表情与该种表情越相似。图 6-8 显示了一种简单的人脸表情分类模板,该模板的组织为二叉树结构。在表情识别过程中,系统从根节点开始,逐级将待测表情和二叉树中的节点进行匹配,直到叶子节点,从而判断出目标表情。

在表情分类步骤中，除了模板匹配方法，人们还提出了基于神经网络的方法、基于概率模型的方法等新技术。

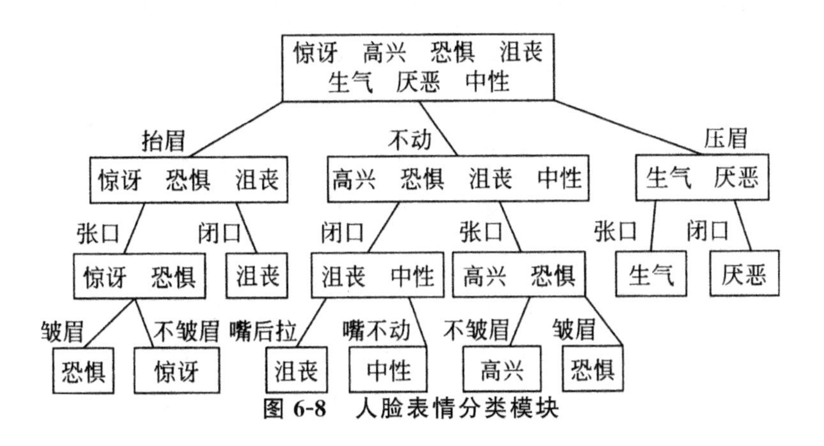

图 6-8　人脸表情分类模块

（三）眼动跟踪技术

虚拟现实系统中视觉感知主要依赖于对用户头部方位的跟踪，即当用户头部发生运动时，系统显示给用户的景象也会随之改变，从而实现实时视觉显示。但在现实世界中，人们可能经常在不转动头部的情况下，仅仅通过移动视线来观察一定范围内的环境或物体。从这一点可以看出，单纯依靠头部跟踪的视觉显示是不全面的。

在虚拟现实系统中，将视线的移动作为人机交互方式不但可以弥补头部跟踪技术的不足之处，同时还可以简化传统交互过程中的步骤，使交互更为直接。例如，视线交互可以代替鼠标的指点操作，如果用户盯着感兴趣的目标，计算机便能“自动”将光标置于其上。目前，视线交互方式多用于军事（如飞行员观察记录等）、阅读以及帮助残疾人进行交互等领域。

支持视线移动交互的相关技术称为视线跟踪技术，也叫作眼动跟踪技术。它的主要实现手段可以分为以硬件为基础和以软件为基础两类。以硬件为基础的跟踪技术需要用户戴上特制头盔、特殊隐形眼镜，或者使用头部固定架、置于用户头顶的摄像机等。这种方式识别精度高，但对用户的干扰很大。

(四)各种感觉器官的反馈技术

目前,虚拟现实系统的反馈形式主要集中在视觉和听觉方面,对其他感觉器官的反馈技术还不够成熟。

在触觉方面,由于人的触觉相当敏感,一般精度的装置根本无法满足要求,所以对触觉与力觉的反馈研究还相当困难。例如接触感,现在的系统已能够给身体提供很好的提示,但却不够真实;对于温度感,虽然可以利用一些微型电热泵在局部区域产生冷热感,但这类系统还很昂贵;对于力量感觉,很多力反馈设备被做成骨架形式,从而既能检测方位,又能产生移动阻力和有效的抵抗阻力,但是这些产品大多还是粗糙的、实验性的,距离实用尚有一定距离。

在味觉、嗅觉和体感等感觉器官方面,人们至今仍然对它们的理论知之甚少,有关产品相对较少,对这些方面的研究都还处于探索阶段。

第二节　虚拟现实系统的综合与实例

一、虚拟现实硬件系统综合

(一)虚拟现实硬件系统

VR 系统是一门集成了多种高新技术的综合性系统,它包括了众多的软件和硬件。虚拟现实系统在运作过程中,通常需要处理来自各种设备的大量感知信息、模型和数据,因此如何协同或集成系统中的各种技术成为 VR 系统运行的重中之重;这其中就包括了信息同步技术、模型标定技术、数据转换技术、模式识别和合成技术等。

因此,构建起一个以计算机为核心,将多种输入、输出交互设备协调组合在一起的硬件平台，成为VR系统集成的关键技术之一，同时在该集成平台的性能方面，要求采用流行的通用技术，使得在该平台上可以很方便、容易地进行二次、三次的新技术开发，不断增强、完善其功能。利于扩展，预留接口可以做到无缝连接，方便内外部新扩展的系统进行有机连接和兼容。

首先，作为VR系统的核心计算机系统，必须具有足够强大的计算性能，才能完成人机交互大数据的实时处理、协调数据I/O、生成和管理虚拟环境等任务。从目前的技术发展方面看，虚拟现实的计算机系统可以分为PC、工作站和超级计算机等不同类型。其中，PC一般只能用于低档VR系统，因为与工作站和超级计算机相比，它的图形和声音处理功能都十分有限。而专门用做VR系统中的工作站通常都具有多个处理器，以便进一步增强整体系统结构，从而使VR系统的性能达到最佳。

其次是在VR技术发展的早期，系统中的各种三维交互设备都是独立研制和使用的，因而在组合应用时常存在障碍和不便。但随着虚拟现实各种新技术的不断创新，协同与组合虚拟现实的多种设备与技术也就成为越来越关键的要素之一。

（二）虚拟现实VIEW系统实例

1986年，美国宇航局的科学家们成功研制了第一套基于HMD及数据手套的虚拟交互环境工作站VIEW，成为世界上第一个较为完善的多用途、多感知的虚拟现实系统。它的研制目的是为NASA的其他有关研究项目提供一个通用的VR系统平台，如图6-9所示为VIEW的系统组成框图。

VIEW由一组以计算机控制的输入输出子系统组成：它以HP公司的HP9000/835为主计算机，图形处理采用ISG公司的图形计算机或HPSRX图形系统；配备了数据手套、Polhemus定位跟踪系统、Convolvotron三维声音生成设备，输出设备则包括头盔式单色液晶显示器、麦克风及耳机等。这些子系统分别提供虚拟环境所需的各种感觉通道的识别和控制功能，从而为各类

VR应用系统的研发提供了一个方便、通用的集成环境，在远程机器人控制、复杂信息管理及人类诸因素的研究方面应用十分广泛。目前大多数VR系统的硬件体系结构都由VIEW发展而来，这种基于LCD头盔显示器、数据手套及头部跟踪器的硬件体系结构已成为当今VR系统的主流。

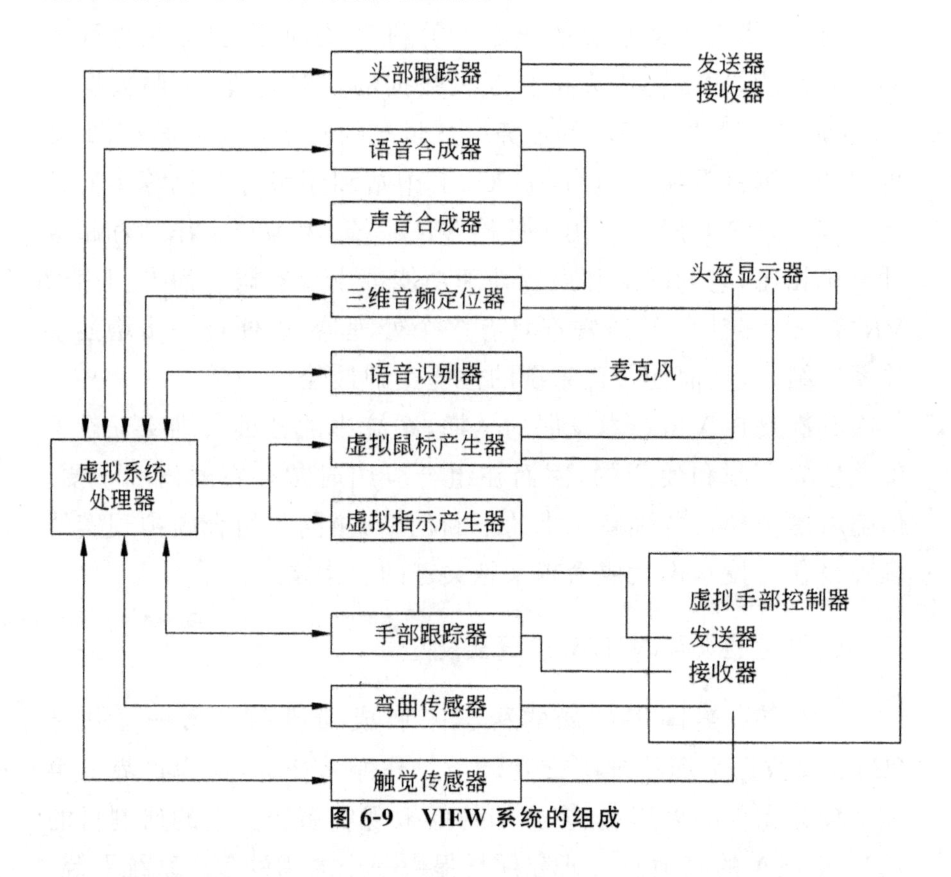

图6-9 VIEW系统的组成

二、虚拟现实软件系统综合

(一)虚拟现实软件系统

设计和实现一个完整的虚拟现实系统，需要很多准备工作。首先，需要准备各种媒体素材，包括场景模型，视音频素材等；其次，需要准备各种交互设备，并将其与计算机正确连接；最后，通过程序开发将所有软件媒体素材和硬件交互设备整合在一起，从而形成一个完整系统。

（二）虚拟现实软件系统实例

1.虚拟现实系统的辅助软件

虚拟现实系统的实现需要多种媒体数据的组合，其中重点是三维模型数据的准备。目前三维建模软件有很多，除了较为通用的建模软件，如 3DS Max、AutoCAD、Maya 等，还有为虚拟现实、视景仿真等领域专用的建模软件，如 Creator 等。

（1）3DS Max

3DS Max 是美国 Autodesk 公司推出的功能强大的三维设计软件包，也是当前世界上销量最大的一种用于三维动画和虚拟现实建模的工具软件。在应用范围方面，3DS Max 广泛用于电视及娱乐业中，比如片头动画、视频游戏、影视特效制作；而在建筑效果图和建筑动画制作中，3DS Max 的使用更是占据了绝对优势。

①三维建模[1]。在虚拟现实的建模过程中，场景中的模型和物体应遵循游戏场景的建模方式创建简模。

虚拟现实（VR）的建模和做效果图、动画的建模方法有很大的区别，主要体现在模型的精简程度上。影响 VR-DEMO 最终运行速度的三大因素为：VR 场景模型的总面数、VR 场景模型的总个数、VR 场景模型的总贴图量。在掌握了建模准则以后，设计者还需要了解模型的优化技巧。模型的优化不光是要对每个独立的模型面数进行精简，还需要对模型的个数进行精简，这两个数据部是影响 VR-DEMO 最终运行速度的元素之一，所以优化操作是必须的，也是很重要的。在 3DS Max 中的建摸准则基本上可以归纳为以下两点。

第一，模型个数的精简：在模型创建完成以后，利用 Attach（合并）命令和 Collapse（塌陷）命令可以对后期同类材质或者同一

[1] 周晓成，张煜鑫，冷荣亮.虚拟现实交互设计[M].北京：化学工业出版社，2016

属性的模型进行合并处理，以减少模型的个数。

第二，模型面数的精简：Plane（面片）模型面、Cylinder（圆柱）模型面、Line（线）模型面、曲线形状模型、bb-物件的表现形式尽量用少的面数和分段去表现。模型创建完成以后，删除模型之间的重叠面、交叉面和看不见的面。

②材质贴图。在完成场景模型的建立之后，即可为该模型添加材质。在材质设计和制作过程中，最好利用 3DS Max 默认的标准材质进行制作，可在漫反射通道添加一张纹理贴图。材质的命名和其他参数可以根据项目的需要和个人习惯设置。

如果需要将物体烘焙为 Lighting Map 时，一般只能设置材质为：Advanced Lighting、Architectural、Lightscape Mtl、Standard 类型；存做图必须要使用到其他材质时，一般需要将该物体烘焙为 Complete Map。由于后期交互设计软件不能识别多维子物体材质，所以在材质制作过程中，最好利用 UVW 贴图展开功能进行贴图的绘制和表现。

③灯光照明。灯光照明设计主要是对场景创建灯光信息的过程，其目的在于照亮整个场景，增加场景的色调和氛围，灯光的布置有很多种方法，但这一切都需要结合实际项目来变化，下面的场景布光方式仅供参考（图 6-10）。

以上布置灯光的方法先是把一个物体理解成一个 Box，它由 6 个面组成，为了控制和表现每个面的明暗关系，可以在各个面都打一盏灯，每个灯的参数不一样。也可以把整个场景理解成一个 Box，细节部分可以通过添加辅助灯光进行局部调节。

图 6-11 中各项灯光的参数设置如下。

1 号灯是土灯，建议亮度在 0.8～1.0，色调町以偏暖，开启阴影。

2 号灯是大光，建议亮度在 0.6 左右，把环境色改成白色。

3 号、4 号灯是背光辅助灯模拟天空对物体的影响。亮度为 0.1～0.3。

5 号灯是照亮物体底部和顶部的。灯亮度为 0.3～0.5。

6 号、7 号灯是照亮物体亮面的，目的是为了能让亮面更亮。灯亮度为 0.1～0.3。

8 号灯是照亮地面和物体顶部的。灯亮度为 0.1～0.3。

跟室内制作一样，无论如何创建灯光，目的只在于渲染出好的灯光效果，所以灯光的照明设计也会因人而异，以上只是一种灯光照明的方法，仅供参考。

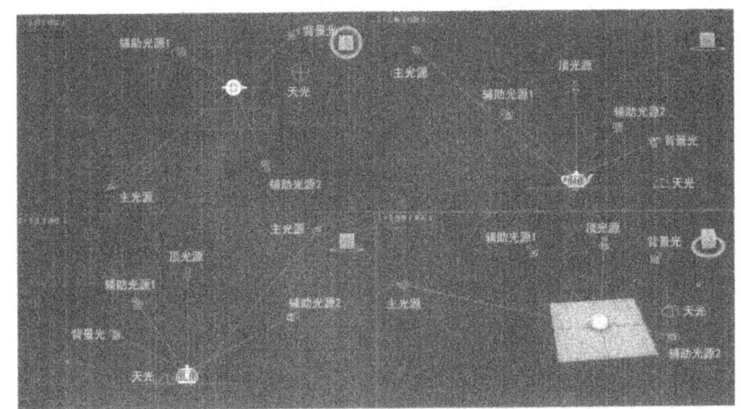

图 6-10　灯光照明设计

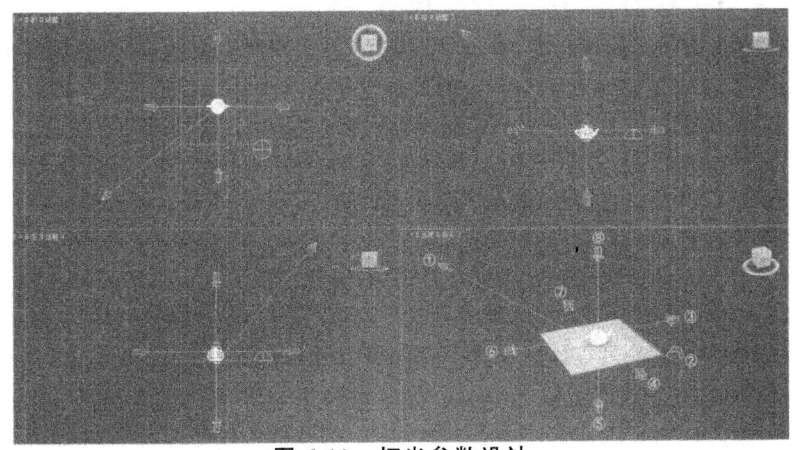

图 6-11　灯光参数设计

④摄像机设置。在 3DS Max 场景中设置的摄像机可以输出到 VRP 中作为实时浏览的相机。对于摄像机的参数也没有特别的要求，而且摄像机不是必须的，摄像机也可以选择在 VRP 编辑

中进行制作。对于3DS Max中摄像机的创建主要有以下几个关键参数。

A.目标摄像机的创建。目标相机由两个对象组成:摄像机和摄像机目标。摄像机代表你的眼睛,目标指示的是你要观察的点。设计者可以独立地变换摄像机和目标,但是摄像机总要注视它的目标。要创建目标摄像机,可进行如下操作。

a.单击Create(创建)面板的Camera按钮。

b.单击在Object Type(对象类型)卷展栏中的Target(目标)相机按钮。

c.可以在任何视口中,优先在Top(俯视)视图,在要放置摄像机的地方单击鼠标,然后拖拽要放置目标的地方释放鼠标。

B.自由摄像机的创建。自由摄像机是单个的对象,即摄像机。要创建自由摄像机,按如下步骤操作。

a.单击Create(创建)面板的Camera(摄像机)按钮。

b.单击在对象类型(Object Type)卷展栏上的Free(自由)按钮。

c.单击任何视口来创建自由摄像机。

对于跟随路径的动画来说,使用自由摄像机就比目标摄像机容易,自由相机将沿路径倾斜——而这些目标相机是做不到的。可以使用Look At(注视)控制器把自由相机转变为目标相机。Look At控制器让你拾取任何对象作为目标。

C.摄像机参数。定义两个相互关联的参数就可确定摄像机观察场景的方法,这两个参数是:视野(FOV)和镜头的焦距(Lens)。这两个参数描述单个摄像机的属性,所以改变FOV参数改变镜头参数,反之亦然。使用FOV从摄像机视图和摄影效果中取景。

D.设置视野。视野(FOV)描述通过相机镜头所看到的区域。缺省状态下,FOV参数是相机视图锥体的水平角度。你可在FOV方向弹出按钮中指定FOV是否是水平的、对角的、竖直的,这使得匹配真实世界的相机的操作变得容易,对以上进行改变仅仅影响测量的方法，对相机的实际视图是没有效果的。

E.设置焦距。焦距总是以毫米为单位来测量的。它指的是从镜头的中心到相机焦点的长度（焦点是捕获图像的地方），在3DS Max中，较小的Lens将创建较宽的FOV，让对象显现得距相机较远。较大的Lens值创建较窄的FOV，且对象显现得距相机比较近。小于50mm的镜头被称为广角镜头，而长于50mm被称作长焦镜头。

相机也可以被设置为正交视图，在这个视图中是没有透视的。正交视图的好处是在视口中显示的对象是按它们的相对比例显示的。启动这个选项后，相机会以正投影的角度面对物体。

Stack Lenses（预设镜头）：以内建的预设镜头作为相机使用的镜头。

Type（类型）：切换相机的类型。

Show Horizon（显示水平线）：启动此选项后，系统会将场景中的水平线显示在屏幕上。

Show Cone（显示锥形视野）：启动此选项后，系统会将代表相机覆盖视野的锥形物体显示在屏幕上。

Environment Ranges（环境范围）：设定相机取景的远近区域范围。Near Range（最近范围）：设定环境取景效果作用距离的最近范围。Far Range（最远范围）：设定环境取景效果作用距离的最远范围。Show（显示）：启动此选项，相机环境效果的作用范围将会以两个同心球来表示。Clipping Planes（切片平面）：设定相机作用的远近范围。Clip Manually（手动切片）：以手动的方式来设定相机切片作用是台启动。Near Clip（切片最近值）：设定相机切片作用的最近范围。Far Clip（切片最远值）：设定相机切片作用的最远范围。

⑤动画设计。动画设计环节主要是针对场景中的模型做动画设置，主要有刚体动画、柔体动画和骨骼动画三种形式。在3DS Max里创建的“路径动画”“精确的参数关键帧动画”“刚体动画、Reactor动画”都属于“刚体动画”。在将此类动画模型导入到

VRP 编辑器中时，请按以下方法执行：将制作好的刚体动画模型添加到一个 ABC 组中，同时该 ABC 组命名为“VRPrigid”。在对“刚体动画”模型进行导出时，请确定 VRP 导出面板中的“刚体动画”复选框为勾选状态，在执行导出操作后，程序会自动识别导出的刚体动画模型个数。

用户在 3DS Max 里应用“Noise（噪波）”“Path Deform（WSM）”“路径变形（世界空间）”等修改器制作的动画都属于模型点变形动画，通常也被称之为“柔体动画”。在将此类动画模型导入到 VRP 编辑器中时，请按以下方法执行：将制作好的柔体动画模型添加到一个 ABC 组中，同时该 ABC 组命名为“VRP-soft”。在对“柔体动画”模型进行导出时，请确定 VRP 导出面板中的“柔体动画”复选框为勾选状态，在执行导出操作后，程序会自动识别导出的柔体动画模型个数。

在导出“骨骼动画”模型时，只需要单击 VRP 导出面板中的“导出骨骼动画”按钮，然后在弹出的“另存为”对话框中为骨骼动画命名并存储，最后再在弹出的导出对话框中单击“确定”执行骨骼动画的导出。如果一个场景中有多个骨骼动画，用户需要选择一个骨骼动画，将其通过 File SaveSeleted 的方式将多个骨骼动画存储成独立的 3DS Max 文件后，再按以上操作步骤进行骨骼动画的导出，最后再通过 VRP 编辑器里“导入物体”命令将多个 VRP 文件进行合并，以得到一个完整的 VR 场景。

⑥渲染烘焙。在 3DS Max 中为模型添加了材质和灯光之后，既可用 3DS Max 默认渲染器 Scanline 渲染，也可使用高级光照渲染。由于场景存 VRP 里的实时效果的好与坏取决于在 3DS Max 的建模和渲染的表现，因此渲染质量好坏和错误的多少都将影响场景在 VRP 中的实时效果。VRP 对应用什么类型的渲染器进行渲染没有严格要求，使用高级光照渲染可以产生全局照明和真实的漫反射效果。但应用标准灯光模拟全局光照，使用 Scanline 进行渲染，其效果也很好。

烘焙就是把 3DS Max 中物体的光影以贴图的方式带到

VRP中，以求真实感；相反，如果将物体不进行烘焙而直接导入到VRP中，其效果是不真实的。为加强真实感，可以利用高级光照渲染。在3DS Max中进行烘焙的工具是“渲染(Render)＞渲染到纹理(Render To Texture)”命令。在对场景进行渲染，并感到对渲染效果满意的情况下，然后对场景进行烘焙。其操作步骤如下。

第一步，在3DS Max中，选择需要烘焙的模型。

第二步，单击“渲染(Render)＞渲染到纹理(Render to Texture)”，或在关闭输入法状态下直接按下数字键“0”，随后便会弹出“渲染到纹理(Render to Texture)”对话框。

第三步，依次进行相应的参数调节和修改，设置完毕后点击“渲染(Render)”开始烘焙。

在烘焙贴图选择中，主要有两种方式：Lightingmap和Completemap。Lightingmap的优点：贴图清晰，耗显存低，如果是VRP的话可以在软件里调节对比度来改善；缺点：只支持3DS Max默认的材质，光感稍弱，要设计表面丰富的效果的话就只能在Photoshop中绘制了，对美工要求很高。

Completemap的优点：光感好，支持3DS Max大部分材质，如复合材质和多维材质等，能编辑出很多丰富的效果。缺点：贴图模糊，耗显存高，不过可以通过增大烘焙尺寸来解决贴图模糊的问题。

既然是做虚拟现实，显存的优化是很重要的。所以室内和室外比较大的场景建议使用Lightingmap，在VRP里还可以调整和优化；小部件物体和产品可以考虑使用Completemap，本身物体小，数目也不多，就可以做出最佳最丰富的效果。

⑦模型导出。以上的过程设计都是在3DS Max中进行的，接下来可以利用VRP-for-Max插件，把场景中的模型导出至VRP-Builder qll。如果用户还没有安装VRP-for-Max插件，请参看VRP系统帮助中的相关文档进行安装。VRP-for-Max导出过程是自动化的，对用户没有任何特定的要求。导出场景方法也十

分简单，在实用程序面板，选择 VRP-for-Max 导出插件，然后按照提示和需要进行下一步操作，即可完成导出设计。

(2)Maya

Maya 是目前世界上最为优秀的三维动画制作软件之一。它是 Aliasi Wavefront 公司(2003 年 7 月更名为 Alias)在 1998 年推出的三维制作软件，广泛用于电影、电视、广告、电脑游戏和电视游戏等领域的特效创作。2005 年，Autodesk 软件公司正式收购了 Alias 公司，所以 Maya 现在是 Autodesk 的软件产品。

3DS Max 本身属于中低层次建模工具，而且插件偏多，能够实现的作品精致度有限，所以较多用于游戏和建筑这种对画面的逼真度要求不高的行业；而 Maya 属于高层次建模工具，功能比 3DS Max 强大得多，所以多用于影视和动漫等对于画面质量要求较高的领域。

2.虚拟现实系统的开发软件

虚拟现实系统的开发软件又可称为虚拟现实引擎，它是以底层编程语言为基础的一种通用开发平台，它包括各种交互硬件接口、图形数据的管理和绘制模块、功能设计模块、消息响应机制、网络接口等功能。

(1)Virtools

Virtools 由法国达索集团(Dassault Systemes)出品，是一套具备丰富互动行为模块的实时 3D 环境编辑软件，可以将现有常用的文件格式整合在一起，如 3D 模型、2D 图形或音效等，这使得用户能够快速地熟悉各种功能，包括从简单的变形到复杂的力学功能等。

普通开发者通过图形用户界面，使用模块化的脚本，就可以开发出高品质的虚拟现实作品；而对于高端开发者，则可利用软件开发包和 Virtools 脚本语言创建自定义的交互行为脚本和应用程序。

Virtools 的主要应用在于游戏领域，包括冒险类游戏、射击类游戏、模拟游戏、多角色游戏等。Virtools 为开发人员提供针对不同游戏开发的各类应用程序接口(Application Programming Interface, API),包括 PC、Xbox、Xbox360、PSP、PS2、PS3 及 Nintendo Wii。所有编码及二维、三维素材都在引擎内部单独管理,Virtoots 让用户能够更简便地出入不同的游戏平台。

(2)虚拟世界工具箱 WTK

WTK(World Tool Kit)是由美国 Sense8 公司开发的虚拟环境应用工具软件。它是一种简洁的跨平台软件开发系统,可以为科学和商业领域建立高性能的、实时的、综合三维工程。

在创建虚拟环境时,WTK 采用一种面向对象的命名方式来组织整个场景中的物体和结构。其中"universe(场景)"是最高的类,它可以由一系列子对象组成,包括"object(对象)""sensor(传感器)""viewpoint(视点)""portal(入口)""polygon(多边形)""lightsource(光源)""animation(动画)"等。它们构成了一个完整的虚拟场景。一个 WTK 虚拟环境可以包含多个 universe。虚拟环境中的 universe 越多,虚拟环境就越复杂;在同一时刻,虚拟环境中只能有一个 universe 处于激活状态。

WTK 具有完整的硬件支持能力,既包括键盘、鼠标等普通桌面设备,也包括各种身体跟踪器、数据手套等 6 自由度输入设备。它的绘制软件接口为产生虚拟环境提供了一种层次多边形数据库结构。在一些平台上,WTK 使用 OpenGL 语言进行图形绘制;在另一些平台上,它使用图形加速硬件进行绘制。这意味着 WTK 中包含有直接访问图形硬件的代码,这也保证了它的跨平台性。

(3)Quest3D

Quest3D 是由荷兰的 Act 3D 公司推出的专门用于虚拟现实方面的应用软件。它有丰富的功能模块,可以实现模块化、图像化编程。它不需要开发者去书写代码,就能通过"所见即所得"的方式制作出功能强大和画面效果绚丽的虚拟现实项目。

Quest3D 软件有很好的开放性。我们可以在 3DS Max 或 Maya 中完成建模、材质、动画和烘焙渲染,然后导入到 Quest3D;

它可以和大量虚拟现实硬件进行很好的连接，还可以用软件提供的 SDK 来开发新的功能模块、整合新的硬件设备。

（4）OpenGVS

OpenGVS 是 Quantum3D 公司的产品，用于场景图形的视景仿真的实时开发，易用性和重用性好，有良好的模块性、巨大的编程灵活性和可移植性。OpenGVS 包含了一组高层次的、面向对象的 C++应用程序接口（API），它们直接架构于三维图形语言（OpenGL、Glide 和 Direct3D）上。

OpenGVS 与 OpenGL、Direct3D 都是 API 接口函数，可用于开发 3D 计算机图形系统。它们的区别在于：OpenGL 和 Direct3D 属于底层绘图原语；而 OpenGVS 是一种由组件构成的软件开发包（Software Development Kit，SDK）。用户开发仿真应用程序时可以直接调用该软件，也可以直接调用底层绘图软件包提供的函数，从而提高软件的执行效率。

（5）EON Studio

EON Studio 是一个完全基于 GUI 的设计工具，能够开发出应用于销售、培训和虚拟现实场景漫游的实时 3D 多媒体应用程序。该工具具有渲染逼真、操作简单、功能强大以及开发文件小等优点。

EON Studio 可以轻松导入各种 3D 模型，包括 3DS Max、Lightwave、AutoCAD 等；模型导入后，可以通过 EON 直观的图形设计界面方便地为模型添加各种行为动作。EON 应用程序能够以多种方式发布于 Internet、CD-ROM 或投影显示系统等；也可以与其他支持微软 ActiveX 控件的工具，如 Macromedia Authorware、Visual Basic、Shoekwave、PowerPoint、Director、Word 等相结合。

（6）其他 Web3D 相关软件

Web3D 技术是基于互联网的桌面级虚拟现实技术，是在互联网上实现的交互式三维技术，其本质特征是网络性、三维性和交互性。目前，基于 Web3D 技术的开发软件及技术很多，常见的有 VRML/X3D、Java3D、Flash 3D、Unity 3D、HTML5 等。

(7)VRML/X3D

VRML(Virtual Reality Modeling Language,虚拟现实建模语言)是为了在互联网上共享三维虚拟场景而创造的。VRML 规范确定了对虚拟世界的描述方法,具体包括:模型的形状、与其他 Web 实体的连接、动画脚本,以及声音等。

由于 VRML 技术的局限性(如带宽不够,需要下载插件浏览,文件量大,真实感、交互性需要进一步加强等原因),近几年许多公司的产品并没有完全遵循 VRML 的标准,而是使用了专用的文件格式和浏览器插件,开发了比较实用的 Web3D 软件。其中一部分软件比 VRML 有了进步,在渲染速度、图像质量、造型技术、交互性以及数据的压缩与优化上,都有胜过 VRML 之处。

为了避免网络三维图形浏览的这种混乱局面,Web3D 协会继而提出了 X3D 标准。X3D(Extensible 3D)是 VRML 规范的新一代替代标准。它是基于 XML(Extensible Markup Language,可扩展标记语言)格式定义的,表达了对 VRML 几何造型和实体行为的描述能力,并通过扩展接口延伸了 VRML 的功能。Web3D 协会希望所有公司都在 X3D 的基本框架下进行网络三维程序开发,从而保证不同厂家开发的软件具有互操作性。

虽然 X3D 技术本身具有一定优势,但是 Web3D 协会没有提供先进的技术支持,例如 X3D 的制作工具、开发环境、浏览工具等。这就导致 VRML 和 X3D 的市场占有率并不高。在目前的互联网上,大家还是宁愿选择一些功能较为完善、开发方便的三维图形浏览插件。

(8)Java3D

Java 是由 Sun 公司在 20 世纪 90 年代中期推出的软件开发环境,目前已经成为一种开发与平台无关的分布式应用程序的编程环境。Java 3D 是 Java 程序语言在三维领域的扩展,实际上是一种高级的交互式三维图形编程API,综合了OpenGL和Direct3D的优点,对底层API进行了高效的封装,是一套纯粹的面向对象的开发工具。

Java 3D可以添加到J2SE、J2EE的程序架构中,具有平台无关性、可扩展性、可移植性和安全性的特点,因而非常适合于网络分布式架构下进行三维应用开发。此外,由于Java3D产品主要是运用Java的Applet嵌入网页中,因而可以直接在网络浏览器上浏览。其缺点是执行效率较低,适于做比较小的场景。

(9)Flash 3D

Flash是集动画创作与程序开发于一身的应用软件,它最初是由Macromedia公司推出的,后来由Adobe公司收购。Flash软件为创建数字动画、交互式Web站点、桌面应用程序以及手机应用程序开发提供了功能全面的创作和编辑环境。网页设计者可以使用Flash创作出既漂亮又可改变尺寸的导航界面以及其他奇特的效果。Flash以流式控制技术和矢量技术为核心,制作的动画具有短小精悍的特点,所以已经广泛应用于网页动画的设计中,已成为当前网页动画设计最为流行的软件之一。

虽然Flash作为网页动画设计软件已经广泛使用,但是它所实现的动画效果是二维的。为此,人们基于该软件开发出了很多3D引擎。Flash 3D是指所有基于Flash Player播放器播放的且可交互的实时三维画面信息的总称,相应的开发工具即为Flash 3D引擎。目前,人们已经开发出了多种Flash 3D引擎,例如Papervision 3D、Sandy 3D、Away 3D、Wire Engine 3D、Electric 3D等。使用这些Flash 3D引擎开发的Web动画具有如下特点:可在线浏览3D模型;更自由的浏览模式;能够实现灯光、反射等真实感效果。

(10)Unity 3D

Unity 3D是由Unity Technologies公司推出的一款游戏设计能力强、画面效果好、具有跨平台特点的专业游戏引擎。它利用交互的图形化开发环境作为主要编辑方式,它的编辑器可以运行在 Windows 和 Mac OS X 下，可发布游戏至 Windows、Mac、Wii、iPhone 和 Android 平台上，它也可以利用 Unity web player 插件发布网页游戏，支持 Mac 和 Windows 的网页浏览。

Unity 3D 具有强大的贴图功能，包括漫反射贴图、凹凸贴图等。此外，它还支持 100 多种光照材质，20 多种后期处理效果，这些功能都大大提升了 3D 画面的真实感。除了图形编辑方式，Unity 3D 还提供了 3 种脚本语言的支持，包括 Javascript、C＃、Boo。目前，国内外已经陆续推出了数十款认可度颇高的基于 Unity 3D 引擎的网页游戏。所以，Unity 3D 引擎的发展具有非常乐观的前景。

(11)HTML5

HTML5 是用于取代 1999 年所制定的 HTML 4.01 和 XHTML 1.0 标准的 HTML 标准版本，现在仍处于发展阶段，但大部分浏览器已经支持某些 HTML5 技术。在 Web3D 方面，HTML5 的优势在于：该标准中的“Canvas”对象将给浏览器带来直接绘制矢量图的能力，这意味着用户可以脱离 Flash 等图形插件，直接在浏览器中显示图形或动画；另外，HTML5 也将取代 Flash 在移动设备中的地位。

目前，主流浏览器 Google Chrome 以及 Mozilla Firefox 均致力于“HTML5＋WebGL”的 3D 网页技术方案的发展。WebGL 是网页开发语言 Java Script 形式的绘图 API 接口，它能够提供图形硬件接口的直接调用；HTML5 则能够提供“Canvas(画布)”供网页上的 3D 对象展现。这种方案能够直接使用图形硬件处理器的运算能力，具有高效的绘图性能。

三、虚拟现实设计实例

(一)UI设计

1.手机UI设计

手机触屏交互的过程是通过UI界面驱动三维模型动画，手机模型的按键也支持手机交互的功能，通过两者的配合实现虚拟展示的过程。对于手机的材质的调整可以通过VRP软件中的金属/烤漆类型来实现，界面贴图和按钮图标的制作可以利用Photoshop软件进行编辑。同时，运用数字图像、数字音频、数字视频和数字动画技术相结合的手法，实现手机触屏体验艺术的交互设计，从而表达隔空成像的设计理念。

(1)手机模型材质设计

①手机外壳材质设计。选择场景中的手机主体模型，在材质类型中选择Shader FX，选择材质为金属/烤漆，参数设置采用默认设置，这样手机外壳模型在场景中就会有微弱的反射效果。

②地面反射材质设计。为了能够在地面上映射出手机模型的倒影，可以采用高级反射的材质类型来制作。为了实现其反射效果，首先选择场景中的所有物体，在物体编组中创建一个反射组，在材质类型中选择Shader FX材质，然后在一般属性中选择高级反射，切换到反射选项中，将刚才命名好的物体组添加到反射组中，并设置一定的模糊等级和深度因子，这时手机在地面的反射就会有一定的衰减效果。

③手机按钮材质设计。对于功能键、锁屏键和音量键的材质设置，在材质属性中的动态光照卷展栏中，启用动态光照效果，可以增力按钮的立体视觉效果(图6-12)，然后再适当调节画面的色彩和其他相关属性，直到感觉画面的整体感比较和谐为止。

(2)手机UI界面设计

①二维控件的创建。在高级界面的控件中，利用静态图片和

图片按钮工具，分别在场景中创建相应的交互控件，分别设置 UI 底纹 2 个、功能按钮 6 个、音量控制按钮 3 个、弹出菜单 4 个（图 6-13），后期的声音和视频在脚本中添加，因此不需要创建 Flash 控件。

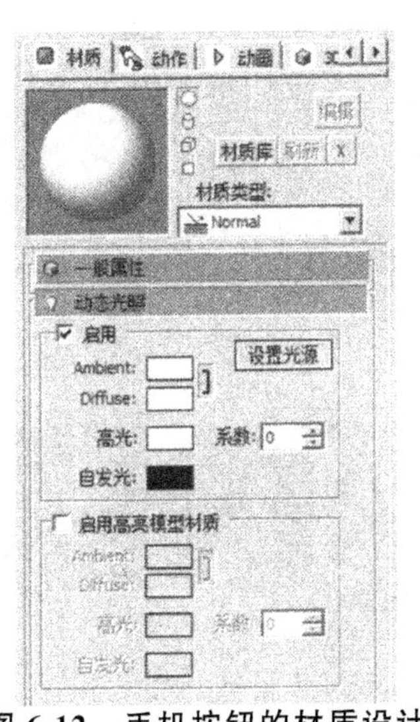

图 6-12　手机按钮的材质设计

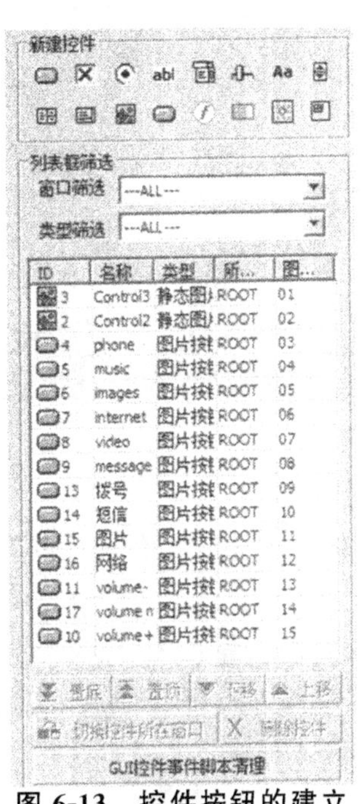

图 6-13　控件按钮的建立

②环形功能按键 UI 设计。6 个功能按钮分别对应 phone、message、music、video、images 和 internet。在控件属性的贴图设置中，分别选择对应的普通状态、鼠标经过和按下状态的贴图（图 6-14），其中鼠标经过的状态设置为红色并比初始图标略大一些，以起到提示和警示的作用，按下状态设置为灰色，跟原始图像尺寸相等。

③底纹、音量与弹出菜单 UI 设计

利用静态图片，首先将设计好的底纹和描边效果加载到场景中，然后在图片按钮中将音量图标也加载进来，最后把弹出菜单的功能选项也按照相同的操作加载进来（图 6-15），此时 UI 界面设计已经基本完成,在视图中可以调节其位置到合适的状态(图6-16)。

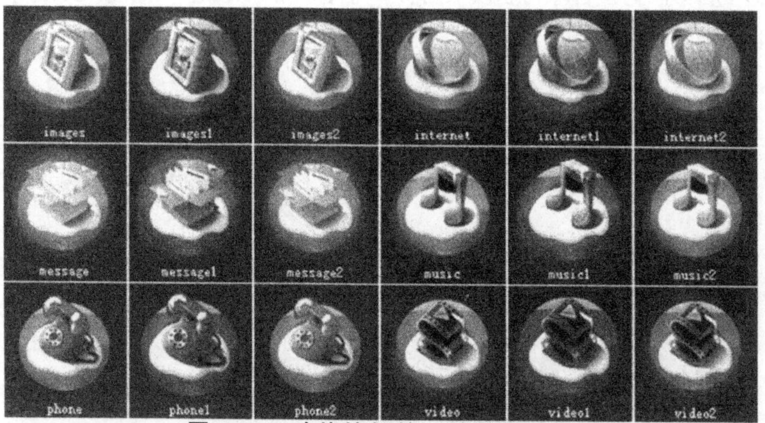

图 6-14　功能按钮的 3 种状态贴图

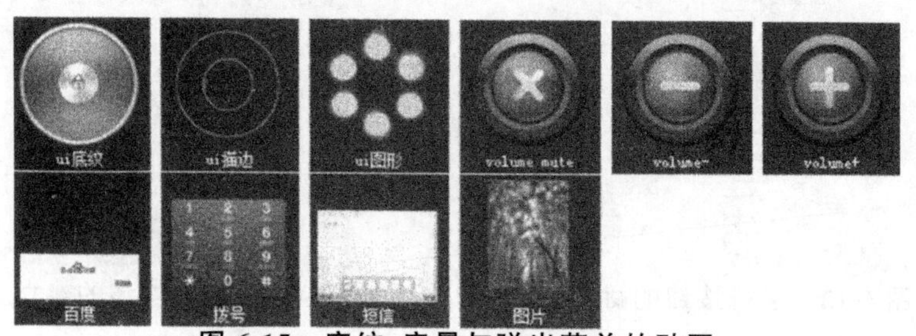

图 6-15　底纹、音量与弹出菜单的贴图

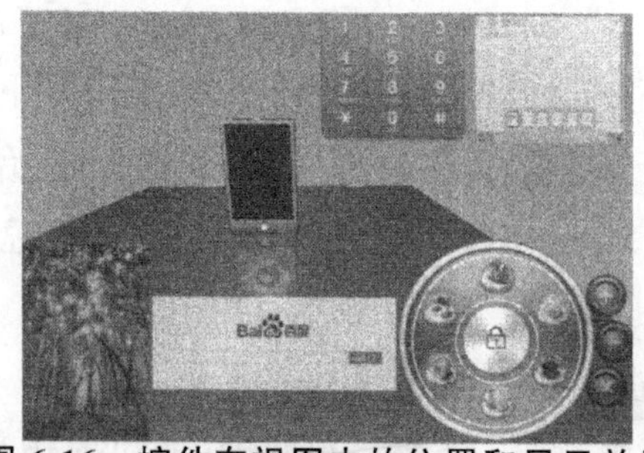

图 6-16　控件在视图中的位置和显示效果

2.椅子 UI 设计

(1)工业产品 UI 界面设计

在高级界面的控件面板中，利用按钮和图片按钮工具，分别在场景中创建 6 个控件(图 6-17)。根据工业产品的造型特征和原理，为图片按钮制作相应的贴图(图 6-18)。选择所有控件，在位置尺寸中勾选根据窗口比例缩放控件按钮，然后在图片按钮的贴图设置中，把制作好的贴图添加到场景中，将按钮的位置移动到图片按钮的上方，设置控件名称后利用对齐工具进行规格化排列。

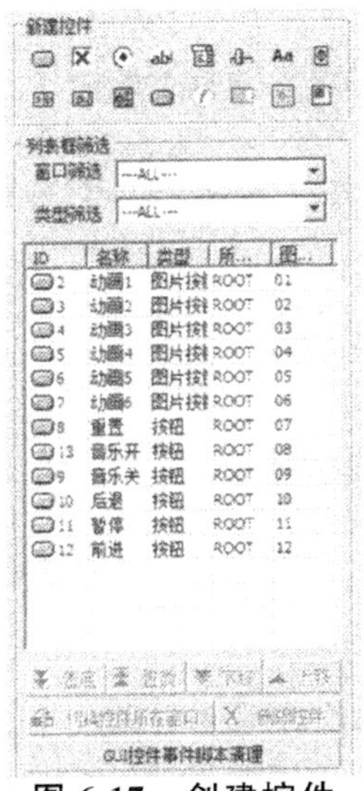

图 6-17　创建控件

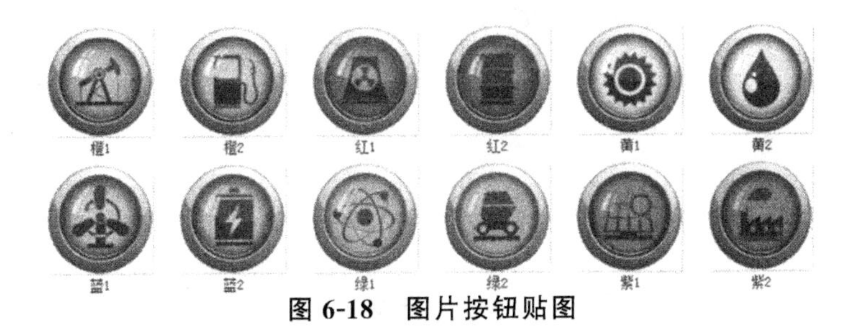

图 6-18　图片按钮贴图

(2)图片按钮脚本设计

选择动画 1 按钮,在控件属性中,单击鼠标点击按钮,为其添加播放刚体动画命令,播放的方式为正向/反向切换,循环模式为单向循环,循环次数为 1 次(图 6-19),按照相同的操作方式,分别为其他按钮添加刚体动画播放脚本,其中动画 5 按钮在脚本设计中,同时播放 vrp_rigid05 和 vrp_rigid06,这样可以保证椅子靠背和凳面一起运动。动画 6 按钮在脚本设计中,播放场景中所有的刚体动画,同时切换到相机视角(图 6-20),由于相机在 3DS Max 中已经创建了路径约束动画,动画时间仅有 1 秒钟,预览观察发现播放速度较快,为了降低其播放速度,可在相机移动速度面板中,将动画速度设置为 0.1(图 6-21),这样再切换到相机视角预览观察动画时,相机的运动速度就会变慢。

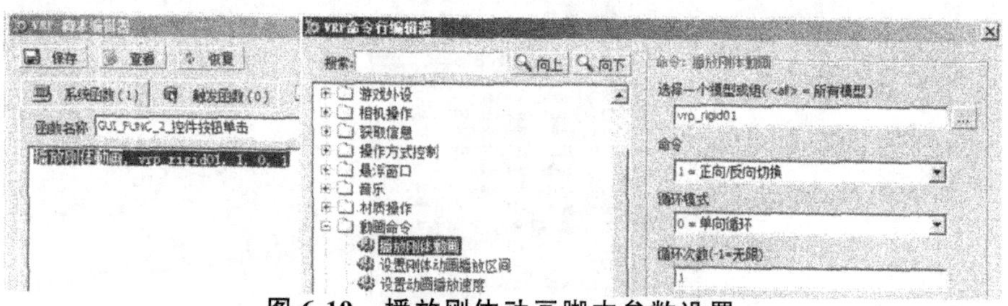

图 6-19　播放刚体动画脚本参数设置

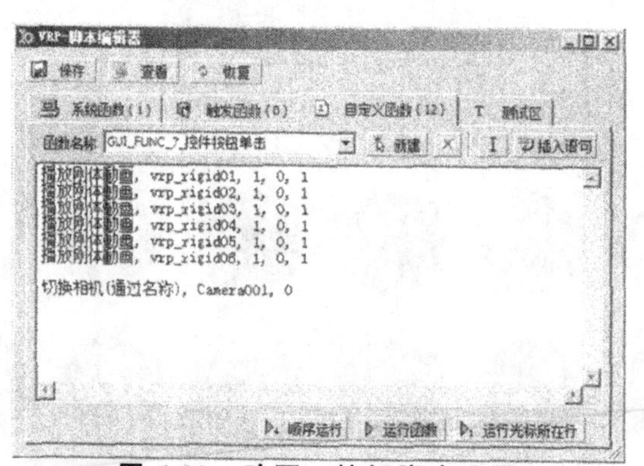

图 6-20　动画 6 按钮脚本设置

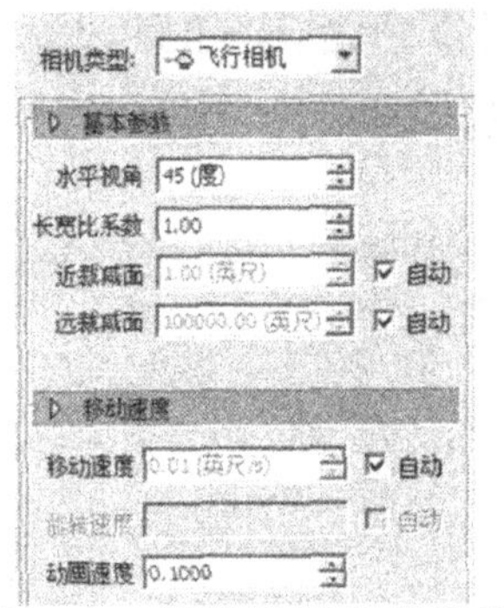

图 6-21　相机动画速度设置

(3)重置场景与初始化函数设计

在动画交互和演示过程中,有时候由于操作步骤太多想重置场景进行初始化操作,需要关闭程序然后重新运行,为了减少这一步的操作,可以直接利用按钮控件,在鼠标单击脚本中添加一个重新开始的脚本(图 6-22),这样在运行场景过程中,可以随时点击这个按钮回到场景初始运行的状态。为了增加场景的氛围,在初始化函数中新建一个窗口消息化函数,然后添加播放音乐的脚本(图 6-23),这样在系统运行的时候,音乐就会自动播放。

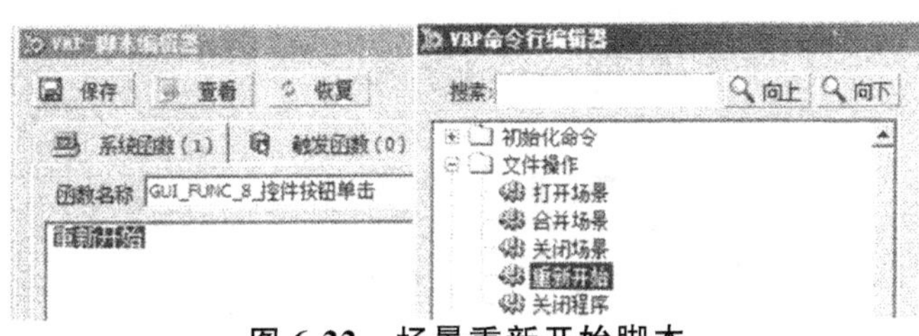

图 6-22　场景重新开始脚本

(4)其他按钮脚本设计

为了增强场景动画的交互功能性和用户体验,可以利用其他按钮分别控制音乐的播放和动画的调控。具体脚本的添加可以进行如下设置。

音乐开按钮:暂停音乐,0,1(图 6-24)。

音乐关按钮:暂停音乐,0,0(图 6-25)。

后退按钮:播放刚体动画,＜all＞,7,0,(图 6-26)。

暂停按钮:播放刚体动画,<all>,4,0,(图 6-27)。

前进按钮:播放刚体动画,<all>,3,0,(图 6-28)。

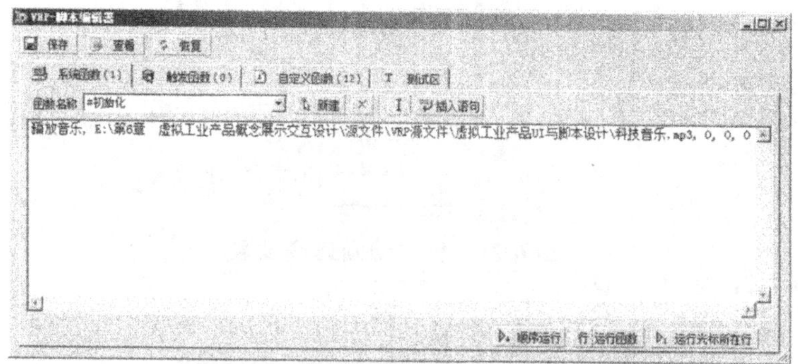

图 6-23　初始化函数播放音乐脚本

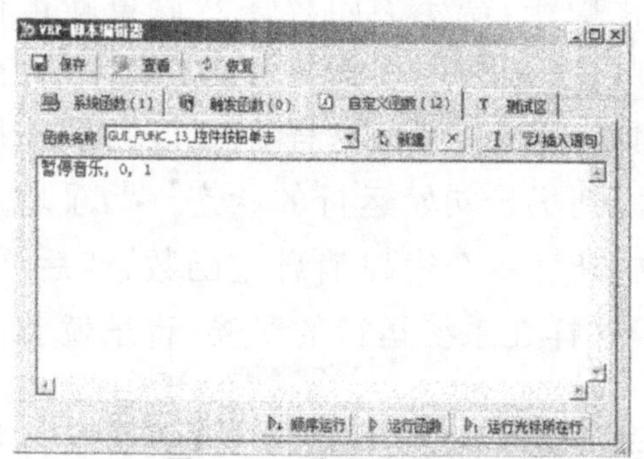

图 6-24　音乐开脚本

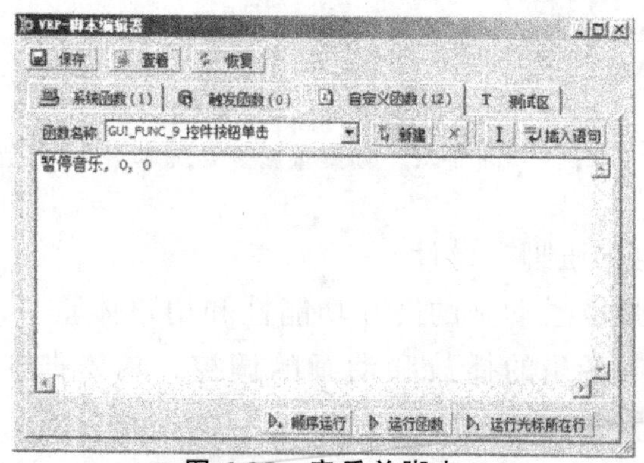

图 6-25　音乐关脚本

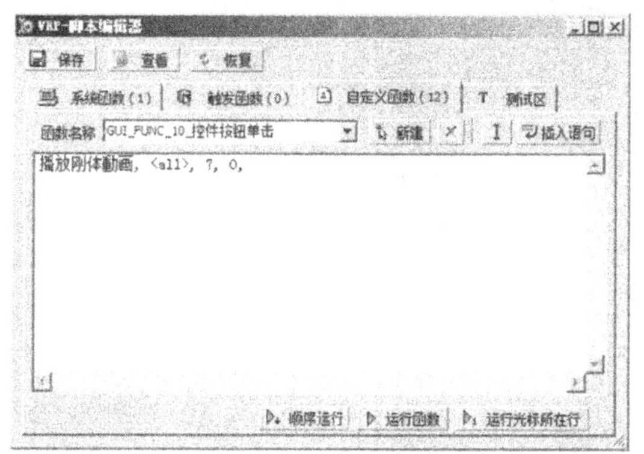

图 6-26　后退脚本

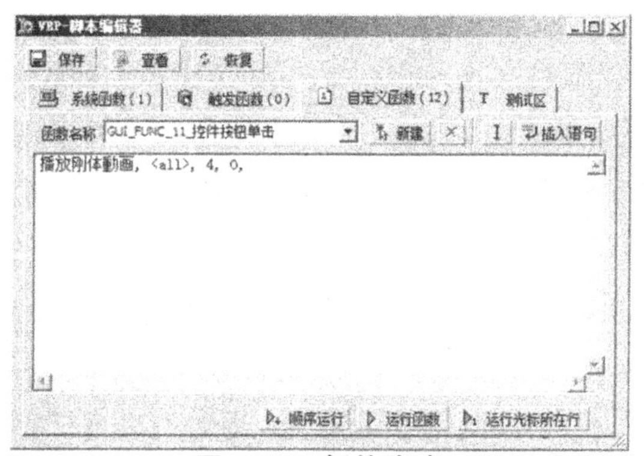

图 6-27　暂停脚本

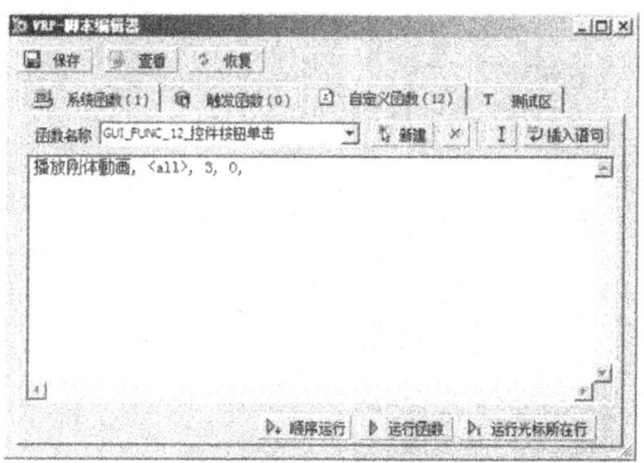

图 6-28　前进脚本

（二）工业产品设计

1.陶瓷

陶瓷产品设计主要包括造型与装饰两大部分，一件优秀的陶瓷设计作品必然有其独特的形态造型与装饰技法，因而寻找造型的技巧与装饰的规律对于陶瓷产品设计的创意过程是至关重要的。在陶瓷产品造型与装饰的理论与实践方面，前人已总结了造型美和装饰美的一般规律和表现形式，即将客观世界的真实感受上升到理性认识进行艺术的再创造。

（1）陶瓷产品造型设计

①陶瓷产品模型设计。在“创建＞几何体＞标准基本体”面板中，创建一个圆柱体作为基本造型元素，然后转换为可编辑多边形，利用“插入面”和“挤出”命令，制作一个中间镂空且具有厚度的容器造型。按住键盘上的 Shift 键，复制出 10 个造型，然后切换到点层级，利用缩放和移动工具，分别将复制出的圆柱体制作成 10 种不同风格的造型（图 6-29）。为了能够让陶瓷产品表面有足够的分段数，可以在细分曲面中勾选平滑结果，然后将迭代次数设置为 1 或者 2，这样模型表面就会有足够的细节进行光滑显示了。

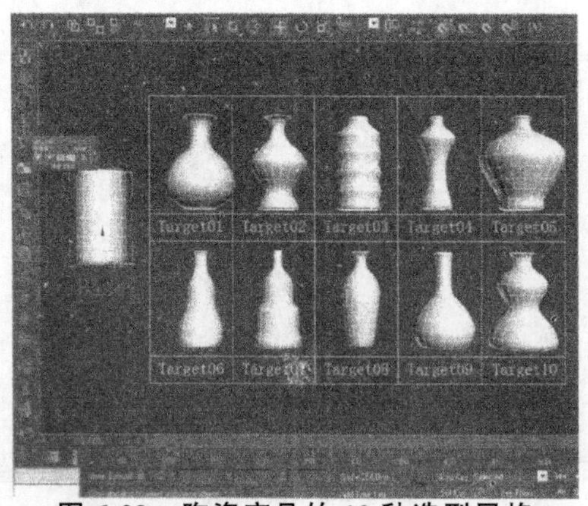

图 6-29　陶瓷产品的 10 种造型风格

②场景分层照明设计。为了营造场景的照明效果，增加物体的造型特征，需要用灯光进行烘托，其中 1 个 Base 陶瓷产品采用 1 个点光源和 3 个聚光灯来照明，10 个 Target 陶瓷产品采用 3 个目标平行光进行照明，另外创建 5 个泛光灯作为辅助照明（图 6-30），灯光照明的排除和包含可以在灯光修改面板的常规参数卷展栏下进行调节，灯光的强度、颜色和衰减范围可以根据场景照明的基本原则和环境的整体效果进行合理的设置，直到场景全局照明富有层次和变化为止。

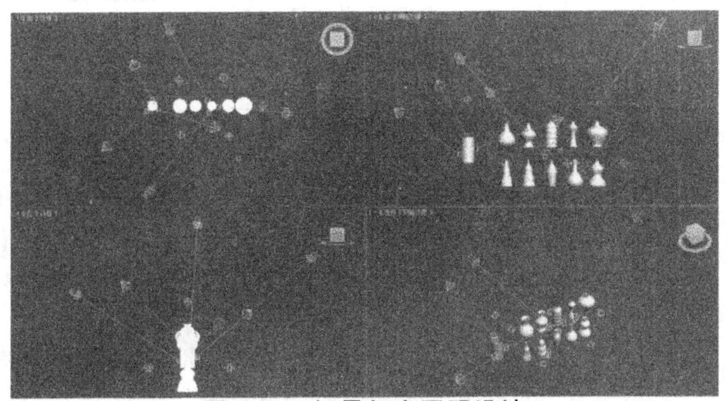

图 6-30 场景灯光照明设计

③场景视角设计。为了后期动画的个体展示和整体观察，需要创建 2 个摄像机视角分别进行定位和观察。利用目标摄像机工具，在视图中创建 2 个摄像机，一个在透视图用于观察 Base 陶瓷产品，一个在前视图用于观察 Base 和 Target 陶瓷产品（图 6-31），训节摄像机的位置和角度，直到产品在视图中达到一个饱满的构图为止。

（2）陶瓷产品装饰设计

①Base 陶瓷产品材质设计。为了表现陶瓷材质的质感，打开材质编辑器面板，创建一个建筑材质，材质类型为瓷砖，光滑的，漫反射颜色为白色，然后在漫反射贴图后添加一张纯白色的贴图作为位图，为后期交互动画的制作做准备（图 6-32）。

图 6-31 摄像机位置和视角设计

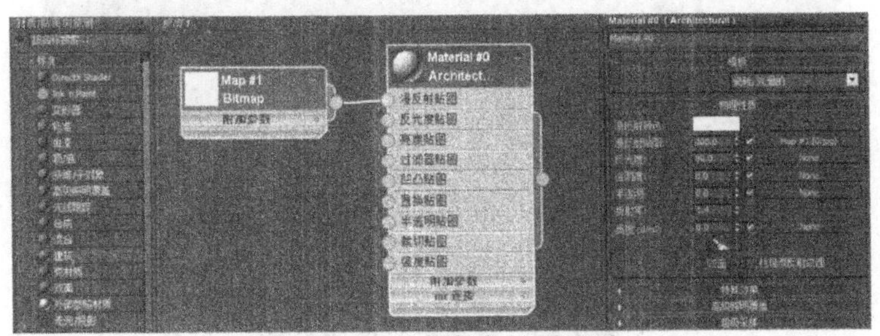

图 6-32 Base 陶瓷材质设计

②Target 陶瓷产品材质设计。按照 Base 陶瓷材质的制作方法和流程，分别创建 10 个建筑陶瓷材质，将漫反射颜色调节为白色，然后在漫反射贴图通道添加不同的贴图作为其装饰纹样(图 6-33)。制作完成后分别将材质赋予场景中的物体，若发现贴图在模型表面显示不正确，可以为陶瓷产品分别添加 UVW 贴图坐标修改器，然后设置贴图的类型，对齐方式选择适配模式，直到调整贴图在模型表面正确显示为止。

(3)陶瓷产品动画设计

①动画时间配置。在动画面板中打开时间配置按钮，设置动画的长度为 500 帧，帧速率为 PAL 模式(图 6-34)。

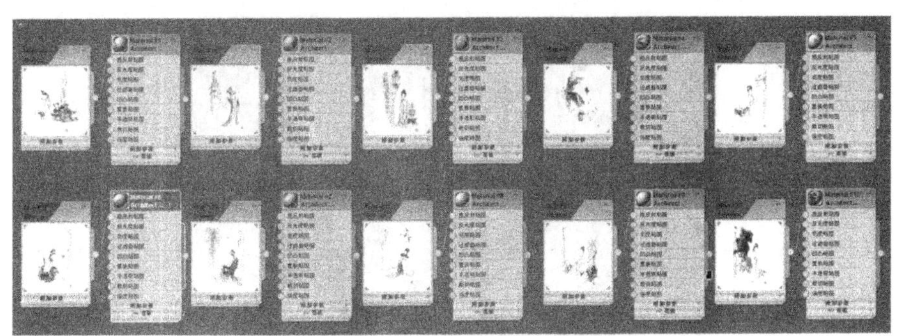

图 6-33 Target 陶瓷材质设计

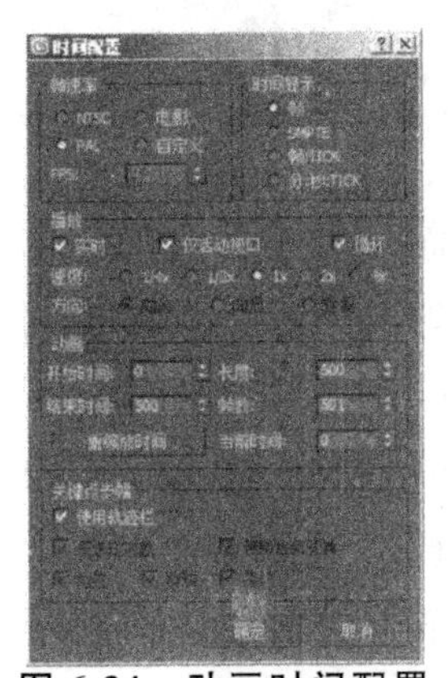

图 6-34 动画时间配置

②Morpher 变形动画原理。Morphing 是 3DS Max 中一种类似于二维动画中 Tweening 的动画技术，它是由一个变形的物体通过将第一个物体的顶点与另外一个物体的顶点进行差值计算而创建出来的，第一个物体被称为 Seed 或 Base 物体，由种子物体变形而成的物体称作 Target 物体(图 6-35)，这样创建出的动画呈现的是种子物体依次向各个目标物体转换的过程。在进行 Morpher 操作之前，要确保种子物体和目标物体符合两个条件：一是两者必须是网格、多边形或面片对象；二是两者必须具有相同的顶点数目。

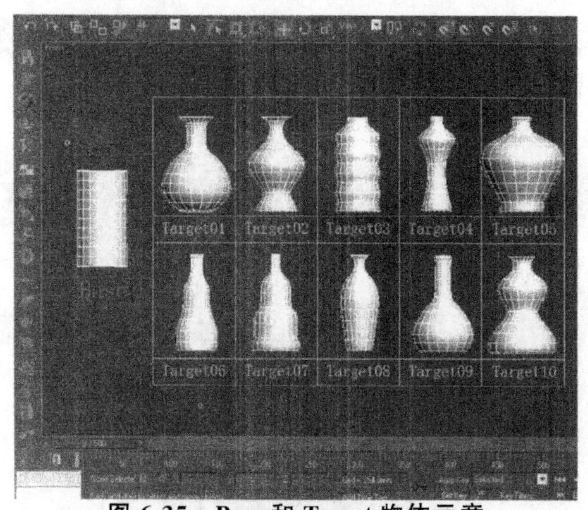

图 6-35　Base 和 Target 物体示意

③添加变形修改器。选择 Base 陶瓷产品模型，在编辑修改器中添加“变形器”命令，在通道列表卷展栏下，单击加载多个目标按钮，将刚才创建的 10 个 Target 陶瓷产品的造型全部加载进来(图 6-36)，作为进行动画变形的目标物体，这样它们之间就建立了关联性。变形动画的通道数目最多可支持 99 个，这样可以加载更多的造型元素作为变形动画的目标物体。

④Morpher 变形动画设计。隐藏场景中的 10 个 Target 陶瓷产品，只显示 Base 陶瓷产品，在动画制作过程中，会在 10 种不同造型风格中慢慢过渡变化。打开“设置关键帧”按钮，进行动画记录，动画变化的过程为每 50 帧的时间完成一个造型的变化，在下一个 50 帧的范围内，它会由上一个造型慢慢变化生成下一个造型，也就是说，造型每隔 50 帧会在两个造型之间完成一次过渡变化。动画记录方式为变形通道数值从 0 到 100 的变化，0 代表没有变化的造型，即原始物体的造型；100 代表修改后的造型，即目标物体的造型，中间的差值代表变化的过程，按照上面的操作方式可以完成 0 到 500 帧的变形动画效果(图 6-37)。

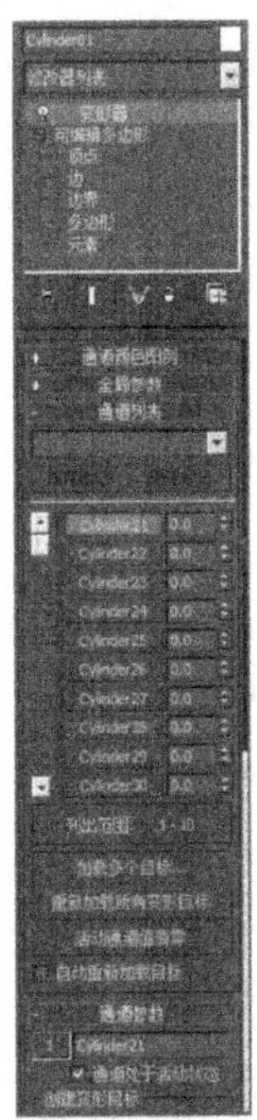

图 6-36　Base 和 Target 物体示意图

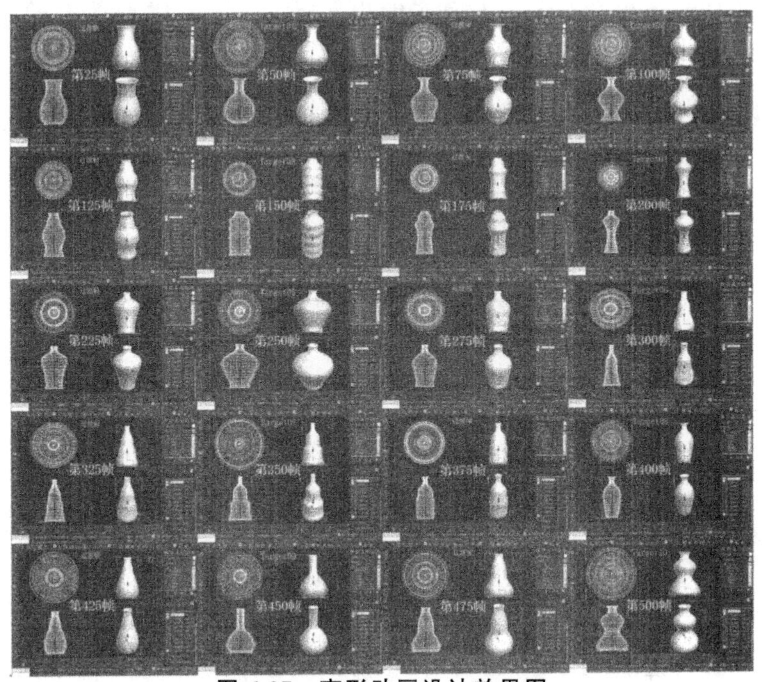

图 6-37　变形动画设计效果图

⑤Morpher变形动画总结。设计步骤为，首先建立种子物体和目标物体的几何模型，其次选择种子物体为其添加变形修改器，最后添加目标物体后将变形过程改置为动画。用户可以使用任何类型的对象作为变形目标，这些对象包括设置动画的物体和其他变形目标，可以配合后期变形器材质一同使用。由于动画关键帧设置方式的不同，造型变化的结果也是千变万化的，没有固定的形式和法则，这样造型的复杂性和不确定性有了更多的可能。陶瓷产品变形动画的过程不仅仅局限于两个通道之间的造型变化，还可以实现多个通道的动画调控，用多个通道的参数调节共同影响源物体的造型，所以变化出来的效果可谓层出不穷，为造型的变化提供了广阔的平台和空间。只要有丰富的想象力和创造力，都可以实现各种造型间的变形动画，从而为设计方案的多样性提供充分的条件。

⑥柔体动画组命名。为了能够让后期交互软件识别在场景中创建的动画，需要为其命名动画组，由于物体在动画变形过程中，顶点发生位移，原物体形态发生了改变，所以需要为其命名为柔体动画组，前缀为 vrp_soft，后面的命名可以根据需要自由设置，此案例中柔体动画的命名为 vrp_soft_Base(图 6-38)。

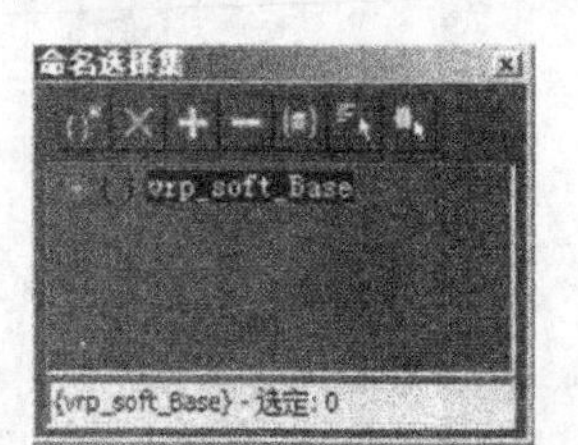

图 6-38 柔体动画组命名设置

(4)渲染烘焙与导出设计

①渲染烘焙。按键盘上的0键打开渲染到纹理对话框，选择场景中的11个陶瓷产品，在常规参数的输出路径中，设置一个贴图渲染保存的位置，在烘焙对象的选定对象设置中，填充次数为6(图 6-39)，这样可以保证烘焙后的贴图边缘没有接缝和错位。在输出面板中，为所有物体添加 Lightingmap，目标贴图位置为漫反

射颜色，贴图大小为 515×512，烘焙材质新建烘焙对象为标准：(B)Blinn，自动贴图的阈值角度为 60，间距为 0.01(图 6-40)。以上设置完成后就可以点击渲染按钮进行贴图的烘焙，等待一段时间后，就可以渲染完成，这样场景中的光影信息就以贴图的形式保存了，后期可以直接调入 VRP 中进行交互设计。

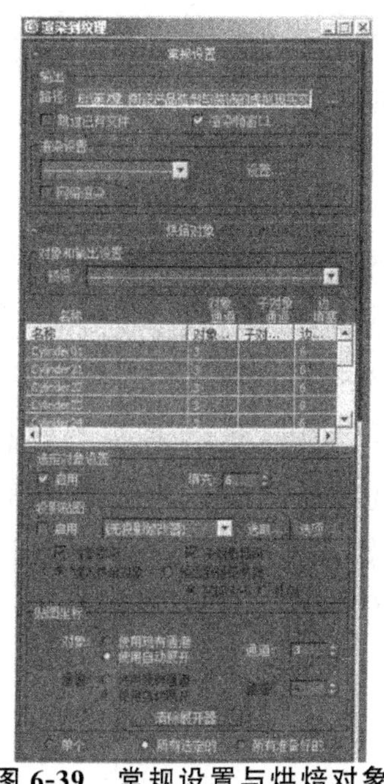

图 6-39 常规设置与烘焙对象

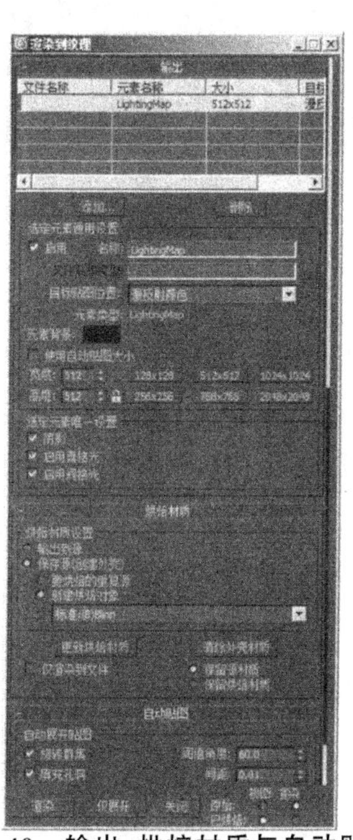

图 6-40 输出、烘焙材质与自动贴图

②场景导出。在实用程序面板中，点击[* VRPlatform *]按钮，然后点击导出，弹出导出对话框，可以查看到场景的模型总数、刚体/柔体动画、摄像机和贴图信息的数量(图 6-41)，检查无误后，便可以点击调入 VRP 编辑器按钮进行后期的交互设计了。

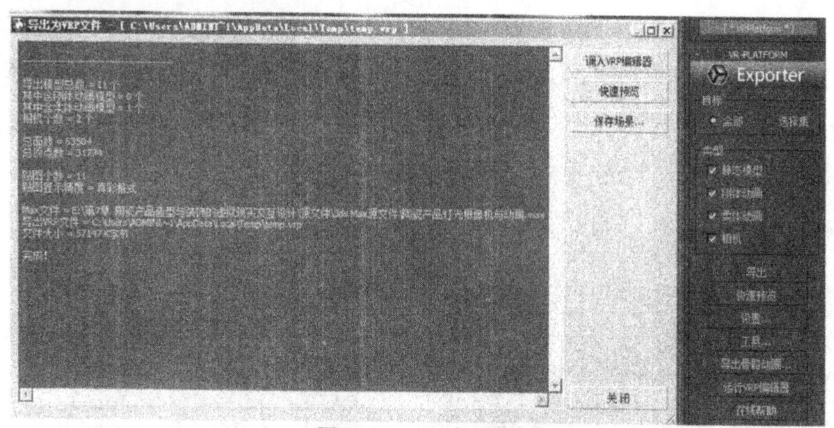

图 6-41　导出界面

2.孔明锁

孔明锁,相传是三国时期诸葛孔明根据八卦玄学的原理发明的一种玩具,曾广泛流传于民间。它起源于古代汉族建筑中首创的榫卯结构,这种三维的拼插器具内部的凹凸部分(即榫卯结构)啮合,十分巧妙。孔明锁原创为木质结构,从外观看是严丝合缝的十字立方体。这里将对孔明锁的组装展示动画进行虚拟现实交互设计,设计者可以通过每一个步骤的演示和操作,再运用 UI 界面操控演示动画,从不同的角度和方位去观察孔明锁的造型和结构,从而迅速地实现其形态的拼合和组装。

(1)孔明锁模型设计

孔明锁模型的创建主要通过多边形建模实现,创建一个 2×2 分段的立方体,然后转换为可编辑多边形,根据物体的造型结构和特征,利用挤出命令进行表现,在挤出过程中,要按照比例图的尺寸进行表现,这样后期模型动画组装过程才能确保精确,按照这个思路和方法,最终完成模型的制作(图 6-42)。

(2)孔明锁材质设计

按键盘上的 M 键,打开材质编辑器,利用标准材质球,在物体的漫反射通道分别添加一张文件贴图(图 6-43),然后将材质赋予场景中的物体,并分别为物体添加 UVW 贴图坐标修改器,使材质贴图适配场景中的模型坐标,其中 6 个立方体的贴图坐标为长方体模式，其他 3 个平面物体的贴图坐标为平面模式，若贴图尺寸过大，可适当修改 U 向平铺和 V 向平铺的次数，调节贴图大小与场景适配即可，最终为场景中的物体添加不同的材质贴图，在视图中可以实时观察最终效果（图 6-44）。

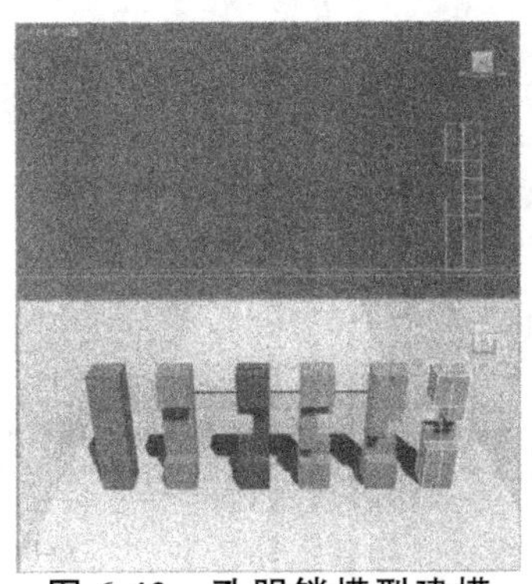

图 6-42　孔明锁模型建模

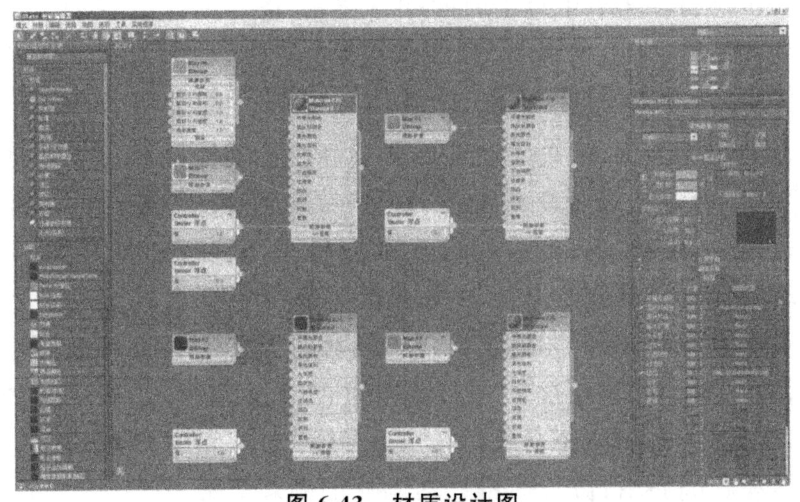

图 6-43　材质设计图

（3）场景照明与摄像机设计

根据三点照明的设计原则，进行场景的照明设置（图 6-45），其中 1 号位置为主光源（冷光），倍增值为 0.7；2 号位置为辅光源（暖光），倍增值为 0.5；3 号位置为背景光，倍增值为 0.3。4 号位置为目标摄像机的位置，主要用于定位场景构图和观察视角。

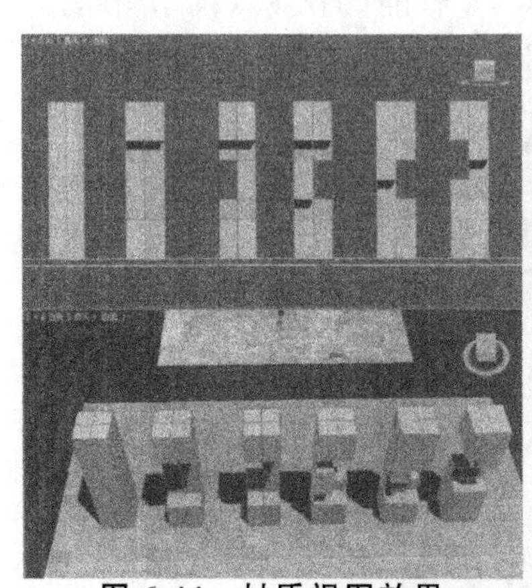
图 6-44　材质视图效果

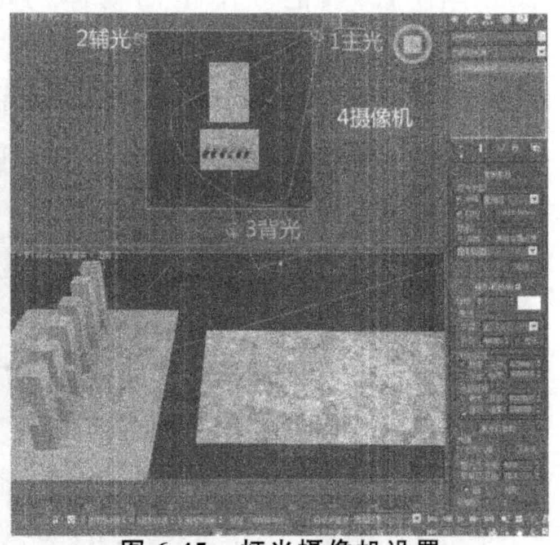

图 6-45　灯光摄像机设置

(4)孔明锁三维动画设计

在时间轴面板中点击时间配置按钮(图 6-46),设置动画的长度为 325 帧,帧速率为 PAL 模式(图 6-47)。运用动画关键帧制作技术,为物体创建动画,具体动画时间分配如下:0～50 帧,Box004 组装动画设置;50～100 帧,Box008 组装动画设置;100～175 帧,Box002 组装动画设置;175～225 帧,Box005 组装动画设置;225～275 帧,Box003 组装动画设置;275～325 帧,Box001 组装动画设置。具体的组装动画设置细节可根据自己的需要和创意进行表现设计,只要把结构的组装过程展示完整即符合要求即可,中间不要有结构穿插和对位不准的情况发生,按照正确的组装顺序进行动画设计。具体组装过程可参考相关书籍的步骤或网络视频的介绍,以方便设计和制作的顺利完成。

(5)刚体动画命名

完成动画设计后,为了能够让后期 VRP 软件识别物体动画模型,需要为模型创建刚体动画集合,按照动画展示的先后顺序,为每个物体创建一个 vrp_rigid 的刚体动画集合组(图 6-48),这样在导出到后期软件中时,3DS Max 设置的动画效果即可被 VRP 识别。

图 6-46　时间配置按钮位置

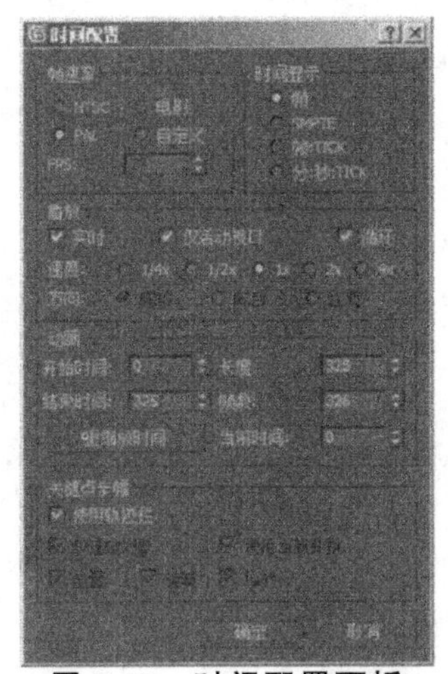

图 6-47　时间配置面板

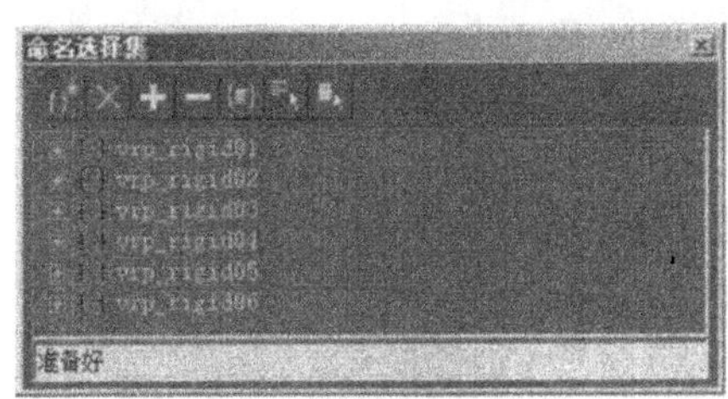

图 6-48　刚体集合组命名

(6)渲染烘焙场景设置

点击渲染菜单下的渲染到纹理按钮,或者按键盘上的数字 0 键,都可以打开该对话框。在常规设置中,选择烘焙贴图渲染保存的路径,然后全选场景中的物体,在选定对象设置卷展栏中,设置填充数量为 6(图 6-49),添加 Completemap 的贴图方式,目标贴图位置为漫反射颜色,贴图大小为 512×512。在烘焙材质卷展栏中,设置新建烘焙对象为标准:(B) Blinn 材质类型,在自动贴图卷展栏设置阈值角度为 60，间距为 0.01（图 6-50），参数设置完成以后，单击“渲染”按钮进行贴图的烘焙渲染。

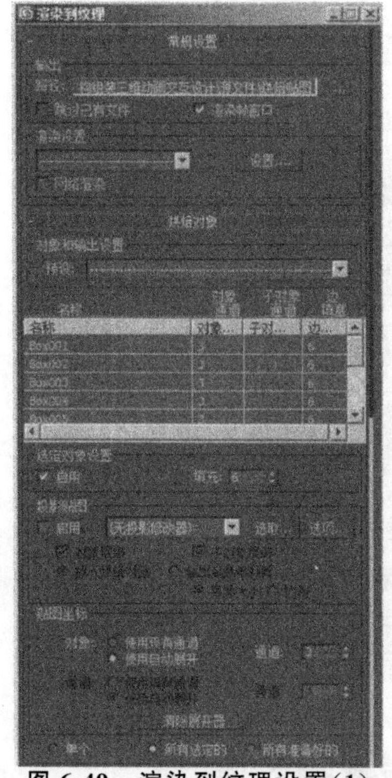

图 6-49　渲染到纹理设置（1）

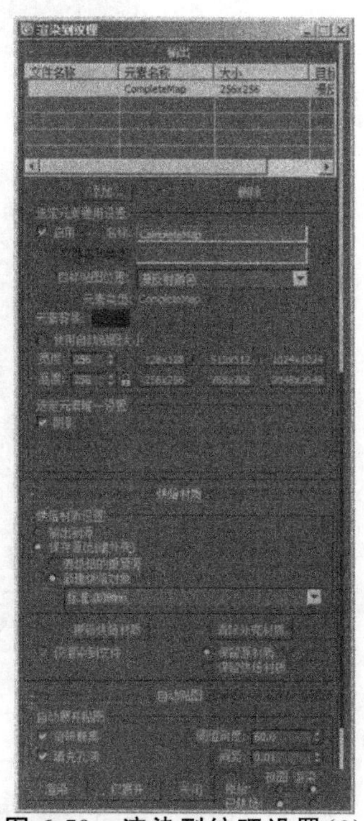

图 6-50　渲染到纹理设置（2）

（7）导出面板设置

渲染完成后，在实用程序面板点击“配置按钮集”，打开配置按钮集面板，将左边的[* VRPlatform *]模块用鼠标左键拖拽到右侧的实用程序面板（图 6-51），然后在实用程序面板，点击[* VRPlatform *]按钮，即可弹出 VRP 导出面板（图 6-52），单击“导出”按钮，弹出“导出”对话框（图 6-53），其中含刚体动画模型为 6 个，这说明在动画设置中的刚体动画集合命名可以被识别，点击调入 VRP 编辑器按钮，即可调入 VRP 软件中进行后期的 UI 设计和交互设计。

（8）孔明锁结构组装交互设计

在交互设计过程中，主要通过 UI 界面和控件的相关设置，来实现组装动画的交互设计过程，为了确保画面的质量和效果，在导入到初始场景的模型中时，可以先在物体的材质面板，调节物体烘焙后的材质颜色属性和效果，其中需为 Plane001 和 Plane002 两个地面材质打开动态光照效果，在第一层贴图下进行色彩调整，调节比例、亮度、对比和 Gamma 参数；其他物体在第一层贴图下进行色彩调整，调节比例、亮度、对比和 Gamma 参数，使得贴图在场景中的显示达到一个较为和谐的效果（图 6-54）。

图 6-51　配置按钮集

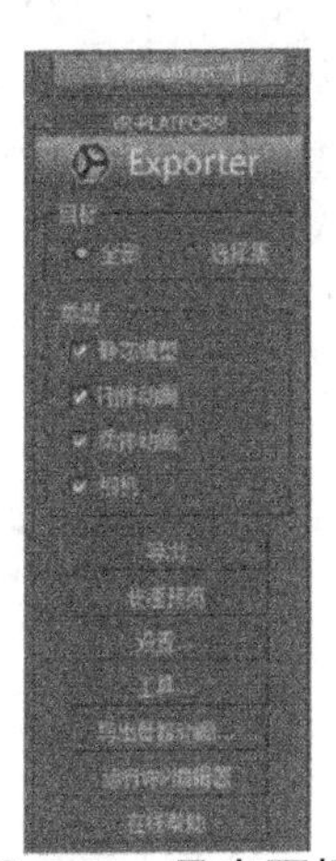

图 6-52　导出面板

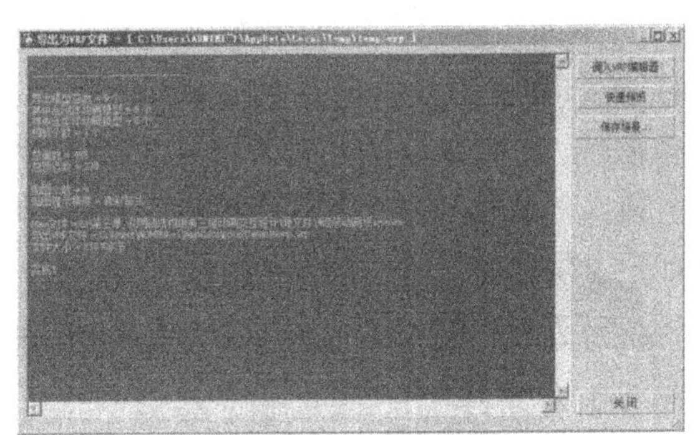

图 6-53　导出对话框

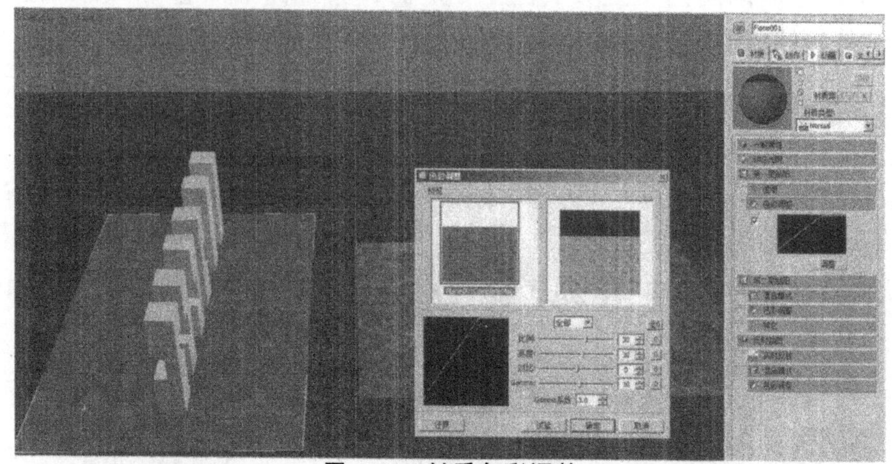

图 6-54　材质色彩调整

第三节　国内虚拟现实技术分析

一、动作捕捉技术

Noitom(诺亦腾)公司是全球领先的动作捕捉(Motion Capture)系统提供商。从 2011 年创建起,在好莱坞慢慢抢夺原属于光学感应厂商的份额,在国内更是遥遥领先。

动作捕捉系统,顾名思义,就是捕捉移动物体的运动轨迹。在传感器捕捉到运动轨迹后,传输到计算机进行更进一步的后期加工。例如科幻电影里面运动中的机器人,就是通过动作捕捉系统捕捉人类的动作,然后在计算机中后期渲染上机器人的形象制作而成的。有别于多数基于光学的动作捕捉系统,Noitom 是基于感应器(sensor-based)进行捕捉。基于感应器的设计有诸多好处,比如成本低廉、不受移动空间限制、没有重叠遮盖的影响等。

Noitom 起初是影视业的专业动作捕捉系统,但是价格昂贵,不适合中小型组织。

Noitom 推出 Perception Neuron 来吸引中小型开发组织及独立开发者，甚至资深玩家。这也正符合了这次 VR 浪潮的特征——推广消费级产品。除了千元美金级别的全身捕捉系统之外，也有只需 100 美元一只的手套。使用这个手套，可以精确捕捉到手部动作，并且可以参与到虚拟世界的交互，例如用手捉住球。

二、BAT 进入虚拟现实领域的投资与布局

BAT 并不是某个公司的英文缩写，而是 3 家中国超级互联网公司的代称，分别是百度(B)、阿里巴巴(A)和腾讯(T)。

(一)百度

2015 年 12 月 4 日，百度视频宣布进军虚拟现实，隆重上线 VR 频道，成为国内 VR 内容聚合平台的先驱者，也是 BAT 三巨头中首个真正投入重兵到虚拟现实的公司。

百度视频的 VR 频道聚合了目前市面上最优质的 VR 内容，为 VR 发烧友和潜在用户群体提供了丰富的 VR 视频、游戏及资讯等内容资源，还将举办诸多线下体验活动。虽然这一消息让很多 VR 行业从业者感到极大的压力，但无疑为虚拟现实产业从小众走向大众提供了强有力的支持。

当然，从实际的情况看，百度视频的 VR 子频道只是在倒数第二个子链接，而且打开链接后看到的都是来自一家 87870.com 虚拟现实资讯网站的信息。

(二)阿里巴巴

2015 年 10 月，阿里巴巴集团和杭州映墨科技有限公司达成了合作协议。在 2015 年云栖大会上，映墨科技为阿里巴巴特别定制了一款移动版 VR 眼镜，使用虚拟现实技术为参会者提供了一场阿里云千岛湖数据中心的虚拟之旅。

在 AR 领域，阿里巴巴参与了对神秘增强现实公司 Magic

Leap 的 C 轮高达 7.93 亿美元的投资。而且有消息称，阿里巴巴的执行副主席蔡崇信也会加入这家位于佛罗里达州达尼亚海滩的初创公司的董事会。阿里巴巴在本次 C 轮融资中的领投角色说明阿里巴巴非常看重未来将 Magic Leap 技术用于中国市场的可能性。据悉阿里巴巴通过 JP 摩根、摩根士丹利和 T.Rowe Price 基金进行了这一轮融资。Magic Leap 在数轮融资后手握 10 亿美元现金，目前估值达到 37 亿美元。

（三）腾讯

以社交娱乐起家的南方互联网帝国——腾讯，早在 2012 年就收购了 Epic Games 48.4%的股权。虽然这一举动主要是为了自己的游戏业务，但游戏本身就是虚拟现实的重大应用领域，可能也是最容易直接变现的领域。

2014 年 9 月，尝试打造虚拟现实社交的美国创业团队 Altspace VR 获得了 520 万美元的融资，而腾讯和谷歌都参与了这次投资。

2015 年 10 月 25 日，腾讯曝光了内部研发的 VR 应用炫境。当天正好是腾讯视频直播韩国组合 Bigbang 在澳门演唱会的日子，炫境上也提供了本场演唱会的 360 度全景直播。虽然直播的体验非常一般，但至少在全景视频直播上迈出了一大步。

2015 年 11 月，腾讯在北京召开 MiniStation 微游戏机发布会，并以“One More Thing”的形式正式对外公布了其虚拟现实战略布局，正式宣布进军虚拟现实领域。在发布会的尾声，腾讯放出了一张 MiniStation+VR 的画面，并随后开放了腾讯 VR 网站，开启“全球征集开发者”计划。

从发布会的情况看，腾讯对 VR 未来的使用定位方面重点考虑娱乐、生活和社交。而在腾讯 VR 网站上，腾讯宣布将从账号系统、社交系统、分发平台、支付平台 4 个方面给开发者支持。

除了推出 VR 开放平台，赞那度精品旅行网在 2015 年 12 月 25 日宣布获得腾讯领投的 8000 万元人民币 A+轮投资，切入了

VR 旅游行业。

在 2016 年 3 月的全国人大代表大会上，马化腾表达了对 VR 和 AR 热潮的观点。马化腾表示内容很重要，而腾讯在游戏和影视方面有最广泛的 VR 应用场景，腾讯鼓励和欢迎与各家硬件厂商进行 VR 合作。同时马化腾表示不排除跟一些厂商在早期合作过程中能够结合得更紧密，能够把 VR 推动得更好。希望能打造出一些样本，未来两三年会逐渐成熟。

三、其他互联网公司进入 VR 领域

最早高调宣布进军 VR 行业的就是 2015 年的 A 股妖股“暴风影音”。暴风以廉价的移动 VR 硬件设备切入，期望一举占领这个全新的市场并期望凭借以往累积的用户、内容和视频技术资源，打造一个 VR 内容平台。

已经成功转型投资商的盛大选择了以投资的形式参与 VR 行业。2015 年 11 月，VR 团队 Solfar 获得 210 万美元投资，盛大集团参投。Solfar 工作室专注于虚拟现实旅游领域，宣传将世界上最伟大的自然奇观之一——珠穆朗玛峰带进虚拟现实，项目名为 Everest VR。2015 年 12 月，Upload VR 获得盛大集团 125 万美元的投资，Upload VR 创办于 2014 年，是美国的 VR 资讯网站。

2015 年 12 月 25 日，小米董事长雷军持股的迅雷宣布投资上海乐相科技有限公司(大朋 VR)，乐相本轮融资 3000 万美元。

2016 年 2 月，在小米 5 手机的发布会之后，小米探索实验室在小米路由器总经理唐沐和小米联合创始人 KK(黄江吉)的带领下正式成立，第一个项目就是虚拟现实(VR)。

2015 年 12 月 23 日，乐视举行盛大发布会，推出虚拟现实战略。乐视 1000 万美元投资灵境 VR，推出售价为 149 元的移动 VR 头盔 LeVR COOL1，适配乐 1 和乐 1Pro 手机使用。

除了在硬件上发力，乐视还宣布建立中国最大的 VR 内容平台，推出“1 亿粉丝覆盖计划”和“1 万 CP 联盟计划”。在 VR 内容

库的建设方面，乐视将全面开花，覆盖影视、演唱会、旅游、教育、新闻、游戏等多个内容领域。乐视希望在其他子生态——乐视影业、乐视体育和乐视音乐的紧密协作下，配合大量第三方内容商的合作，打造中国最大的 VR 内容平台。[1]

第四节　国外虚拟现实技术视野

一、立体显示技术

对很多初次接触虚拟现实的用户来说，第一印象就是目前还稍显笨重的头戴显示设备。从某种意义上来说，头戴显示设备是虚拟现实的核心设备之一，同时也是虚拟现实系统实现沉浸交互的主要方式之一。不管是 Oculus Rift，HTC Vive 或 Sony Playstation VR 这样的基于电脑和游戏主机的头戴设备，还是需要配合智能手机使用的 Samsung Gear VR 类型产品，或是 And roid 一体机，头戴设备所用到的立体高清显示技术都是最关键的一项技术。

立体显示技术是以人眼的立体视觉原理为依据的。因此，研究人眼的立体视觉机制，掌握立体视觉的规律，对设计立体显示系统是十分必要的。如果想要在虚拟的世界中看到立体的效果，就需要知道人眼立体视觉产生的原理，然后再用一定的技术通过显示设备还原立体三维效果。

那么人眼是如何产生立体视觉的呢？其实早在 1838 年的时候，英国的著名科学家温特斯顿就在思考一个问题，“为什么人类观察到的世界是立体的？”经过一系列的研究后，他发现，原因很简单，每个人都长着两只眼睛。人的双眼之间相隔 58～72mm，

[1] 王寒等著.虚拟现实：引领未来的人机交互革命[M].北京：机械工业出版社，2016

在观察物体时，两只眼睛所观测的位置和角度都存在一定的差异，因此每只眼睛所观察到的图像都有所区别。和眼睛相隔不同距离的物体在双眼上所投射的图像在其水平位置上会有差异，这就形成了所谓的视网膜像差，或是所谓的双眼视差。用两只眼睛同时观察一个物体时，物体上的每个点对两只眼睛都存在一个张角。物体离双眼越近，其上的每个点对双眼的张角就越大，所形成的双眼视差也越大。当然，人的大脑还需要根据这种图像差异来判断物体的空间位置关系，从而使人产生立体视觉。

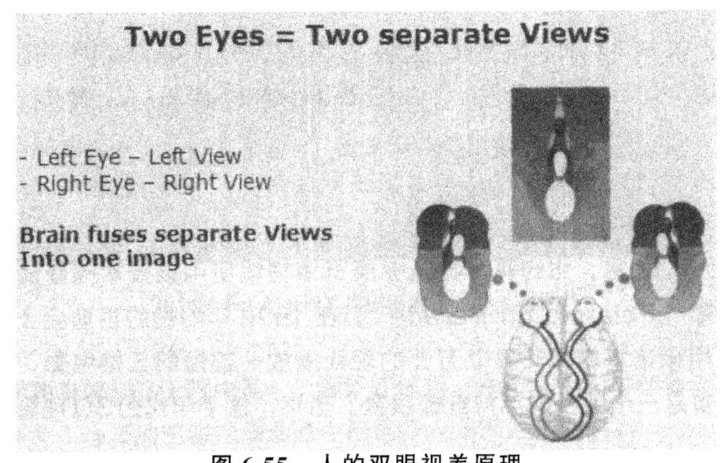

图 6-55　人的双眼视差原理

双眼视差可以让我们区分物体的远近，并获得深度的立体感。对于离我们过于遥远的物体，因为双眼的视线几乎平行，视差偏移接近于零，所以就很难判断物体的距离，更不可能产生立体感觉了。一个典型的例子就是当我们仰望星空时，会感觉天上所有的星星似乎都在同一个球面上，不分远近，这就是双眼视差为零造成的结果。

人类需要通过双眼来观察世界才能获得立体感，那么在虚拟现实系统中，如何通过头戴式显示设备来还原立体三维的显示效果呢？目前来说一般采用以下几种方式来重现立体三维图像效果。

（一）偏振光分光 3D 显示（Polarized 3D）

偏振光分光 3D 显示技术最早要追溯到 1890 年，彼时正是清代末期，光绪十六年。那一年，美国天文学家帕西瓦尔·罗威尔通过望远镜观测到火星表面的“人工运河”，基于偏振光原理的 3D 投影设备被发明，当时使用的是尼科尔棱镜。

不过直到 Edwin Land 发明了偏振塑料片之后，偏振光 3D 眼镜才有了用武之地。在 1934 年的时候，Edwin 首次使用这种技术投影并观看三维图像。1936 年 12 月，纽约科学与工业展览博物馆使用该技术向普通大众播放了三维电影“Polaroid on Parade”。在 1939 年的纽约世博会上，克莱斯勒公司使用该技术向每天数以万计的观众播放一部短的三维电影，当时使用的观影设备是一个免费的手持纸板眼镜。

1952 年，首部彩色 3D 好莱坞大片《非洲历险记》上映，一时间掀起了大众对于 3D 显示技术的热潮。知名的《生活》杂志曾将一名佩戴了 3D 眼镜的观众的照片作为封面。从 20 世纪 70 年代开始，部分旧年代的 3D 电影再次播放，不过此时已经不再需要特殊的投影装置了。

在拍摄时，以人眼观察景物的方法，利用两台并列安置的电影摄像机，分别代表人的左右眼，同步拍摄出两路略带视差的电影画面。而在放映时，将两路影片分别装入两个电影放映机，并在放映镜头前装置两个偏振轴互成 90°的偏振镜。两台放映机需要同步播放，同时将画面投放在金属银幕上。

偏振光分光 3D 显示技术又分为线偏振光分光技术和圆偏振光分光技术两种。在 20 世纪 80 年代以前以线偏振光分光技术为主，而此后圆偏振光分光技术开始成为主流。在使用线偏振眼镜观看立体电影时，眼镜必须始终处于水平状态。如果稍有偏转，左右眼就会看到明显的重影。而圆偏振光眼镜就不存在这样的问题，它的通光特性和阻光特性基本不受旋转角度的影响。

进入 21 世纪以后，纸盒眼镜已经很少见了，塑料眼镜成为主流，而且其使用费用基本上包含在电影票里面。随着计算机动画技术的进步和数字投影技术的发展，以及 IMAX 70mm 影片投影机的使用，新一波偏振 3D 影片的浪潮再次袭来。

（二）图像分色立体显示（Anaglyph 3D）

在使用分色技术制作影像时，会将不同视角上拍摄的影像以两种不同的颜色（通常是蓝色和红色）保存在同一幅画面中。在播放影像的时候，观众需要佩戴红蓝眼镜，每只眼睛都只能看到特定颜色的图像。而因为不同颜色图像的拍摄位置有所差异，因此双眼在将所看到的图像传递给大脑后，大脑会自动接收比较真实的画面，而放弃昏暗模糊的画面，并根据色差和位移产生立体感与深度距离感。

分色眼镜的好处是观看立体影像非常方便，在任何显示器上都可以观看，甚至是打印的分色照片都可以观看。当然，这种简单的分色滤光方案缺点也非常明显，因为偏色会让 3D 效果大打折扣，而且如果立体位移较大，人脑就无法自动合成两幅偏色的画面。

（三）杜比图像分色（Dolby 3D）

使用偏振原理的立体显示技术效果最好，也就是所谓的 IMAX 3D（线偏振）或者 Real D（圆偏振），但是在普通的家庭影院或者电脑显示器上实现的难度很大。除非使用两台加装了偏振镜头的投影仪和两路使用不同角度拍摄的影像，还要配合专业的播放设备和同步装置，显然如此复杂的装备和高昂的成本不是每个普通大众都可以承受的。

使用分色滤光原理的立体显示技术成本低廉，也可以在任何显示设备上实现，但遗憾的是偏色效果严重，而且立体效果也不尽如人意。

随着数字影像技术的发展，传统的分色技术被所谓的杜比图像分色技术（Dolby 3D）所替代。实际上，在中国内地的影院中，目前绝大多数的3D电影都采用杜比3D显示技术。虽然比起IMAX 3D还存在一定的差异，但是效果已经非常好了。当然，需要特别提醒大家注意的是，对于音乐发烧友来说，提到杜比3D可能首先想到的是立体环绕声，而我们这里则只关注立体显示技术。

杜比3D技术需要使用专用的数字投影机来播放2D和3D影片，在投影机的内部放置了一个快速转动的滤光轮，其中包合了另外一组红色、绿色和蓝色的滤光片。这组滤光片可以产生和原始滤光片一样的色域，但同时会让光线以不同的波长传播，分别包含了左右眼的影像内容。当观众佩戴了带有二向色滤光片的分色眼镜后，可以过滤掉其中特定波长的光线，从而让两只眼睛看到不同的画面。通过这种方式，单个投影机就可以同时播放两种不同的画面。

(四)分时显示(Active shutter 3D system)

分时显示技术是用来显示3D影像的一种方式，顾名思义，就是让两套影像在不同的时间播放。比如在播放左眼看的图像时就用眼镜遮挡住用户的右眼视野；反过来，在播放右眼看的图像时就用眼镜遮挡住用户的左眼视野。如此高速切换两套影像的播放，会在人眼视觉暂留特性的作用下形成连续的画面。这种技术因为类似于相机的快门技术，所以习惯上又称为主动式快门3D显示技术。

目前的主动式快门3D系统通常使用液晶快门眼镜，可以用作CRT显示器、等离子显示器、LCD、投影仪和其他类型的影像播放。同步信号则分为有线信号、红外信号、无线电信号(如蓝牙、DLP等)。

相对于红蓝分光3D眼镜，主动式快门3D眼镜不会出现偏色现象。而相比偏光3D系统，快门3D眼镜可以保证影像的完整分辨率。

但主动式快门3D眼镜的缺点也很明显，以CRT实现为例，要求眼镜和显示器的时间同步非常精确，否则就会产生视觉混乱。而以如今主流的LCD和OLED为例，则要求显示器的刷新率至少超过100Hz，甚至是120Hz。因此在很长一段时间里，因为显示面板的刷新率无法突破100Hz，分时显示技术一度停滞。

但随着近年来显示面板技术的突飞猛进发展，分时显示技术又重新焕发了活力。

（五）HMD头戴显示技术

HMD头戴显示技术的基本原理是让影像透过棱镜反射之后，进入人的双眼在视网膜中成像，营造出在超短距离内看超大屏幕的效果，而且具备足够高的解析度。

因为头戴显示器通常拥有两个显示器，而两个显示器由计算机分别驱动会向两只眼睛提供不同的图像。这样就形成了双眼视差，再通过人的大脑将两个图像融合以获得深度感知，从而得到立体的图像。[1]

早在Oculus Rift之前，Sony的HMZ系列头戴显示设备就已经风行于世了，此外还有SBG Labs的DigiLens系列产品、MicroOptical的MV系列产品等。主流的沉浸式虚拟现实头戴设备基本上都是基于双显示屏技术的，包括Oculus Rift、HTC Vive、Sony Playstation VR、3Glasses、蚁视Ant VR等。

当然，除了这种直接内置屏幕显示图像的HMD显示屏技术，还有一种视网膜投影技术。简单来说，就是通过投影系统把光线射入人眼，然后大脑会自动脑补一个虚像。采用这种显示技术的头戴设备包括Google Glass和Avegant Glyph。

前一种通过内置显示屏显示图像的技术更适合沉浸式体验，也就是严格意义上的虚拟现实；而视网膜投影技术则更适合在真实影像上叠加投射图像，也就是所谓的增强现实。

---

[1] 王寒等著.虚拟现实：引领未来的人机交互革命[M].北京：机械工业出版社，2016

那么微软的黑科技产品 HoloLens 和受到众人热捧的看起来更神秘、更黑科技的 Magic Leap 又是基于什么原理呢？

先来看看 HoloLens，它相当于 Google Glass 的升级版方案，可以看作 Google Glass 和 Kinect 的合体产品。它内置了独立的计算单位，通过处理从摄像头所捕捉到的各种信息，借助自创的 HPU（全息处理芯片），透过层叠的彩色镜片创建出虚拟物体影像，再借助类似 Kinect 的体感技术，让用户从一定角度和虚拟物体进行交互。依靠 HPU 和层叠的彩色镜片，HoloLens 可以让用户将看到的光当成 3D 图像，感觉这些全息图像直接投射到现实场景的物体上。当用户移动时，HoloLens 借助广泛应用于机器人和无人驾驶汽车领域的 SLAM（同步定位与建图）技术来获取环境信息，计算出玩家的位置，保证虚拟画面的稳定。

再来看看 Magic Leap，单从显示技术上来看要比 HoloLens 高出不止一个数量级。Magic Leap 采用了所谓的“光场成像”技术，从某种意义上来说可以算作“准全息投影”技术。它的原理是用螺旋状震动的光纤来形成图像，并直接让光线从光纤弹射到人的视网膜上。简单来说，就是用光纤向视网膜直接投射整个数字光场（Dlgital Lightfield），产生所谓的电影级现实（Cinematic Reality）。

之所以说是“准全息投影”技术，是因为真正的 3D 全息投影技术可以直接投影到空气中，而无须佩戴专用的眼镜观看。但 Magic Leap 的显示技术仍然需要佩戴眼镜，即便最终可以缩小到普通眼镜大小，也仍然如此。当然，Magic Leap 的创始人宣称未来将可以实现真正意义上的无须佩戴眼镜的 3D 全息投影，这一点就只有靠时间去检验了。

当然，必须提醒大家的是，单靠立体显示技术远远不能实现真正的虚拟现实或增强现实系统。但是对普通大众来说，确实很容易产生这种误解，甚至经常会把 3D 头显和虚拟现实系统混作一谈，因为头戴显示系统是最直观、最简单的效果展示方式。

二、多感知自然交互技术

看过哈利波特系列小说或电影的朋友一定会对其中的魔法印象深刻。借助霍格沃茨魔法学校中的各种魔法和装备，哈利波特和他的朋友们获得了各种看似超自然的能力。想象一下，如果我们置身于虚拟的霍格沃茨学校，应该用怎样的方式来探索这个神奇的世界呢？是用习惯的键盘鼠标？还是用手指在屏幕上戳来戳去？在Xbox平台的《哈利波特》游戏中，华特迪士尼公司选择使用体感操控设备Kinect来控制游戏，魔法棒的操控和咒语的施展，以及药剂的调配和经典的魔法战斗过程，使用体感交互的方式无疑更加自然。

（一）动作捕捉

为了实现和虚拟现实世界中场景与人物之间的自然交互，我们需要捕捉人体的基本动作，包括手势、身体运动等。实现手势识别和动作捕捉的主流技术分为两大类，一类是光学动作捕捉，一类非光学动作捕捉。光学动作捕捉包括主动光学捕捉和被动光学捕捉，而非光学动作捕捉技术则包括惯性动作捕捉、机械动作捕捉、电磁动作捕捉甚至超声波动作捕捉。而从动作捕捉的范围来看，又分为手势识别、表情捕捉和身体动作捕捉三大类。

典型的动作捕捉系统包括几个组成部分，如传感器、信号捕捉设备、数据传输设备和数据处理设备。通过不同技术实现的动作捕捉设备各有优缺点，可以从几个方面来评价：定位精度，实时性，方便程度，可捕捉的动作范围大小，抗干扰性，多目标捕捉能力，等等。

在众多动作捕捉技术中，机械式动作捕捉技术的成本低，精度也较高，但使用起来非常不方便。

超声波式运动捕捉装备成本较低，但是延迟比较大，实时性较差，精度也不是很高，目前使用的比较少。

电磁动作捕捉技术比较常见，一般由发射源、接收传感器和数据处理单元构成。发射源用于产生按一定规律分布的电磁场，接收传感器则安置在演员的关键位置，随着演员的动作在电磁场中运作，并通过有线或无线方式和数据传输单元相连。电磁式动作捕捉技术的缺点是对环境要求严格，活动限制大。

惯性动作捕捉技术也是比较主流的动作捕捉技术之一。其基本原理是通过惯性导航传感器和IMU(惯性测量单元)来测量演员动作的加速度、方位、倾斜角等特性。惯性动作捕捉技术的特点是不受环境干扰，不怕遮挡，采样速度高，精度高。2015年10月由奥飞动漫参与B轮投资的诺亦腾就是一家提供惯性动作捕捉技术的国内科技创业公司，其动作捕捉设备曾用在2015年最热门的美剧《冰与火之歌：权力的游戏》中，并帮助该剧勇夺第67届艾美奖的“最佳特效奖”。

光学动作捕捉技术最常见，基本的原理是通过对目标上特定光点的监视和跟踪来完成动作捕捉的任务，通常基于计算机视觉原理。典型的光学式动作捕捉系统需要若干个相机环绕表演场地，相机的视野重叠区就是演员的动作范围。演员需要在身体的关键部位，比如脸部、关节、手臂等位置贴上特殊的标志，也就是“Marker”，视觉系统将识别和处理这些标志。当然，现在已经出现了不需要“Marker”标志点的光学动作捕捉技术，而是由视觉系统直接识别演员的身体关键位置及其运动轨迹。光学动作捕捉技术的特点是演员活动范围大，而且采样速率较高，适合实时动作捕捉，但是系统成本高，而且后期处理的工作量比较大。

从目前的情况看，并不存在一种堪称完美的动作捕捉技术。

最经常使用动作捕捉技术的莫过于游戏、动画和电影行业了。早在1994年，Secla就在Virtual Fighter 2这款游戏中使用动作捕捉刻画游戏人物的动作。到1995年的时候，很多游戏开发公司开始使用动作捕捉技术，Acclaim Entertainmen甚至在总部弄了个动作捕捉工作室。1995年的时候，南梦宫在《魂之利刃》这款3D格斗游戏中使用了被动光学动作捕捉系统。游戏的开场动画完全摆脱传统计算机人物模型的生涩僵硬动作，人物动作自然流畅，令人眼前一亮。

除了游戏公司热衷于使用动作捕捉技术，好莱坞的大导演们也喜欢用这种技术来打造完美的CG效果，部分甚至完全取代了手绘动画。采用动作捕捉技术打造的经典人物形象包括《指环王》中的咕噜、《金刚》中的金刚、《加勒比海盗》中的Davy Jones、《阿凡达》中的纳威人、《创：战纪》中的Clu、《霍比特人：意外之旅》中的哥布林、食人妖、半兽人和巨龙史矛革等。

《辛巴达：穿越迷雾》是首部主要使用动作捕捉打造的电影，而《指环王：双塔奇谋》则是首部使用实时动作捕捉系统的电影。通过实时动作捕捉，演员Andy Serkis的动作被完美呈现在计算机生成的咕噜身上。

从2001年开始，动作捕捉被广泛应用在拍摄具有照片级真实度的数字人物形象上。其中令人印象最深刻的莫过于《阿凡达》中的纳威人形象了。该电影使用Autodesk Motion Bulider软件来生成人物角色在电影中的实际形象，从而大大提高了拍摄的效率。

图6-56　电影《阿凡达》中的动作捕捉技术[1]

[1] http://blog.sina.com.cn/s/blog_76ffd0590100tv67.html

在2016年初上映的著名科幻电影《星球大战7》中，也采用动作捕捉技术让里面千奇百怪的外星种族战斗有栩栩如生的表现。

（二）3D光感应

以上提到的几种动作捕捉技术各有优劣，但有一个共同缺点就是系统过于复杂，成本高昂，更适合商用，也就是游戏开发商或者影视制作公司使用。对于普通玩家和用户来说，至少在短期内不太可能用上如此复杂且价格高昂的设备。

那么能否有一些相对廉价的家用技术和产品也能实现类似的效果呢？有，而且对游戏玩家来说并不陌生，那就是配合微软Xbox的体感设备Kinect。

Kinect设备基于3D深度影像视觉技术，或者叫结构光3D深度测量技术。Kinect的机身上有3个镜头，中间是常见的RGB彩色摄像头，左右两侧则是由红外线发射器和红外线CMOS感光元件组成的3D深度感应器，Kinect主要就是靠这个3D深度感应器来捕捉玩家的动作。中间的摄像头可以通过算法来识别人脸和身体特征，从而辨识玩家的身份，并识别玩家的基本表情。

Kinect所使用的红外CMOS感光元件是一个单色感应器，可以在任何环境光环境下捕捉3D的视频数据。它以黑白光谱的方式来感知外部环境，其中纯黑色代表无穷远，纯白色代表无穷近，而之间的灰色地带则对应物体到传感器的物理距离。这个感应器会收集视野范围内的每一点，并形成代表周围环境的景深图像，从而实现3D的在线周围环境。在获得景深图像后，Kinect会使用算法来辨识人体的不同部位，将人体从背景环境中区分出来，并最终形成人体的骨骼模型跟踪系统。

目前有多个厂商在使用类似的技术提供手势识别和姿势控制的解决方案，也便于用户使用。

Kinect最早采用的是PrimeSense的解决方案，2013年开始改用微软内部的解决方案。因为投入商业化应用的时间比较长，所以Kinect从识别精度、分辨率、算法、SDK支持等各方面都比较领先。当然缺点就是价格比较高,而且只面向 Windows 平台。

PrimeSense 这家以色列公司从 2005 年就开始研究 3D 光传感器技术,在和微软合作期间也累积了不少经验,不过遗憾的是 2013 年底被苹果以 3.5 亿美元收购,从此不再出现在公众的视野中。无可置疑的是,如果苹果未来在自己的某款字号设备上使用了 3D 光感应技术,那么技术成熟度和用户体验也一定会远高于市面上的已有产品。不过考虑到苹果一贯的封闭平台策略,即便有这样一款产品出现,也一定只面向自家的 Mac 和 ios 平台。

在 2014 年的 IDF 大会上,Intel 着重介绍了全新的 RealSense 实感技术,并推出了搭载该技术的硬件产品。RealSense 也采用了基于结构光技术的传感器,宣称支持多种应用场景,如手势操控、实物 3D 扫描、实物测量、先拍照后对焦等。支持 RealSense 技术的平板电脑背部有 3 个摄像头,这 3 个摄像头会同时工作,从不同位置捕捉三维环境的照片,然后通过算法来计算出距离和位置关系。

采用类似技术的产品或解决方案的还包括 Softkinetic、Leap-Motion、Project Tango 等。但总的来说,3D 光感应技术还属于前期的探索阶段,并没有非常成熟的解决方案。

(三)眼动追踪

眼动追踪的通俗说法就是眼球追踪,最早主要用在视觉系统研究和心理学研究中。早在 1879 年,法国的生理心理学家 Luois Emile Javal 就开始通过这种技术来研究人类的注意力。

在虚拟现实的世界中,视觉感知的变化目前主要取决于对用户头部运动的跟踪,所以在以 Oculus Rift 为代表的虚拟现实头盔设备中都会配一个专门用于跟踪头部运动的传感器。用户的头部发生运动时,系统所生成的图像需要同步发生变化,这样才能实现实时的视觉显示效果。

不过在我们的日常生活中,很多时候人们会在不转动头部的情况下,通过转移视线方向来观察环境。除了观察环境,很多时候我们希望在虚拟环境中用视线焦点的移动来进行一些简单的交互,这个时候眼动追踪就显得特别重要了。

眼动追踪的原理其实很简单,就是使用摄像头捕捉人眼或脸部的图像,然后用算法实现人脸和人眼的检测、定位和跟踪,从而估算用户的视线变化。目前主要使用光谱成像和红外光谱成像两种图像处理方法,前一种需要捕捉虹膜和巩膜之间的轮廓,而后一种则需要跟踪瞳孔轮廓。

其实眼球追踪技术对有些用户来说并不陌生,三星和LG都曾经推出过搭载眼球追踪技术的产品。例如三星Galaxy S4就可以通过检测用户眼睛的状态来控制锁屏时间,LG的Optimus手机也可支持使用眼球追踪来控制视频播放。

在虚拟现实头戴设备方面,来自日本FOVE公司的FOVE头盔运用自主研发的方案推出了全球首款支持眼球追踪技术的VR头显。著名眼球追踪技术公司SensoMotoric Instruments(SMI)正在积极开发全新的眼球跟踪技术插件,让OSVR也支持该技术。此外,Tobii公司也宣布和Starbreeze公司合作将该技术融入号称拥有5K画质和210°视场角的StarVR头显。

根据用户的实际使用反馈,Fove设备的眼球追踪技术比Oculus的头部运动捕捉更为自然,准确性也较高,而且在游戏中可以实现无延迟的交互。在实际生活中,人的视野中出现问题时,也是先转动眼球,再配合头部的调整。因此FOVE的头戴设备同时配备了跟踪头部移动的感应器,让两种技术完美结合,大大提高了用户的交互体验。

FOVE的创始人Yuka Kojima(小岛由香)认为眼动追踪技术可以和人工智能技术相结合,未来实现和游戏中的人物进行眼神交流。此外,眼动追踪技术还可以帮助残障人士输入文字、操控键盘、进行音乐演奏等。

眼动追踪技术非常重要,因此即便是引领行业先河的Oculus创始人Palmer Luckey也在接受采访时宣称正致力于在自家的产品中融入该技术。

(四)语音交互

在现实世界中进行交流的时候,除了眼神、表情和动作之外,最常用的交互技术就是语音交互了。一个完整的语音交互系统包括对语音的识别和对语义的理解两大部分,不过人们通常用"语音识别"这个词来概括。语音识别包含了特征提取、模式匹配和模型训练3方面的技术,涉及的领域很多,包括信号处理、模式识别、声学、听觉心理学、人工智能等。

1932年,贝尔实验室的研究院Harvey Fletcher启动了语音识别的研究工作。到1952年,贝尔实验室已经拥有了第一套语音识别系统。当然这套系统还很原始,只能识别一个人,而且词汇量在10个单词左右。遗憾的是贝尔实验室的语音识别研究很快被"断奶了"。1969年,John Pierce写了一封公开信,对语音识别技术的研究大骂一通,他认为这项研究的难度无异于"把水转化成油,从大海中分离黄金,治愈癌症,或是登上月球"。很快,贝尔实验室的专项研究资金就被停掉了。当然,颇具讽刺意味的是,就在1969年,人类就成功实现了"阿波罗"登月计划。

好在美国军方一直对前沿科学研究提供着不遗余力的支持。1971年,著名的美国国防部先进研究项目局(DARPA)提供了为期5年的研究资金,用于研究词汇量不少于1000个单词的语音理解研究项目。BBN、IBM、Carnegie Mellon和斯坦福研究院都参与了这一项目。

进入20世纪80年代,IBM在语音识别技术上取得了突破性的进展,并出现了N-Gram这种大词汇连续语音识别的语言模型。当然,语音识别技术的突飞猛进发展很大一部分程度要归功于计算机性能的提升。如今一部iPhone 4手机的性能就已经达到了1985年超级计算机的运算性能。

进入21世纪以后,DARPA再次宣布支持两项语音识别项目,其中GALE团队专注于普通话的新闻语音识别。Google在从知名语音识别技术公司Nuance招聘了几名关键员工后,也从

2007年开始进入这一领域。

2011年10月,在苹果创始人乔布斯逝世的前夜,苹果公司发布了新款iPhone 4S手机,并搭配名为"Siri"的人工智能助手,而"Siri"应用所采用的语音识别技术就来自Nuance。虽然苹果对Siri寄予厚望,但是从这几年的实际用户体验和反馈来说,"Siri"的语音识别能力还远远没有达到人们预期的程度,更多成了人们无聊时候的调侃对象。

2015年,微软推出了自家最新版的人工智能助手"小冰"。但和Siri一样,人们对"小冰"的语音识别能力并没有留下太深刻的印象。

相比其他几种交互技术,语音交互技术更多的属于算法和软件的范畴,但其开发的难度及其可提升的空间却丝毫不逊于任何一种交互技术。

(五)触觉技术(Haptic Technology)

触觉技术又被称作所谓的"力反馈"技术,在游戏行业和虚拟训练中一直有相关的应用。具体来说,它会通过向用户施加某种力、震动或是运动,让用户产生更加真实的沉浸感。触觉技术可以帮助在虚拟的世界中创造和控制虚拟的物体,训练远程操控机械或机器人的能力,甚至是模拟训练外科实习生进行手术。

触觉技术通常包含3种,分别对应人的3种感觉,即皮肤觉、运动觉和触觉。触觉技术最早用于大型航空器的自动控制装置,不过此类系统都是"单向"的,外部的力通过空气动力学的方式作用到控制系统上。1973年Thomas D.Shannon注册了首个触觉电话机专利。很快贝尔实验室开发出了首套触觉人机交互系统,并在1975年获得了相关的专利。

1994年,Aura Systems发布了Interactor Vest,一个可穿戴的力反馈装置,可以检测音频信号,并使用电磁作动器将声波转化成震动,从而产生类似击打或踢的动作。这套装置发布后大受欢迎,很快卖出了40万台,然后Aura推出了新的Interactor

Cushion,其操控原理和 Vest 类似,但不是可穿戴的。Vest 和 Cushion 的报价都是 99 美元。

此外,部分游戏操控器设备上也开始采用触觉技术。早在 1976 年,Sega 就在摩托车竞技游戏 Moto-Cross 中使用了触觉反馈技术,可以让车把在和另外的车辆碰撞后产生震动。1983 年,Tatsumi 在 TX-1 中使用力反馈技术来提升汽车驾驶的游戏体验。2007 年,Novint 发布了 Falcon,这是首款消费级 3D 触觉游戏控制器。它的功能类似于机器人,可以取代传统的鼠标和控制器,可以产生高精度的三维空间的力反馈。

2013 年,Valve 宣布发布 Steam Machines 微主机设备,配套的是一款新的名为 Steam Controllet 的控制器,通过电磁技术来产生较大范围内的触觉反馈。

2015 年 3 月,苹果发布了自前任 CEO 离世后的首款新品类产品 Apple Watch。Apple Watch 上使用了"Force Touch"(压感触控)技术,并很快用到了 Macbook 产品线上。2015 年 9 月,苹果发布了全新的 iPhone 6S 系列手机,其中使用了"3D Touch"技术。该技术是"Force Touch"技术的升级版,可以实现轻点、轻按和重按 3 种程度的触摸操作。

(六)嗅觉及其他感觉交互技术

在虚拟现实的研究中,对于视觉和听觉交互的研究一直占据主流位置,而对于其他感觉交互技术则相对忽视。但仍然有一些研究机构和创业团队在着手解决这些问题。

在旧金山举行的 GDC 2015 游戏开发者大会上,Oculus Rift 就带来了一款能够提供嗅觉交互的配件,可以让用户体验嗅觉和冷热等效果。

这款配件由 FeelReal 公司研发,是一个类似面具的产品,其中内置了加热和冷冻装置、喷雾装置、震动马达、麦克风,还有"能提供 7 种气味的可拆卸气味发生器"。这 7 种气味包括海洋、丛林、草地、花朵、火焰、粉末和金属。

当然，这项技术离成熟还相差很远，美国知名科技媒体 Verge 的编辑在实际体验后认为佩戴这款设备基本上就是一种“折磨”。

即便如此，我们也有理由对这种尝试鼓掌。想象一下未来在虚拟的世界中，当我们在虚拟的草地上漫步时，可以闻到青草的芳香，甚至掬起一把泥土时还可以闻到泥土的味道。

（七）数据手套和数据衣

为了实现虚拟现实系统中的自然交互，经常需要将多种感知交互技术结合在一起，并形成一种特定的产品或者解决方案。

数据手套和数据衣就是其中最经典的交互解决方案。以数据手套为例，根据其用途，可以分为动作捕捉数据手套和力反馈数据手套两种。顾名思义，动作捕捉数据手套的主要作用就是捕捉人体手部的姿态和动作，通常由多个弯曲传感器组成，可以感知手指关节的弯曲状态。

力反馈手套的主要作用则是借助手套的触觉反馈能力，让用户“亲手”触碰虚拟世界中的场景和物体，并在与使用计算机制作的三维场景和物体的互动中真实感觉到物体的震动和力反馈。

目前市面上已经有多款数据手套，包括 FakeSpace、Measurand、X-ISTImmersion CyberGrasp、DGTech、CyberGlove、5DT、Shadow Hand 等。

数据手套只能满足人体手部进行自然交互的需求，如果需要让人体多个部位都能感觉到虚拟世界中的反馈，就需要用到数据衣。和数据手套类似，数据衣也分为动作捕捉数据衣和感知反馈数据衣两种。

动作捕捉数据衣是为了让虚拟现实系统识别人体全身运动而设计的输入装置，这里就不再赘述了。感知反馈数据衣的作用不是输入，而是输出。通过感知反馈数据衣，当虚拟世界的环境和物体通过物理规律对代表用户的虚拟形象产生作用时，如刮风、下雨、温度变化、受到虚拟人物的攻击、物体抛掷或降落等，通过触觉反馈装置和多感知反馈装置就能让用户产生身临其境的感觉。

目前用于动作捕捉的数据衣已经投入商用，此外还有很多“智能数据衣”产品通过在衣服中内置微型传感器，可以检测人体的各种体征变化，从而应用于健康管理和运动管理领域。此类产品包括 Heddoko、Hexoskin、RalphLauren Polo Tech Shirf、Cityzen Sciences、OMsiqnal、Athos、Clothina＋、Xsensio、R-Shirf、CancerDetectingClothing、COM、A1Q Smart Clothing、Mimo、Owlet Baby Care、MonBaby 等。

但是遗憾的是，目前能够提供感知反馈的数据衣还处于研究阶段，笔者并没有发现任何成熟的商业产品。2013 年，来自加拿大的一个创业团队在知名众筹平台 Kickstarter 上面为一款名为 ARAIG(As Real As It Gets)的游戏马甲募集 90 万美元的研发资金。该设备在躯干部分安装了 16 个震动传感器，在背部同样安装了 16 个震动传感器，可以让玩家真实感受到游戏世界带来的各种冲击。遗憾的是该项目最终只募集到 12 万美元，以失败告终。不过团队并没有停止研发，但是在缺乏资金支撑的情况下，ARAIG 的上市时间变得遥遥无期。

(八)模拟设施

和数据手套、数据衣一样，模拟驾驶舱、模拟飞行器或其他的模拟设施并不是一种自然交互技术，而是综合利用各种交互技术设计的产品方案。

之所以在目前这个过渡阶段还需要使用各种不同的模拟设施，是因为触觉技术、多感知反馈技术均处于早期发展的阶段。此外，对于一些特殊环境下(如外太空的失重效应)的虚拟场景模拟也需要用到各种模拟设施，从而让使用者产生真正完美的沉浸感。

三、3D 建模

为了打造完美的虚拟现实体验，我们需要从零开始构建一个位于异度空间的虚拟世界,或是将现实生活中的场景人物转化成虚拟世界的一部分。在《玩家一号》这部科幻小说中,“绿洲”公司将古往今来几乎所有的奇幻、科幻世界场景都集成到一个庞大的“绿洲”世界中。而在《黑客帝国》中,击败人类后统治了整个地球的人工智能则构建了一个完全仿照现实世界的“矩阵”(Matrix)。

那么问题来了,无论是类似“绿洲”这样的纯想象世界,还是“矩阵”这样的现实世界“拷贝”,它们又是如何形成的呢?

(一)3D计算机建模

先从大多数人比较熟悉也都接触过的3D计算机建模说起。

3D计算机建模技术发展至今已经非常成熟,也是构建虚拟现实世界的基础技术之一。如果想穿越时空,在盛唐时期的长安街上一边看风景一边呼吸两口不含雾霾的新鲜空气,或是要坐上飞行火车去霍格沃茨魔法学院跟哈利波特一起用神奇的魔法对抗伏地魔,就得靠3D计算机建模技术构建出一个现实中并不存在的异想世界。

相信很多人都玩过或者听说过3D游戏,和2D游戏不同的是,3D游戏世界中的场景和物体都给人栩栩如生的感觉,会让玩家产生更强烈的代入感。3D游戏中的场景、人物和物体基本上都是使用3D计算机建模来完成的。

简单来说,3D计算机建模就是通过各种三维软件在虚拟的三维空间中构建出具有三维数据的模型。这个模型又被称作3D模型,可以通过名为“3D渲染”的过程以二维的平面图像呈现出来,或是用在各种物理现象的计算机模拟中,或是用3D打印设备创造出来。

3D建模的过程可以是自动的,也可以是手动的。手动建模的过程和人类自古就有的造型艺术与雕塑非常类似。

除了游戏之外,3D计算机建模还广泛应用在影视、动画、建筑设计和工业产品的设计中。

目前在游戏、影视和动画领域最常用的3D建模软件包括

3DS Max、Maya、Blender、Softimage 等，而在建筑和工业设计中最常用的则是 AutoCAD、Rhino 等软件。

（二）3D 摄像机

3D 摄像机又被称作立体摄像机，它是利用人眼的双眼视差效应来拍摄立体视频图像的设备。3D 摄像机通常有两个或多个镜头，通过两个镜头的间距和夹角记录影像的变化，从而形成立体视觉效果。两个镜头间的距离和人的双眼间距相似，都在 6.35cm 左右。所拍摄的影像在具有立体显示功能的设备上播放时，就可以产生具有立体感的影像效果。

当然，不是所有的双镜头相机都是用来拍摄立体影像的。以双反相机为例，其中一个镜头用来取景和对焦，而另一个镜头用来拍摄。著名的双反相机品牌包括 Rolleiflex，还有 Mamiya。

2012 年，三星发布了 NX300 相机，只用一个镜头就可以实现拍摄传统 2D 照片、3D 照片和全高清视频的功能。

（三）360 度全景拍摄

随着 Oculus Rift 等虚拟现实头戴设备的兴起，人们在惊叹于这类头戴设备所带来的沉浸式体验之余发现了一个重要的问题，就是可供体验的内容实在是寥寥无几。虽然 Samsung 和 Oculus 自己也推出了一些 360 度的视频和图片体验内容，但仅仅只能让用户简单地体验一下，一旦用户需要体验更多的内容，就会感到十分无奈。

需要注意的是，虚拟现实体验中提到的全景照片和视频与传统相机厂商提到的“全景”不是同一个概念。现在基本上所有的智能手机都提供所谓的“全景”拍摄功能，以 iPhone 为例，当用户举起手机按照屏幕上的指引水平移动手机时，就可以拍摄所谓的“全景”照片。但这种“全景”照片属于所谓的“水平全景”照片，不能将相机顶部和底部的信息拍摄进去。

真正的 360 度全景拍摄需要使用至少两个以上的广角镜头

(Google Jump 使用了 18 个镜头,Nokia OZO 使用了 8 个镜头),从不同的角度拍摄影像,并使用后期处理软件处理成 360 度全景影像,或是使用机内嵌入式计算系统实时处理成 360 度全景影像。

以 360Hero 为例,推出了多种多相机组合支架,可以将 6～8 个 GoPro 运动相机通过支架组合在一起,并使用无线装置进行同步。在拍摄完成之后,再使用以 Kolor 为代表的全景影像处理软件进行后期处理。

理光于 2013 年推出了 Theta 系列 360 度全景相机,可以称作业内首款消费级 360 度全景相机,目前已经更新到第三代。该产品采用了前后两个超广角鱼眼镜头,操控非常简单,只需要按下按钮就可以一键拍摄 360 度全景照片,也可以拍摄短时间的全景视频。但遗憾的是这款产品的成像质量比较差,拍摄全景视频的时间在 3 分钟以内,无法用于虚拟现实内容制作。

2014 年,虚拟现实解决方案厂商 NextVR 使用 6 部昂贵的 Red Epic Dragon 6K 摄像机组成了一个虚拟现实全景拍摄设备,并在 2015 年成功实现了对 NBA 比赛的实时 360 度 3D 虚拟现实影像直播。2015 年 10 月 28 日,NextVR 使用这套设备直播了卫冕冠军金州勇士对战新奥尔良鹈鹕队的揭幕战,并配合三星 Gear VR 使用。遗憾的是,虽然设备本身的数据采集和处理非常流畅,但当前的网络宽带还不足以支持如此巨量数据的实时传输。

在 2015 年的 Google I/O 大会上,Google 联合运动相机厂商 GoPro 发布了 Google Jump 解决方案,由相机设备、图像拼接处理算法以及视频内容播放平台 3 部分组成。其中相机设备部分由 16 台 GoPro 相机组成一个阵列,可以 360 度无死角拍摄外部环境。

2015 年 7 月 30 日,首部便携 4K 360 度全景相机 Sphericam 2 在 kickstarter 上成功募集约 46 万美元,在小巧的机身上集成了 6 个高清摄像头,可以实现实时全景视频拼接和流媒体播放。

2015 年 7 月,经历劫后重生的 Nokia 发布了首款真正意义上的虚拟现实360度全景相机OZO,在机身内集成了8个摄像头,分布在球形机身的四周。OZO还配有8个嵌入式麦克风,可以记录360度的环境音效。OZO拍摄的视频内容采用标准视频格式记录,可以让用户通过Oculus Rift这样的虚拟现实头戴设备观看。

(四)3D扫描

说起扫描,我们会想到在日常生活中经常使用扫描仪将文件或照片扫描成电子格式,以便分享给其他人。在构建虚拟现实世界的时候,除了使用常规的3D建模技术和实景拍摄技术,我们还可以使用3D扫描技术将真实环境、人物和物体进行快速建模,将实物的立体信息转化成计算机可以直接处理的数字模型。

说起来连笔者自己都不敢相信,对于我们普通人来说,可能接触最多的3D扫描技术就是CT,也就是医院里面用到的CT技术。CT(Cornputed Tomography)又称作计算机断层扫描,它的原理是利用精准的X光、Y射线、超声波等,与灵敏度极高的探测器围绕人体的某一部位做断层扫描,具有扫描时间快、图像清晰等特点,可用于多种疾病的检查。

3D扫描仪就是利用3D扫描技术将真实世界物体或环境快速建立数字模型的工具。3D扫描仪有多种类型,但通常可以分为两大类:接触式3D扫描仪和非接触式3D扫描仪。目前看来,每种3D扫描技术都存在一定的局限性和特点。

接触式3D扫描技术的精度较高,但是体积巨大、成本高昂,而且对物体表面会造成损伤,其应用领域受到极大的限制。

光学3D扫描又分为主动和被动两种。被动方式其实就是利用3D光感应器来捕捉物体表面的自然光,然后利用双眼视差原理生成立体影像。主动方式也即向物体表面投射特定的光,精度较高,但扫描速度慢,而且激光会对生物体造成一定的伤害。新兴的主动扫描技术采用结构光,通过投影或光栅同时投射多条光线。光学3D扫描技术的成本较低,但无法处理表面发光、有镜面效应或是透明的物体，当然更不可能扫描物体内部的结构。

此外，用于医学检查或工业上使用的X光断层扫描技术成本高昂，但可以用于无损的数字3D建模。

3D扫描技术和360度全景拍摄技术既有相似之处，也存在一定的差别。相似的地方在于，3D扫描和360度全景拍摄技术一样通常只能收集物体表面的信息。不同之处在于，360度全景拍摄技术关注的是视场范围内的物体表面色彩信息。而用3D扫描技术关注的是物体表面的距离信息。所以用360度全景拍摄技术得到的是“瞬间”或动态的影像信息，而用3D扫描技术得到的是场景或物体的三维数字模型。

那么是否可以说3D扫描技术就可以完全替代360度全景拍摄技术呢？至少短期内这个答案是否定的。因为3D扫描技术通常用于对小范围内的场景或单个物体进行静态的3D建模，而360度全景拍摄技术则可以捕捉大范围内的动态影像。此外，3D扫描技术更关注物体表面的拓扑结构，而忽视色彩信息，360度全景拍摄技术作为传统摄影摄像技术的升级，更关注光影和色彩。只有将两种技术结合起来，才可以构建近乎真实的虚拟数字世界。

2013年8月，美国知名3D打印厂商MakerBot的CEO Bre Pettis发布了名为Digitizer的3D扫描仪。

2015年11月19日，由澳大利亚创业团队研发的Eora 3D项目成功在kickstarter上募集了近60万美元。Eora 3D是一个廉价的高精度智能手机3D扫描解决方案，可以配合iPhone和各种智能手机使用。使用Eora 3D扫描得到的3D数字模型可以达到低于100μm的精度，模型拥有超过800万个顶点。该设备的扫描距离是1m，可以扫描的物体尺寸是1m^2，并提供配套的APP、软件和云存储方案。

总的来说，目前3D扫描技术处于发展的早期阶段，还欠缺方便易用的消费级解决方案。

(五)虚拟现实引擎

在通过各种建模技术获得了或真实或虚拟的场景、人物、物体模型之后,如何使用它们来构建一个我们所需要的虚拟世界呢?这个时候就是虚拟现实引擎登台亮相的时候了。

一般来说,虚拟现实引擎需要具备以下功能。

(1)三维场景编辑。开发人员需要把可视化的三维场景(环境、人物、物体等)模型导入,并进行后期的编辑。

(2)交互信息处理。当虚拟世界中的环境、人物或物体接收到来自真实世界的交互信息(无论是以何种形式)后,需要程序对这些信息进行处理。

(3)物理引擎。虚拟世界中的环境、人物或物体也应该受到类似真实世界的物理规律制约,包括重力、作用力和反作用力、摩擦力等。

(4)粒子特效编辑。为了让虚拟世界中的画面效果更加接近真实,需要使用各种粒子特效来模拟下雪、下雨、雾霾等自然现象。

(5)动画和动作处理。虚拟世界中的各种角色需要模拟真实世界中的各种动作,才不至于像看木偶片。

(6)网络交互。独乐乐不如众乐乐,如果一个虚拟世界中只有一个活生生的人,除非人工智能已经达到了极高的境界,那么即便这个世界的风景再绚丽,显然也是非常无趣的。

必要的时候还需要搭配一个虚拟的社交系统或虚拟社区,让人们以化身的形式登陆虚拟的世界,并且进行各种互动。

在 Oculus Rift 这种头显设备大显其道之前,虚拟现实其实在各个行业都已经得到了应用,所使用的引擎包括 Vega Prime、WTK、Virtools、Converse 3D、中视典的 VR-Platform(简称 VRP)等。

四、3D 全息投影

当我们进入 VR 的世界时，需要佩戴 VR 眼镜进入《黑客帝国》那样完全虚拟的世界。但是对于 AR 和 MR 则不同，我们希望看到的是类似《星球大战》和《钢铁侠》里面的场景，将来自另一个时空的人物或场景的三维影像直接投影到空气之中，并实现自然的交互。这种技术其实就是全息投影。

全息投影可以利用光线的干涉和衍射原理再现物体真实的三维图像，不仅可以产生立体的三维图像，还可以让三维图像和使用者进行互动。早在 1947 年，英国物理学家丹尼斯·盖伯就发明了全息投影术，并因此项工作赢得了 1971 年的诺贝尔物理学奖。这项技术最开始用于电子显微技术，故又被称为电子全息投影技术。而真正意义上的全息投影技术一直到 1960 年激光发明后才取得实质性的发展。1962 年，苏联的 Yuri Denisyuk 首次实现了记录 3D 物体的光学全息影像。几乎在同一时间，美国密歇根大学的研究人员也发明了同样的技术。

3D 全息投影技术可以分为投射全息投影和反射全息投影两种，是全息摄影技术的逆向展示。和传统的立体显示技术利用双眼视差原理不同，3D 全息投影技术可以通过将光线投射在空气或者特殊的介质上真正呈现 3D 的影像。人们可以从任何角度观看影像的不同侧面，得到与观看现实世界中物体完全相同的视觉效果。

实际上 3D 全息投影技术离我们普通大众并不遥远，在 2015 年羊年春节联欢晚会上，李宇春就曾借助全息投影技术的魔力倾情演绎了带有浓郁中国风的歌曲《蜀绣》。在舞台现场上，观众看到了 4 个李宇春同台献技，让春晚这个传统佳节的保留节目因为高科技而显得更加吸引人。2015 年 6 月，二次元的“超级女声”偶像初音未来在上海举办了 3D 全息投影演唱会，让无数宅男宅女为之疯狂。

其实这些演出中就用到了当今商用领域最主流的全息投影

技术，将所需的影像投射在专用的全息膜上。

目前我们经常看到的各类表演中所使用的全息投影技术都需要用到全息膜这种特殊的介质，而且需要提前在舞台上做各种精密的光学布置。虽然看起来效果绚丽无比，但成本高昂，操作复杂，需要专业训练，并非每个普通人都可以轻松享受到的。从某种程度上来说，目前的主流商用全息投影技术只能被称作"伪全息投影"。

那么，有没有真正的3D全息投影技术，可以摆脱对全息膜的依赖，直接投射在空气中，并实现随时随地的显示呢？答案是：有，但并不完善。

2013年，以色列一家名为Real View的公司开发出了一种梦幻般的医用3D全息投影系统。使用这项全新的技术，医生可以用3D全息投影模拟手术操刀，从而为外科医生实习生培训和远程医疗打造新平台。在Youtube上一段流行的视频上，只见以色列外科医生埃尔哈南·布鲁克海默轻轻转动面前漂浮的心脏3D全息投影，并用手术刀在一个心脏瓣膜上切开一个刀口，就像是在现实中给患者做手术一样。埃尔哈南·布鲁克海默认为这项新技术将极大地提高外科手术的成功率，"这个新的系统可以提供逼真的人体解剖图。作为医生可以直观看到人体内组织的一切，包括器官所处的位置和身体运行的情况。在我的职业生涯中，这是首次看到一个虚拟的心脏在我的手掌中跳动"。

Real View的创始人兼CEO Aviad Kaufman认为，"Real View所开发的全息投影技术可以实现真正的3D视觉交互系统。使用我们的全息影像系统，医生可以在眼前的空气中精确操作病患的身体器官"。

2014年，美国加州一家名为Ostendo的公司宣称正在研发可以用于智能手机的三维全息投影芯片。在接受《华尔街日报》的采访中，Ostendo的CEO Hussein S.El-Ghorouy宣称显示技术是智能手机行业"最后的前沿领域"。他认为自从iPhone的多点触摸交互技术革命后，智能手机行业几乎就没有任何大的创新，除了处理器计算能力和网络带宽的性能提升之外,“没有什么技术进步可以跟显示技术相提并论”。

Ostendo 打算用一款带点儿科幻色彩的产品来解决这个问题,也就是量子光电子成像仪(Quantum Photonic Imager)。这款黑科技产品由一个图像处理器和多个 Micro-LED 构成,还搭配特定的算法软件对影像渲染进行处理。

Ostendo 的这款产品可以依托单个芯片在任何表面上投射出 48 英寸的 2D 影像,但如果只能做到这一点,那么充其量只能算是一个升级版的普通数字投影仪。通过将多个芯片连接在一起,Ostendo 可以实现在空气中投射更大、更高分辨率的 3D 影像。在现场的产品展示中,《华尔街日报》编辑看到了这款实验产品在空气中投影出一对虚拟的骰子。在显示质量上,Ostendo 产品可以支持高达 5000ppi 像素密度,但遗憾的是目前的智能手机还远远无法支持这种像素密度。以 LG G3 为例,只能做到对 538ppi 的支持。

当然,作为一个创业公司,Ostendo 的伟大创想能否转化成大众普遍接受的产品,还需要智能手机厂商的支持。

在 2015 年即将结束的时候,我们终于看到了全息投影领域另一个令无数人激动的信息。根据知名科技媒体 PhoneArena 和 MacRumors 的报道,苹果公司正在我国台湾北部的一个秘密工厂研发类似 Ostendo 的 Micro-LED 显示技术。为了此项研究,苹果公司从当地的 AU Optronics 和高通的子公司 Sollink 招聘了若干研发工程师。

在使用了多年的 TFT-LCD 显示屏之后,早就有多个媒体宣称苹果公司将在后续的 iPhone 产品中换用 OLED 显示屏。而在 2014 年,苹果公司就已经收购了 Micro-LED 显示屏制造商 LuxVue Technology。这种 Micor-LED 显示屏无须背光支持,用其开发的 iPhone 屏幕将更薄更亮、分辨率更高。当然 Micor-LED 显示技术最酷的地方在于可以让未来的 iPhone 用户裸眼观看全息影像,而无须佩戴专用的眼镜。

如果这一消息属实，那么苹果粉丝们最早将在2018年的iPhone 8产品上拥抱这项革命性的显示和交互技术。届时无数普通用户将拥有《星球大战》中R2D2的全息投影独门秘籍，而且随时随地都可以炫技，期待这一刻的尽快到来。

五、脑机接口

为了实现完美的虚拟现实沉浸感，使用脑机接口的确是一种终极解决方案。这是因为无论使用何种设备和算法来模拟外界的环境刺激，或是向虚拟世界提供交互信号，都比不上直接让大脑和虚拟世界建立一种数字纽带来得直接和彻底。

顾名思义，脑机接口（Brain Computer Interface，BCI）就是大脑和计算机直接进行交互，有时候又被称为意识—机器交互，神经直连。脑机接口是人或者动物大脑和外部设备间建立的直接连接通道，又分为单向脑机接口和双向脑机接口。单向脑机接口只允许单向的信息通信，比如只允许计算机接受大脑传来的命令，或者只允许计算机向大脑发送信号（比如重建影像）。而双向脑机接口则允许大脑和外部计算机设备间实现双向的信息交换。

脑机接口技术的发展跟一项神经科学技术息息相关，那就是脑电图学（eletroencephalography，EEG）。1924年，Hans Berger首次使用EEG技术记录了人类大脑的活动。Berger当时采用的技术很原始野蛮，他直接把银质的电线放到病患的头皮下面，如今的EEG测量技术显然不需要这样。

虽然在诸多科幻小说里面对脑机接口有过各种想象，但真正的BCI研究始于20世纪70年代，由加州大学洛杉矶分校在美国国家科学基金会的资助下开展，后来又成功获得了DARPA（美国国防部先进研究项目局）的资助。从脑机接口的研究开始，科学家重点关注的应用领域是如何使用神经义肢技术帮助残障人士重新获得听力、视力和行动能力。由于人脑具有非常强的可塑性，所以从义肢获取的信号经过适配后，可以由大脑的自然感应器或效应通道进行处理。在经过多年的动物实验后，20世纪90

年代人类首次成功完成了神经义肢设备的移植。

在短短几十年的时间里,脑机接口技术已经实现了一些重大的研究突破。

Philip Kennedy 和他的同事们通过将锥形神经电极植入猴子的大脑实现了首个皮层内脑机接口。

1999 年,加州大学伯克利分校的 Yang Dan 通过对神经元活动进行解码,重现了猫所看到的图像。来自日本的学者也实现了类似的成果。

杜克大学的知名巴西裔教授、《脑机接口》(Beyond Boundaries)一书的作者米格尔·尼科莱利斯在脑机接口的研究上取得了更令人注目的成果。米格尔在 20 世纪 90 年代先是对老鼠展开了实验,然后又在夜猴身上实现了重大突破。在对夜猴的神经元活动进行解码后,可以使用设备将夜猴的动作完全复制到机器人的手臂上。到 2000 年时,米格尔的团队已经可以将这一过程实时进行,甚至可以通过互联网来远程操控机器人的手臂。当然,米格尔所实现的脑机接口仍然属于单向脑机接口。米格尔团队进一步使用恒河猴替代了夜猴,并将单向脑机接口拓展成双向脑机接口,也就是让恒河猴可以感受到机器人手臂对外界物体的操控力反馈。

米格尔团队的研究成果在 2014 年世界杯的开幕仪式上首次让世人为之震惊。在巴西世界杯的开幕仪式上,28 岁的瘫痪青年茱莉亚诺·平托身穿米格尔团队打造的“机械战甲”,为本届世界杯开出第一球。这无疑是人类体育赛事上最具科技含量的一脚,也成了整个开幕式上最令人感动的一刻。这套“机械战甲”被命名为“Bra-Santos Dumont”,其中“Bra”代表巴西,“Santos Dumonf”代表巴西历史上的知名发明家亚伯托·桑托斯·杜蒙,其也是驾驶飞艇绕埃菲尔铁塔飞行一周的第一人。

“机械战甲”的学名是“外骨骼”,由米格尔团队领导的来自 25 个国家的 150 多名科学家联合打造,属于非营利项目“再行走计划”的研究成果之一。米格尔介绍说,这套“外骨骼”战甲由肢体辅助装置和神经传感系统组成，在头盔和身体上装有神经信号传感器。当平托的大脑发出指令后，脑电信号将无线传输到背包内的计算装置后，经过处理后转化为相应指令，并驱动液压装置完成开球动作。研究小组曾找了8名不同的瘫痪患者试验这套“战甲”，均成功行走。患者纷纷表示这是一种“真正行走的感觉”，这就意味着米格尔梦寐以求的双向脑机接口已经取得了实质意义上的突破。

当然，这套设备在短期内还无法投入商用阶段。一方面是技术还不够成熟，需要至少10年甚至20年的研发；另一方面则是设备的成本高达数万美元，而且重10kg。

除了纯粹的科学研究，也有一些创业先锋在尝试如何将脑机接口技术应用于我们日常的生活中。

例如Neurosky(神念科技)的BrainLink可以采集大脑产生的生物电信号，并通过eSense算法获取使用者的精神状态参数(专注度、放松度)等，实现基于脑电波的人机交互，或是俗称的意念控制。

当然，神念科技目前的所有产品都属于典型的“单向”脑机接口，也即只能让计算机设备从大脑获取某些信息，而无法将信息通过脑机接口直接传达给大脑。

参考文献

[1]王寒等著.虚拟现实:引领未来的人机交互革命[M].北京:机械工业出版社,2016.

[2]喻晓和.虚拟现实技术基础教程[M].北京:清华大学出版社,2015.

[3](日)清水吉治著;张福昌译.工业设计草图[M].北京:清华大学出版社,2013.

[4]郑刚强,程好军.工业设计[M].武汉:武汉理工大学出版社,2012.

[5]张峻霞.工业设计概论[M].北京:海洋出版社,2008.

[6]穆存远.工业设计图学[M].北京:机械工业出版社,2011.

[7]安维华.虚拟现实技术及其应用[M].北京:清华大学出版社,2014.

[8]薛澄岐.工业设计基础[M].南京:东南大学出版社,2012.

[9]周晓成,张煜鑫,冷荣亮.虚拟现实交互设计[M].北京:化学工业出版社,2016.

[10]艾萍,赵博,王天健.计算机辅助工业设计[M].北京:电子工业出版社,2014.

[11]阮宝湘等.工业设计人机工程[M].北京:机械工业出版社,2010.

[12]杨海成,陆长德,余隋怀.计算机辅助工业设计[M].北京:北京理工大学出版社,2009.

[13]杨向东.工业设计程序与方法[M].北京:高等教育出版社,2008.

[14]程能林.工业设计概论[M].北京:机械工业出版社,

2011.

[15]余建荣,王年文,胡新明.工业产品设计[M].武汉:湖北美术出版社,2008.

[16]许喜华.工业设计概论[M].北京:北京理工大学出版社,2008.

[17]肖世华.工业设计教程[M].北京:中国建筑工业出版社,2006.

[18]胡海权.工业设计应用人机工程学[M].沈阳:辽宁科学技术出版社,2013.

[19]胡海权.工业设计形态基础[M].沈阳:辽宁科学技术出版社,2013.

[20]冯娟,王介民.工业产品艺术造型设计[M].北京:清华大学出版社,2004.

[21]李乐山.工业设计思想基础[M].北京:中国建筑工业出版社,2007.

[22]程能林.工业设计概论[M].北京:机械工业出版社,2005.